智能语言决策理论与方法

鲜思东　著

科学出版社
北　京

内 容 简 介

智能语言术语集是可以同时具有模糊性、犹豫度、近似性与随机性或可能性等的语言术语集，在处理复杂不确定、不完整等信息方面更具灵活性和实用性。本书首次提出智能语言术语集的概念与智能语言术语集的信息表示，介绍了近年来国内外学者特别是作者本人及其团队在智能语言术语集的测度理论、智能语言术语集的集成方式，以及基于上述信息处理工具的智能语言决策模型和方法等方面的最新研究成果，且该研究成果已广泛应用于决策、医疗诊断、未来规划、模式识别、机器学习和预测等诸多领域。

本书可作为模糊数学、系统科学、运筹学、信息科学和管理科学等领域的研究人员和工程技术人员的参考书，也可作为高等院校相关专业高年级本科生和研究生的教学用书。

图书在版编目（CIP）数据

智能语言决策理论与方法／鲜思东著. —北京：科学出版社，2021.5

ISBN 978-7-03-066478-5

Ⅰ. ①智…　Ⅱ. ①鲜…　Ⅲ. ①人工智能语言-研究　Ⅳ. ①TP312.8

中国版本图书馆 CIP 数据核字（2020）第 204442 号

责任编辑：赵艳春 / 责任校对：樊雅琼

责任印制：吴兆东 / 封面设计：迷底书装

科学出版社 出版

北京东黄城根北街 16 号

邮政编码：100717

http://www.sciencep.com

北京中石油彩色印刷有限责任公司 印刷

科学出版社发行　各地新华书店经销

*

2021 年 5 月第　一　版　开本：720×1 000　1/16

2021 年 5 月第一次印刷　印张：11 3/4

字数：226 000

定价：99.00 元

（如有印装质量问题，我社负责调换）

前　言

自从 Zadeh 于 1975 年提出语言术语集理论以来，该理论已在现代社会的各个领域得到了广泛的应用。在此基础上，先后提出了模糊语言、直觉模糊语言、Pythagorean 模糊语言、犹豫模糊语言、概率语言等，通过单一的模糊性、犹豫度或随机性等描述语言信息，取得了丰富的成果。在 Zadeh 于 2011 年提出 Z-number 的基础上，Xian 等于 2018 年提出了 Z-语言，同时描述语言信息的模糊性与随机性。由于各种因素的限制，同时具有模糊性、随机性、近似性、犹豫度等多种特性的语言更能精准表达而越来越受到欢迎。在总结已有语言信息的基础上，我们提出智能语言术语集的概念，它比已有的语言术语集在处理同时具有模糊性、随机性、近似性等不确定性方面更具灵活性和实用性。多年来，有关该理论的研究已受到了国内外相关领域学者的极大关注，并且已被应用于决策、医疗诊断、逻辑规划、模式识别、机器学习和市场预测等诸多领域。随着对智能语言决策理论研究的不断深入、应用范围的不断扩展，智能语言信息的有效集成和处理显得越来越重要。因此，智能语言的集成方式、智能语言的度量、智能语言的决策方法等信息处理工具有着广阔的实际应用前景。

本书将主要对近年来国内外学者特别是作者本人在智能语言信息的集成和处理方式，以及相关的智能语言决策模型和方法等最新研究成果进行深入系统的介绍。

本书共分为六章。

第 1 章主要介绍智能语言的基本概念。定义智能语言的概念；定义智能语言的比较规则，介绍其得分函数和精确函数，给出智能语言的比较和排序方法。

第 2 章介绍智能语言中的三类测度：距离测度、相似性测度和熵测度。

第 3 章给出模糊语言信息集成方法，如模糊语言诱导加权平均距离算子、模糊纯语言有序加权平均算子、直觉模糊语言诱导有序加权平均算子、直觉模糊语言混合集成算子、Pythagorean 三角模糊语言 Bonferroni 均值算子等，并且详细介绍它们的优良性质，并且把它们应用于投资分析、供应商选择等多属性决策领域。

第 4 章介绍智能语言信息集成方法，如犹豫模糊语言信息集成方法、概率语言信息集成方法、Z-语言信息集成方法等，详细介绍它们的优良性质，并且把它们应用于资源优化配置、企业发展战略规划、风险评估等多属性决策领域。

第 5 章介绍智能语言群决策模型及方法。重点介绍广义区间直觉模糊语言 TOPSIS 决策模型、概率语言 TOPSIS 决策模型；基于 IVPFLV 的主成分模型，基于 IVPFL-PCA 的 TODIM 决策算法；区间 Pythagorean 模糊语言 VIKOR 决策模型；区间直觉模糊语言优先分类决策模型与概率语言 AHP 决策模型等，详细介绍它们的优良性质，并且把它们应用于舆情系统选择、应急决策、企业选址、供应商评级、未来城市发展等多属性决策领域。

第 6 章总结全书并展望未来工作。

本书是复杂系统智能分析与决策重庆市高校重点实验室的数据分析与智能决策创新团队，基于多年智能语言群决策理论及其应用研究成果，撰写而成的。在撰写过程中，得到了我的学生柴嘉慧、郭海林、殷雨波、余东旭、刘舟等的大力帮助。在本书的撰写和出版过程中，我们得到了徐泽水教授、廖虎昌教授、曾守祯教授及其团队的帮助和指导。

借本书出版之际，作者衷心地感谢四川大学商学院徐泽水教授、廖虎昌教授，南京审计大学计算机学院黄兵教授等给予的热情支持和帮助。本书的有关研究得到了重庆市社会科学规划项目(2018YBSH085)、重庆市研究生教育教学改革项目(YJG183074)、重庆邮电大学一流学科建设项目以及重庆邮电大学出版基金项目的资助，在此一并致谢。

由于作者水平有限，加之时间仓促，书中难免存在不妥之处，恳请读者批评指正。

作　者

2020 年 6 月于重庆

目　　录

第 1 章　智能语言的基本概念

语言是人类进行沟通表达的方式和工具。自从 Zadeh 教授于 1975 年提出语言变量概念[1]以来，语言变量开始把自然语言信息表示为可计算的数学符号，该理论不断拓展为模糊语言、直觉模糊语言、犹豫模糊语言、概率语言及 Z-语言等，并在现代社会的各个领域得到了广泛的应用。然而，现有的语言变量仅从模糊性、近似性、随机性等单一形式对自然语言进行刻画，在实际应用中，它不能同时表示具有模糊性、犹豫度、近似性、随机性等自然语言特点。由于大数据智能化时代社会经济环境越来越具有复杂性和不确定性，人们在对事物的认知过程中，往往同时存在不同程度的模糊、犹豫、近似、随机等或表现出一定程度的知识匮乏，从而使得对自然语言的认知结果表示具有模糊性、犹豫度、近似性、随机性等部分或全部特性。因此，传统的语言变量理论因其不能完整地表达所研究问题的全部信息而受到越来越多的制约和挑战。本章在总结归纳各种主要的语言术语集的基础上，给出智能语言的基本概念及其基本性质。

1.1　智能语言的概念

本节首先介绍一些语言变量及语言术语集，在此基础上，给出智能语言变量及智能语言术语集的概念。

1.1.1　语言与模糊语言

由于日常生活中的诸如员工的综合素质、机器性能等决策问题通常具有不确定性，以及决策者本身思维的特性，人们通常喜欢用“优”，“良”，“中”，“差”等这样的语言集来表示个人的偏好。为了定量表达决策语言信息，1975 年 Zadeh 教授提出了语言变量的概念，其定义如下。

定义 1.1[1]　语言变量可表示为一个五元组 $\{x,U,W(x),G,M\}$，其中 x 被称为变量名，U 被称为论域，$W(x)$ 被称为 x 的术语集，G 被称为产生语言值的语法规则，M 被称为计算每个语言值词义的语义规则。

Zadeh 教授提出语言变量的概念后，并没有给出具体的数学表达式。为了能够将语言变量用数学符号表示出来进行应用，Herrera 等[2]和 Bordogna 等[3]提出了符号化的语言尺度评估。

定义 1.2　令 $S=\{s_i\},i\in\{0,1,\cdots,T\}$ 为一般意义上[0, 1]上的一个有限且完全有序

的术语集。任何标签 s_i 都表示语言实变量的一个可能值，即约束在[0, 1]上的一个模糊属性。我们考虑一个带有奇数基数的术语集，其中中间的标签表示“大约 0.5”的不确定性，其余的术语对称地放置在它周围，且语言术语集必须满足以下性质。

性质 1.1　设 $S=\{s_i\}, i\in\{0,1,\cdots,T\}$ 为一个语言术语集，则

(1) 集合是有序的：如果 $i\geqslant j$，则 $s_i\geqslant s_j$。

(2) 有一个否定运算：如果 $j=T-i$，则 $\mathrm{Neg}(s_i)=s_j$。

(3) 最大化运算符：如果 $s_i\geqslant s_j$，则 $\mathrm{Max}\{s_i,s_j\}=s_i$。

(4) 最小化运算符：如果 $s_i\leqslant s_j$，则 $\mathrm{Min}\{s_i,s_j\}=s_i$。

为了方便理解，下面给出一个实例对其进行解释。一个语言术语集[3]可以被定义如下。

例 1.1　当 $\tau=6$ 时，S_1 可取(图 1.1)

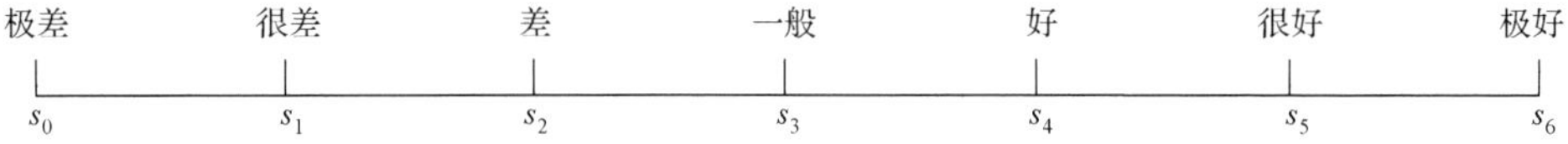

图 1.1　加性语言评估标度 $S_1(\tau=6)$

$$S_1=\{s_0=\text{极差},s_1=\text{很差},s_2=\text{差},s_3=\text{一般},s_4=\text{好},s_5=\text{很好},s_6=\text{极好}\}\tag{1.1}$$

为了保留所有给定的信息，Xu[4]在离散的语言术语集的基础上将其拓展到连续的语言术语集。

定义 1.3　令 $\overline{S}=\{s_\alpha\,|\,s_1<s_\alpha\leqslant s_t,\alpha\in[1,t]\}$，且元素满足上述的基本特征。如果 $s_\alpha\in S$，则我们称 s_α 为最初的语言术语，否则称 s_α 为虚拟的语言术语。

然而，在运算过程中，若取 $s_2=\text{差},s_4=\text{好}$，则 $s_2\oplus s_4=s_6$，即语言术语“差”与“好”的集成为“极好”，这与实际情形并不相符。为克服上述标度的缺点，徐泽水[5]对上述加性语言评估标度进行了改进，给出了一种语言术语下标以零为中心对称，且语言术语个数为奇数的语言评估标度 $S_2=\{s_\alpha\,|\,\alpha=-\tau,\cdots,-1,0,1,\cdots,\tau\}$，其中 s_α 表示语言术语，特别地，s_τ 和 $s_{-\tau}$ 分别表示决策者实际使用的语言术语的上限和下限，τ 为正整数，且 S_2 满足下列条件：①若 $\alpha>\beta$，则 $s_\alpha>s_\beta$；②存在负算子 $\mathrm{Neg}(s_\alpha)=s_{-\alpha}$，特别地，$\mathrm{Neg}(s_0)=s_0$。

例 1.2　当 $\tau=3$ 时，S_2 可取(图 1.2)

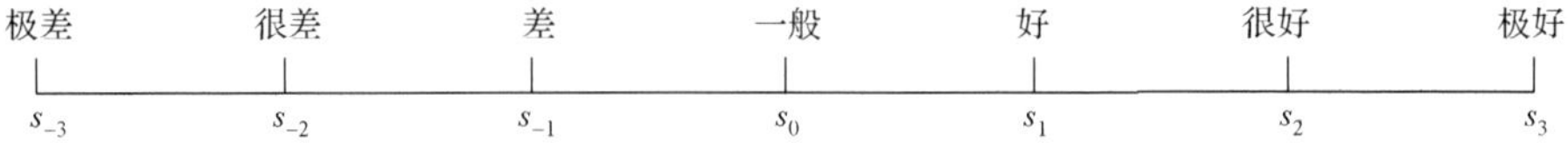

图 1.2　加性语言评估标度 $S_2(\tau=3)$

$$S_2=\{s_{-3}=\text{极差},s_{-2}=\text{很差},s_{-1}=\text{差},s_0=\text{一般},s_1=\text{好},s_2=\text{很好},s_3=\text{极好}\}$$

随着计算机与专家系统的快速发展，为了实现用自然语言跟计算机进行直接对话，就必须把人类的语言和思维过程提炼成数学模型，才能给计算机输入指令，基于 Zadeh 提出的模糊集合理论与语言概念思想，建立了模糊语言的概念，助推了专家系统与人工智能的发展。

定义 1.4　模糊语言变量仍可表示为一个五元组 $\{x,U,W(x),G,M\}$，其中 x 被称为变量名，U 被称为论域，$W(x)$ 是表现 U 中模糊子集名称的词或术语的集合，被称为 x 的术语集，G 是由表示术语的字母和符号及它们的各种联结构成的集合(联结方式不同，得到 G 的不同元素，它们属于 $W(x)$ 的程度也不同，则 $W(x)$ 是 G 上的模糊集)，被称为产生语言值的语法规则，M 被称为计算每个语言值词义的语义规则，指从 G 到 U 的模糊关系，称为命名关系，如 $M:G\times U\to[0,1]$。

模糊语言变量有多种形式，由于语言短语语义有不同的表示方法，因此其处理方式也不相同。常用的处理方式有序结构的直接转换方法与把语言变量直接转换为三角模糊数或者梯形模糊数等。下面给出一个含有 9 个变量的模糊语言变量定义形式。

定义 1.5[6]　令

$$\tilde{S}=\{s_{\tilde{1}}=s_{(0,0.1,0.2)},s_{\tilde{2}}=s_{(0.1,0.2,0.3)},s_{\tilde{3}}=s_{(0.2,0.3,0.4)},s_{\tilde{4}}=s_{(0.3,0.4,0.5)},s_{\tilde{5}}=s_{(0.4,0.5,0.6)},$$
$$s_{\tilde{6}}=s_{(0.5,0.6,0.7)},s_{\tilde{7}}=s_{(0.6,0.7,0.8)},s_{\tilde{8}}=s_{(0.7,0.8,0.9)},s_{\tilde{9}}=s_{(0.8,0.9,1)}\}$$

并设 $\tilde{a}=(a_1,a_2,a_3)$ 和 $\tilde{b}=(b_1,b_2,b_3)$ 为任意两个正三角模糊数，且 $s_{\tilde{a}},s_{\tilde{b}}\in\tilde{S}$，若 $\tilde{a}\leqslant\tilde{b}$，则 $s_{\tilde{a}}\leqslant s_{\tilde{b}}$。

显然，模糊语言术语集满足性质 1.1。

模糊语言变量的运算法则如下。

定义 1.6[6]　设 $s_{\tilde{a}},s_{\tilde{b}}\in\tilde{S}$，且 $k,l\in[0,1],m\in R^+$，则：

(1) $s_{\tilde{a}}\oplus s_{\tilde{b}}=s_{\tilde{a}\oplus\tilde{b}}=s_{\tilde{b}\oplus\tilde{a}}$；

(2) $s_{\tilde{a}}-s_{\tilde{b}}=s_{\tilde{a}-\tilde{b}}$；

(3) $k\odot(s_{\tilde{a}}\oplus s_{\tilde{b}})=k\odot s_{\tilde{a}}\oplus k\odot s_{\tilde{b}}=s_{k\tilde{a}\oplus k\tilde{b}}$；

(4) $(k+l)\odot s_{\tilde{a}}=k\odot s_{\tilde{a}}+l\odot s_{\tilde{a}}=s_{(k+l)\tilde{a}}$；

(5) $s_{\tilde{a}}\otimes s_{\tilde{b}}=s_{(a_1\times b_1,a_2\times b_2,a_3\times b_3)}$，特别地，$s_{\tilde{a}}^m=s_{\tilde{a}^m}=s_{(a_1^m,a_2^m,a_3^m)}$。

1.1.2　直觉模糊语言与 Pythagorean 模糊语言

由于日益复杂的决策环境、时间压力以及缺乏对问题域认知程度等不确定因素影响，语言及模糊语言对信息的精准表达越来越受到制约，根据 Atanassov[7]提出的直觉模糊数思想，为了减少语言或者模糊语言的局限性，同时为了更好地刻画非隶属度和决策者的犹豫程度，王坚强等[8]提出了直觉模糊语言集、直觉模糊语言数及其相关概念。

定义 1.7 设 $S=\{s_\alpha \mid \alpha\in[0,2t]\}$ 为一个拓展标度的语言术语集，$s_{\theta(x)}\in S$。X 为给定论域，则

$$A=\{\langle x,[s_{\theta(x)},\mu_A(x),\nu_A(x)]\rangle \mid x\in X\} \tag{1.2}$$

为直觉模糊语言集。其中 $\mu_A(x):X\to[0,1]$ 和 $\nu_A(x):X\to[0,1]$ 分别表示 x 隶属于和非隶属于语言评价值 $s_{\theta(x)}$ 的程度，且 $\mu_A(x)+\nu_A(x)\leqslant 1$。当 $\mu_A(x)=1,\nu_A(x)=0$ 时，直觉模糊语言集退化为语言评价集。

定义 1.8 设 $A=\{\langle x,[s_{\theta(x)},\mu_A(x),\nu_A(x)]\rangle \mid x\in X\}$ 为直觉模糊语言集，则三元组 $\langle [s_{\theta(x)},\ \mu_A(x),\nu_A(x)]\rangle$ 称为直觉模糊语言变量。

例 1.3 设 $S=\{s_\alpha \mid \alpha\in[0,6]\}$ 为一个连续的语言术语集，则决策者 A_1 针对属性 c_1,c_2,c_3,c_4 给出的直觉模糊语言评价为

$$\langle s_2,0.7,0.3\rangle,\ \langle s_3,0.6,0.2\rangle,\ \langle s_4,0.7,0.2\rangle,\ \langle s_5,0.8,0.1\rangle$$

基于语言术语集与直觉模糊集的不同组合思想，Zhang[9]在 2014 年提出了语言直觉模糊集的概念。

定义 1.9 设 X 为一个有限的全集且 $\overline{S}=\{s_\alpha \mid s_0<s_\alpha\leqslant s_t,\alpha\in[0,t]\}$ 为一个连续的语言术语集，则在 X 上的语言直觉模糊集 A 定义为

$$A=\{(x,s_\mu(x),s_\nu(x)) \mid x\in X\} \tag{1.3}$$

其中，$s_\mu(x),s_\nu(x)\in\overline{S}$ 分别表示元素 x 对于 A 的语言隶属度和非隶属度。对任意的 $x\in X$，$0\leqslant\mu+\nu\leqslant t$ 始终满足。$\pi(x)$ 称为语言不确定程度且 $\pi(x)=s_{t-\mu-\nu}$。$(s_\mu(x),s_\nu(x))$ 称为语言直觉模糊变量。

例 1.4 设 S 为式(1.1)所示的一个语言术语集，在一次风险投资决策分析中，专家针对四个属性 c_1,c_2,c_3,c_4 给出了如下的语言直觉模糊评价：

$$(s_6,s_1),\ (s_3,s_1),\ (s_3,s_3),\ (s_2,s_5)$$

在考虑直觉模糊主元及语言术语集的情况下，Xian 等[10,11]提出了基于主元的直觉三角模糊语言变量与基于主元的区间直觉模糊语言变量。

定义 1.10[10] 设 $\hat{S}$ 为一个连续的语言术语集，一个基于主元的直觉三角模糊语言变量可以被定义为

$$\dot{s}=([s_\alpha,s_\beta,s_\gamma];\mu_{\dot{s}},\nu_{\dot{s}}) \tag{1.4}$$

其中，$s_\alpha,s_\beta,s_\gamma\in\hat{S}$，$s_\alpha\leqslant s_\beta\leqslant s_\gamma$。$[s_\alpha,s_\beta,s_\gamma]$ 记为直觉三角模糊语言变量的主元。$\mu_{\dot{s}}$，$\nu_{\dot{s}}$ 分别表示直觉三角模糊语言变量的隶属度和非隶属度，且满足 $0\leqslant\mu_{\dot{s}}\leqslant 1$，$0\leqslant\nu_{\dot{s}}\leqslant 1$ 和 $0\leqslant\mu_{\dot{s}}+\nu_{\dot{s}}\leqslant 1$。

定义 1.11[11] 设 $\hat{S}$ 为一个连续的语言术语集，一个考虑主元的区间直觉模糊语

言变量可以被定义为

$$\tilde{s}=([s_\alpha,s_\beta];[\mu^l,\mu^u],[\nu^l,\nu^u]) \tag{1.5}$$

其中，$s_\alpha,s_\beta\in\hat{S}$，$s_\alpha\leqslant s_\beta$。$[s_\alpha,s_\beta]$ 记为区间直觉模糊语言变量的主元。$[\mu^l,\mu^u]$，$[\nu^l,\nu^u]$ 分别表示区间直觉模糊语言变量的区间隶属度和区间非隶属度，且满足 $[\mu^l,\mu^u]\subseteq[0,1]$，$[\nu^l,\nu^u]\subseteq[0,1]$ 和 $0\leqslant\mu^u+\nu^u\leqslant 1$。区间犹豫度记为 $[1-\mu^u-\nu^u,1-\mu^l-\nu^l]\subseteq[0,1]$。

下面，介绍直觉模糊语言变量与区间直觉模糊语言变量的运算规则。

定义 1.12[10]　设 $\tilde{S}$ 为 ITFLV (Intnitionistic Triangnlar Fuzzy Linguistic Variable) 的集合，$\tilde{s}_1=([s_{\alpha_1},s_{\beta_1},s_{\gamma_1}];\mu_{s_1},\nu_{s_1})$，$\tilde{s}_2=([s_{\alpha_2},s_{\beta_2},s_{\gamma_2}];\ \mu_{s_2},\nu_{s_2})$，$\tilde{s}=([s_\alpha,s_\beta,s_\gamma];\mu_s,\nu_s)\in\tilde{S}$，并且 $\lambda,\lambda_1,\lambda_2\in[0,1]$，ITFLV 的基本运算法则如下：

(1) $\tilde{s}_1\oplus\tilde{s}_2=_{\text{IF}}([s_{\alpha_1+\alpha_2},s_{\beta_1+\beta_2},s_{\gamma_1+\gamma_2}];\mu_{s_1}+\mu_{s_2}-\mu_{s_1}\mu_{s_2},\nu_{s_1}\nu_{s_2})$；

(2) $\tilde{s}_1\otimes\tilde{s}_2=_{\text{IF}}([s_{\alpha_1\times\alpha_2},s_{\beta_1\times\beta_2},s_{\gamma_1\times\gamma_2}];\mu_{s_1}\mu_{s_2},\nu_{s_1}+\nu_{s_2}-\nu_{s_1}\nu_{s_2})$；

(3) $\lambda\odot\tilde{s}=_{\text{IF}}([s_{\lambda\alpha},s_{\lambda\beta},s_{\lambda\gamma}];1-(1-\mu_s)^\lambda,\nu_s^\lambda)$；

(4) $\tilde{s}^\lambda=_{\text{IF}}([s_{\alpha^\lambda},s_{\beta^\lambda},s_{\gamma^\lambda}];{\mu_s}^\lambda,1-(1-\nu_s)^\lambda)$；

(5) $\tilde{s}_1\oplus\tilde{s}_2=_{\text{IF}}\tilde{s}_2\oplus\tilde{s}_1;\tilde{s}_1\otimes\tilde{s}_2=_{\text{IF}}\tilde{s}_2\otimes\tilde{s}_1$；

(6) $\lambda\odot(\tilde{s}_1\oplus\tilde{s}_2)=_{\text{IF}}\lambda\odot\tilde{s}_1\oplus\lambda\odot\tilde{s}_2$；

(7) $(\lambda_1+\lambda_2)\odot\tilde{s}=_{\text{IF}}\lambda_1\odot\tilde{s}\oplus\lambda_2\odot\tilde{s}$；

(8) $(\tilde{s}_1\otimes\tilde{s}_2)^\lambda=_{\text{IF}}{\tilde{s}_1}^\lambda\otimes{\tilde{s}_2}^\lambda;\tilde{s}^{\lambda_1}\otimes\tilde{s}^{\lambda_2}=_{\text{IF}}\tilde{s}^{\lambda_1+\lambda_2}$。

定义 1.13[11]　设 $\tilde{S}$ 是所有区间直觉模糊语言变量的集合，$\tilde{s}=([s_\alpha,s_\beta];[\mu^l,\mu^u],[\nu^l,\nu^u])$，$\tilde{s}_1=([s_{\alpha_1},s_{\beta_1}];[\mu_1^l,\mu_1^u],[\nu_1^l,\nu_1^u])$，$\tilde{s}_2=([s_{\alpha_2},s_{\beta_2}];[\mu_2^l,\mu_2^u],[\nu_2^l,\nu_2^u])$，$\tilde{s},\tilde{s}_1,\tilde{s}_2\in\tilde{S}$，$\lambda\in[0,1]$，则区间直觉模糊语言变量的运算规则如下：

$$\tilde{s}_1\oplus\tilde{s}_2=([s_{\alpha_1+\alpha_2},s_{\beta_1+\beta_2}];[\mu_1^l+\mu_2^l-\mu_1^l\mu_2^l,\mu_1^u+\mu_2^u-\mu_1^u\mu_2^u],[\nu_1^l\nu_2^l,\nu_1^u\nu_2^u])$$

$$\tilde{s}_1\otimes\tilde{s}_2=([s_{\alpha_1\times\alpha_2},s_{\beta_1\times\beta_2}];[\mu_1^l\mu_2^l,\mu_1^u\mu_2^u],[\nu_1^l+\nu_2^l-\nu_1^l\nu_2^l,\nu_1^u+\nu_2^u-\nu_1^u\nu_2^u])$$

$$\lambda\odot\tilde{s}=([s_{\lambda\alpha},s_{\lambda\beta}];[1-(1-\mu^l)^\lambda,1-(1-\mu^u)^\lambda],[(\nu^l)^\lambda,(\nu^u)^\lambda])$$

$$\tilde{s}^\lambda=([s_{\alpha^\lambda},s_{\beta^\lambda}];[(\mu^l)^\lambda,(\mu^u)^\lambda],[1-(1-\nu^l)^\lambda,1-(1-\nu^u)^\lambda])$$

为了克服直觉模糊语言适用范围的局限，结合 Yager[12]提出的 Pythagorean 模糊集概念，彭新东等[13]提出了 Pythagorean 模糊语言集，Du 等[14]提出了区间 Pythagorean 模糊语言集，Xian 等[15]提出了梯形 Pythagorean 模糊语言集概念。

定义 1.14[13]　设 X 是一个非空集合，$S=\{s_\alpha\mid\alpha\in[0,\tau]\}$ 是一个连续的语言术语集，则 X 上的一个 Pythagorean 模糊语言集 (Pythagorean Fuzzy Linguistic Set，PFLS) 定义如下：

$$\text{PFLS}=\{\langle x,[s_\alpha,\mu_{\text{PFLS}}(x),\nu_{\text{PFLS}}(x)]\rangle \mid x\in X\} \tag{1.6}$$

其中，$s_\alpha\in S$，$\mu_{\text{PFLS}}(x)$ 和 $\nu_{\text{PFLS}}(x)$ 分别表示元素 x 属于 PFLS 的隶属度和非隶属度，且满足以下条件：

(1) $\mu_{\text{PFLS}}(x)\geqslant 0$，$\nu_{\text{PFLS}}(x)\geqslant 0$；

(2) $[\mu_{\text{PFLS}}(x)]^2+[\nu_{\text{PFLS}}(x)]^2\leqslant 1$；

(3) $\pi_{\text{PFLS}}(x)=\sqrt{1-[\mu_{\text{PFLS}}(x)]^2-[\nu_{\text{PFLS}}(x)]^2}$。

$\pi_{\text{PFLS}}(x)$ 称为元素 x 属于 PFLS 的不确定度或者犹豫度。为了方便表达，称 $\langle s_\alpha,\mu_{\text{PFLS}}(x),\nu_{\text{PFLS}}(x)\rangle$ 为一个 Pythagorean 模糊语言数(Pythagorean Fuzzy Linguistic Number，PFLN)。

定义 1.15[14]　设 X 是一个非空集合，X 上的一个区间 Pythagorean 模糊语言集(Interval-Value Pythagorean Fuzzy Linguistic Set，IVPFLS)定义如下：

$$\text{IVPFLS}=\{\langle x,[s_\alpha,[\mu^l_{\text{IVPFLS}}(x),\mu^u_{\text{IVPFLS}}(x)],[\nu^l_{\text{IVPFLS}}(x),\nu^u_{\text{IVPFLS}}(x)]]\rangle \mid x\in X\} \tag{1.7}$$

其中，$[\mu^l_{\text{IVPFLS}}(x),\mu^u_{\text{IVPFLS}}(x)]$ 和 $[\nu^l_{\text{IVPFLS}}(x),\nu^u_{\text{IVPFLS}}(x)]$ 分别表示元素 x 属于 IVPFLS 的隶属度和非隶属度，且满足以下条件：

(1) $[\mu^l_{\text{IVPFLS}}(x),\mu^u_{\text{IVPFLS}}(x)]\subset[0,1]$，$[\nu^l_{\text{IVPFLS}}(x),\nu^u_{\text{IVPFLS}}(x)]\subset[0,1]$；

(2) $[\mu^u_{\text{IVPFLS}}(x)]^2+[\nu^u_{\text{IVPFLS}}(x)]^2\leqslant 1$；

(3) $\pi_{\text{IVPFLS}}(x)=\left[\sqrt{1-[\mu^u_{\text{IVPFLS}}(x)]^2-[\nu^u_{\text{IVPFLS}}(x)]^2},\sqrt{1-[\mu^l_{\text{IVPFLS}}(x)]^2-[\nu^l_{\text{IVPFLS}}(x)]^2}\right]$。

$\pi_{\text{IVPFLS}}(x)$ 称为元素 x 属于 IVPFLS 的不确定度或者犹豫度。为了方便表达，称 $\langle s_\alpha,[\mu^l_{\text{IVPFLS}}(x),\mu^u_{\text{IVPFLS}}(x)],[\nu^l_{\text{IVPFLS}}(x),\nu^u_{\text{IVPFLS}}(x)]\rangle$ 为一个区间 Pythagorean 模糊语言数(Interval-Value Pythagorean Fuzzy Linguistic Number，IVPFLN)。

定义 1.16[15]　设 $\hat{s}=([s_{\alpha_i},s_{\beta_i},s_{\gamma_i},s_{\theta_i}];\mu_{\hat{s}_i},\nu_{\hat{s}_i})$ 是一个梯形 Pythagorean 模糊语言变量(Trapezoideal Pythagorean Fuzzy Linguistic Variable，TrPFLV)，其中 $s_{\alpha_i},s_{\beta_i},s_{\gamma_i},s_{\theta_i}\in\dot{S},s_{\alpha_i}\leqslant s_{\beta_i}\leqslant s_{\gamma_i}\leqslant s_{\theta_i}$。$\mu_{\hat{s}_i}$ 和 $\nu_{\hat{s}_i}$ 的值分别代表最大的隶属度和非隶属度，且满足条件 $0\leqslant\mu_{\hat{s}_i}\leqslant 1,0\leqslant\nu_{\hat{s}_i}\leqslant 1$ 和 $0\leqslant(\mu_{\hat{s}_i})^2+(\nu_{\hat{s}_i})^2\leqslant 1$。

为了方便计算，设 $\hat{S}$ 表示所有的梯形 Pythagorean 模糊语言变量的集合。

定义 1.17　设 $\hat{S}$ 是所有梯形 Pythagorean 模糊语言变量的集合，$\hat{s}=([s_{\alpha_i},s_{\beta_i},s_{\gamma_i},s_{\theta_i}];\mu_{\hat{s}_i},\nu_{\hat{s}_i})$，$\hat{s}_1=([s_{\alpha_1},s_{\beta_1},s_{\gamma_1},s_{\theta_1}];\mu_{\hat{s}_1},\nu_{\hat{s}_1})$，$\hat{s}_2=([s_{\alpha_2},s_{\beta_2},s_{\gamma_2},s_{\theta_2}];\mu_{\hat{s}_2},\nu_{\hat{s}_2})$，$\hat{s},\hat{s}_1,\hat{s}_2\in\hat{S}$，$\lambda,\lambda_1,\lambda_2\in[0,1]$，则梯形 Pythagorean 模糊语言变量的运算规则如下：

(1) $\hat{s}_1\oplus\hat{s}_2=([s_{\alpha_1+\alpha_2},s_{\beta_1+\beta_2},s_{\gamma_1+\gamma_2},s_{\theta_1+\theta_2}];\sqrt{{\mu_{\hat{s}_1}}^2+{\mu_{\hat{s}_2}}^2-{\mu_{\hat{s}_1}}^2{\mu_{\hat{s}_2}}^2},\nu_{\hat{s}_1}\nu_{\hat{s}_2})$；

(2) $\hat{s}_1\otimes\hat{s}_2=([s_{\alpha_1\times\alpha_2},s_{\beta_1\times\beta_2},s_{\gamma_1\times\gamma_2},s_{\theta_1\times\theta_2}];\mu_{\hat{s}_1}\mu_{\hat{s}_2},\sqrt{\nu_{\hat{s}_1}^2+{\nu_{\hat{s}_2}}^2-{\nu_{\hat{s}_1}}^2{\nu_{\hat{s}_2}}^2})$；

(3) $\lambda\odot\hat{s}=([s_{\lambda\alpha},s_{\lambda\beta},s_{\lambda\gamma},s_{\lambda\theta}];\sqrt{1-(1-{\mu_{\hat{s}}}^2)^\lambda},\nu_{\hat{s}}^\lambda)$；

(4) $\hat{s}^{\lambda}=([s_{\alpha^{\lambda}},s_{\beta^{\lambda}},s_{\gamma^{\lambda}},s_{\theta^{\lambda}}];\mu_{\hat{s}}{}^{\lambda},\sqrt{1-(1-\nu_{\hat{s}}{}^{2})^{\lambda}})$；

(5) $\hat{s}_1\oplus\hat{s}_2=\hat{s}_2\oplus\hat{s}_1;\hat{s}_1\otimes\hat{s}_2=\hat{s}_2\otimes\hat{s}_1$；

(6) $\lambda\odot(\hat{s}_1\oplus\hat{s}_2)=\lambda\odot\hat{s}_1\oplus\lambda\odot\hat{s}_2$；

(7) $(\lambda_1+\lambda_2)\odot\hat{s}=\lambda_1\odot\hat{s}\oplus\lambda_2\odot\hat{s}$；

(8) $(\hat{s}_1\oplus\hat{s}_2)^{\lambda}=\hat{s}_1{}^{\lambda}\oplus\hat{s}_2{}^{\lambda};\hat{s}^{\lambda_1}\oplus\hat{s}^{\lambda_2}=\hat{s}^{\lambda_1+\lambda_2}$。

1.1.3　犹豫模糊语言与概率语言

处理不确定性一直是一个具有挑战性的问题，专家在评估指标、选择、变量等多个值之间存在犹豫不决的情况。因此专家们会考虑几种可能的语言值，这是比单个指标、替代、变量更丰富的表达。为此 Rodríguez 等[16]提出了犹豫模糊语言集。

定义 1.18　设 S 为一个语言术语集且 $S=\{s_0,\cdots,s_g\}$，则犹豫语言术语集（Hesitant Fuzzy Linguistic Term Set，HFLTS）H_S 为 S 的连续语言项的有序有限子集。空 HFLTS 和一个语言变量 ϑ 的完全 HFLTS 定义如下：

(1) 空 HFLTS：$H_S(\vartheta)=\{\}$；

(2) 完全 HFLTS：$H_S(\vartheta)=S$。

下面用一个实例进行解释说明。

例 1.5　令 S 为一个语言术语集，$S=\{s_0:\text{nothing},s_1:\text{very\_low},s_2:\text{low},s_3:\text{medium},s_4:\text{high},s_5:\text{very\_high},s_6:\text{perfect}\}$，则两个不同的犹豫模糊语言术语集可能为

$$H_S(\vartheta)=\{s_1:\text{very\_low},s_2:\text{low},s_3:\text{medium}\}$$

$$H_S(\vartheta)=\{s_3:\text{medium},s_4:\text{high},s_5:\text{very\_high},s_6:\text{perfect}\}$$

定义 1.15 并没有使用任何数学方法进行标准表达，为了克服这种不完全性，Liao 等[17]对犹豫模糊语言集的定义进行了如下细化。

定义 1.19　设 X 为一个有限的全集，且 $S=\{s_t\mid t=-\tau,\cdots,-1,0,1,\cdots,\tau\}$ 为一个语言术语集。则基于 X 的犹豫模糊语言术语集的数学符号表达为

$$H_S=\{<x_i,h_S(x_i)>\mid x_i\in X\} \tag{1.8}$$

其中，$h_S(x_i)$ 是语言术语集 S 中的一组值且表示为 $h_S(x_i)=\{s_{\phi_l}(x_i)\mid s_{\phi_l}(x_i)\in S,l=1,2,\cdots,L\}$，$L$ 表示 $h_S(x_i)$ 中语言术语的数量。

目前关于犹豫模糊语言术语集的研究，都是由决策者认为所有可能的语言值具有同等的重要性。然而在个体决策和群决策问题中，决策者可能更喜欢一些可能的语言术语，因此可能的语言值可能具有不同的重要性程度。为此，Pang 等[18]提出了概率语言术语集。

定义 1.20　设 $S=\{s_0,s_1,\cdots,s_\tau\}$ 为一个语言术语集，则概率语言术语集定义如下：

$$L(p)=\{L^{(k)}(p^{(k)})\mid L^{(k)}\in S,p^{(k)}\geqslant 0,k=1,2,\cdots,\#L(p),\sum_{k=1}^{\#L(p)}p^{(k)}\leqslant 1\} \tag{1.9}$$

其中，$L^{(k)}(p^{(k)})$ 表示语言术语 $L^{(k)}$ 和其概率 $p^{(k)}$ 的结合；$\#L(p)$ 表示 $L(p)$ 中不同的语言术语的个数。

当 $\sum_{k=1}^{\#L(p)} p^{(k)}=1$ 时，可以得到所有可能的语言术语的概率分布的完整信息；当 $\sum_{k=1}^{\#L(p)} p^{(k)}<1$ 时，由于现有知识不足以提供完整的评估信息，所以存在部分忽视现象，这在实际的群决策问题中并不少见；当 $\sum_{k=1}^{\#L(p)} p^{(k)}=0$ 时，意味着完全无知。

为了解释 $\sum_{k=1}^{\#L(p)} p^{(k)}<1$ 时的信息丢失现象，Pang 等[18]提出了一种标准化方法。

定义 1.21　设 $L(p)$ 为一个 PLTS，并且 $\sum_{k=1}^{\#L(p)} p^{(k)}<1$，则定义标准化的 PLTS $\dot{L}(p)$ 如下：

$$\dot{L}(p)=\{L^{(k)}(\dot{p}^{(k)})\mid k=1,2,\cdots,\#L(p)\} \tag{1.10}$$

其中，$\dot{p}^{(k)}=p^{(k)}\Big/\sum_{k=1}^{\#L(p)} p^{(k)}$。

对两个或两个以上概率语言术语集进行标准化操作时，若在概率语言术语集中语言术语个数不同，根据其中最多语言术语的个数，需补充其他概率语言术语集，规则是：添加概率语言术语集中下标最小的语言术语，并规定其概率为零，使所有的概率语言术语集中语言术语个数相同。

例 1.6　设 S 为一个语言术语集且 $S=\{s_0:\text{nothing},s_1:\text{very\_low},s_2:\text{low},s_3:\text{medium},s_4:\text{high},s_5:\text{very\_high},s_6:\text{perfect}\}$，两个概率语言术语集分别为 $L_1(p)=\{s_1(0.2),s_2(0.4),s_3(0.2)\}$ 和 $L_2(p)=\{s_0(0.5),s_2(0.5)\}$。由定义 1.18，$\overline{L}_1(p)=\{s_1(0.25),s_2(0.5),s_3(0.25)\}$，因为 $\#L_1(p)>\#L_2(p)$，则在 $L_2(p)$ 补充下标最小的语言术语，使两者语言术语个数相同，即 $\overline{L}_2(p)=\{s_0(0.5),s_2(0.5),s_0(0)\}$。

1.1.4　Z-语言与直觉 Z-语言

模糊语言（含直觉模糊语言与 Pythagorean 模糊语言）可以很好地表达语言信息的模糊性，犹豫模糊语言与概率语言较好地表达了语言信息的犹豫度或可能性，缺少同时对模糊性、犹豫度及随机性等综合考虑，为此，Zadeh 教授于 2011 年提出了 Z-number 的概念，用一对有序的数，既描述对象信息的隶属度，又描述该隶属度的可信度，更加能够反映全面的对象信息。将 Z-number 的思想与语言信息相结合，鲜思东等[19]提出了 Z-语言变量，弥补了语言信息仅有模糊性、犹豫度或随机性等特点的不足。

定义 1.22　设 X 为一个非空集合，X 上的一个 Z-语言集(Z-Linguistic Set，ZLS)定义如下：

$$L(z)=\{\langle x|(s_{\theta(x)},f_{\sigma(x)});r_{\rho(x)}\rangle \mid x\in X\} \tag{1.11}$$

其中，函数 $s_{\theta(x)}:X\to S,x\mapsto s_{\theta(x)}\in S$，$f_{\sigma(x)}:X\to F,x\mapsto f_{\sigma(x)}\in F$，$r_{\rho(x)}:X\to R$，$x\mapsto r_{\rho(x)}\in R$; F,S,R 分别为三个语言顺序标度；$f_{\sigma(x)}$ 是语言变量 $s_{\theta(x)}$ 的语言隶属度；$r_{\rho(x)}$ 是不确定语言信息 $(s_{\theta(x)},f_{\sigma(x)})$ 的可信度，且满足条件 $0\leqslant f_{\sigma(x)}\leqslant 1,0\leqslant r_{\rho(x)}\leqslant 1$。

为了刻画 Z-语言集的犹豫度，Xian 等[20]提出了直觉 Z-语言集。

定义 1.23　设 X 为一个非空集合，X 上的一个直觉 Z-语言集(Intuitionistic Z-Linguistic Set，IZLS)定义如下：

$$A=\{\langle x|[s_{\theta(x)},s_{\tau(x)}],(\mu_A(x),\nu_A(x));p(x)\rangle \mid x\in X\} \tag{1.12}$$

其中，函数 $\mu_A(x):X\to[0,1]\to\mu_A(x)\in[0,1]$ 和 $\nu_A(x):X\to[0,1]\to\nu_A(x)\in[0,1]$ 分别表示元素 x 属于不确定语言变量 $[s_{\theta(x)},s_{\tau(x)}]$ 的隶属度函数和非隶属度函数，且满足条件 $0\leqslant\mu_A(x)+\nu_A(x)\leqslant 1$。此外，$\pi_A(x)=1-\mu_A(x)-\nu_A(x)$，$\pi_A(x)\in[0,1]$ 被称为元素 x 属于语言变量 $[s_{\theta(x)},s_{\tau(x)}]$ 的不确定度或犹豫度。$p(x)$ 是对 $\{[s_{\theta(x)},s_{\tau(x)}],(\mu_A(x),\nu_A(x))\}$ 的可靠性度量。

注 1.1　当 $p(x)$=1 的时候，直觉 Z-语言集将简化为直觉模糊语言集(Intuitionistic Fuzzy Linguistic Set，IFLS)。

直觉 Z-语言变量的运算规则如下。

定义 1.24　对于任意两个直觉 Z-语言变量，$A_i=\langle[s_{\theta(x_i)},s_{\tau(x_i)}],(\mu_A(x_i),\nu_A(x_i));p(x_i)\rangle\in A(i=1,2)$ 和 $\lambda_i>0(i=1,2)$，那么直觉 Z-语言变量的运算规则如下：

(1) $A_1\oplus A_2=\left\langle\begin{matrix}[s_{\theta(x_1)+\theta(x_2)},s_{\tau(x_1)+\tau(x_2)}],(1-(1-\mu_A(x_1))(1-\mu_A(x_2)),\nu_A(x_1)\nu_A(x_2));\\ p^2(x_1)+p^2(x_1)/(p(x_1)+p(x_2))\end{matrix}\right\rangle$；

(2) $A_1\otimes A_2=\left\langle\begin{matrix}[s_{\theta(x_1)\times\theta(x_2)},s_{\tau(x_1)\times\tau(x_2)}],(\mu_A(x_1)\mu_A(x_2),(1-(1-\nu_A(x_1))(1-\nu_A(x_2)));\\ p(x_1)\times p(x_2)\end{matrix}\right\rangle$；

(3) $\lambda A_1=\langle[s_{\lambda\theta(x_1)},s_{\lambda\tau(x_1)}],(1-(1-\mu_A(x_1))^\lambda,(\nu_A(x_1))^\lambda);p(x_1)\rangle\ \ \lambda\geqslant 0$；

(4) $A_1^\lambda=\langle[s_{\theta(x_1)^\lambda},s_{\tau(x_1)^\lambda}],((\mu_A(x_1))^\lambda,1-(1-\mu_A(x_1))^\lambda);p^\lambda(x_1)\rangle\ \ \lambda\geqslant 0$。

性质 1.2　对于任意两个直觉 Z-语言变量，$A_i=\langle[s_{\theta(x_i)},s_{\tau(x_i)}],(\mu_A(x_i),\nu_A(x_i));p(x_i)\rangle\in A(i=1,2)$ 和 $\lambda_i>0(i=1,2)$，则有以下的运算性质：

(1) $A_1\oplus A_2=A_2\oplus A_1$；

(2) $A_1\otimes A_2=A_2\otimes A_1$；

(3) $\lambda(A_1\oplus A_2)=\lambda A_1\oplus\lambda A_2$，$\lambda\geqslant 0$；

(4) $\lambda_1 A_1 \oplus \lambda_2 A_1 = (\lambda_1 + \lambda_2) \otimes A_1$，$\lambda_1, \lambda_2 \geqslant 0$；

(5) $(A_1)^{\lambda_1} \otimes (A_1)^{\lambda_2} = (A_1)^{\lambda_1 + \lambda_2}$，$\lambda_1, \lambda_2 \geqslant 0$；

(6) $(A_1)^{\lambda} \otimes (A_2)^{\lambda} = (A_1 \otimes A_2)^{\lambda}$，$\lambda \geqslant 0$。

1.1.5 智能语言

综合上述语言表示特点与存在的不足，我们提出智能语言(Intelligent Language，IL)的概念，其定义如下。

定义 1.25 设 X 为一个非空集合，X 上的一个智能语言集(Intelligent Linguistic Set，ILS)定义如下：

$$L(I) = \{\langle x \big| \{(s^n_{\theta(x)}, f^n_{\sigma(x)}); p^n_{\rho(x)}\}; g^n_{\varsigma(x)} \rangle \mid x \in X\} \tag{1.13}$$

其中，映射 $s^n_{\theta(x)}: X \to S^n, x \mapsto s^n_{\theta(x)} \in S^n$，$f^n_{\sigma(x)}: X \to F^n, x \mapsto f^n_{\sigma(x)} \in F^n$，$p^n_{\rho(x)}: X \to P^n$，$x \mapsto p^n_{\rho(x)} \in P^n$，$g^n_{\varsigma(x)}: X \to C^n, x \mapsto g^n_{\varsigma(x)} \in C^n$；$S^n = S \times S \times \cdots \times S$ 为 n 维语言术语集，$F^n = F \times F \times \cdots \times F$ 为 n 维语言模糊度（不确定隶属度与非隶属度）向量集，$P^n = P \times P \times \cdots \times P$ 为 n 维语言模糊度量的可能度向量集，$C^n = C \times C \times \cdots \times C$ 为 n 维语言模糊度量及其可能度的近似度向量集；$f^n_{\sigma(x)}$ 是语言变量 $s^n_{\theta(x)}$ 语言模糊度向量；$p^n_{\rho(x)}$ 是模糊语言信息 $(s^n_{\theta(x)}, f^n_{\sigma(x)})$ 的可能度向量；$g^n_{\varsigma(x)}$ 是不确定语言信息 $\{(s^n_{\theta(x)}, f^n_{\sigma(x)}); p^n_{\rho(x)}\}$ 的近似度向量。相应的元素 $l(i) \in L(I)$ 称为智能语言变量(Intelligent Linguistic Variable，ILV)。

注 1.2 当上下近似度相同时，智能语言集退化为直觉概率语言集；其智能语言变量退化为直觉概率语言变量，即 $i = \{(s_1, u_1, v_1; p_1), (s_2, u_2, v_2; p_2), \cdots, (s_n, u_n, v_n; p_n)\}$，当其上下近似度相同，且对应的可能度相同时，智能语言集退化为直觉犹豫语言集。当其上下近似度相同且 $n = 1$ 时，智能语言集退化为直觉 Z-语言集，其智能语言变量退化为直觉 Z-语言变量，即 $i = (s, u, v; p)$。当其上下近似度相同，$n = 1$ 且 $u + v = 1$ 时，智能语言集退化为 Z-语言集，其智能语言变量退化为 Z-语言变量，即 $i = (s, u; p)$。当其上下近似度相同，$n = 1$，$u + v = 1$ 且 $p = 1$ 时，智能语言集退化为模糊语言集，其智能语言变量退化为模糊语言变量，即 $i = (s, u)$。

注 1.3 智能语言集可以根据实际问题中语言信息表示的需要，将向量值映射进一步拓展为高维张量映射。相应的计算规则可以参照前面的运算规则适当拓展得到。

1.2 智能语言的比较规则

在前面我们已经介绍了智能语言的概念及其在各种特殊情况下表现形式与运算规则，本节将给出各种智能语言的比较规则。

1.2.1 得分函数与精确函数

基于之前的智能语言表达形式，不能直接对语言变量大小进行比较，故分别提出了各个语言集的得分函数和精确函数，以方便比较各个变量的大小，下面介绍几种常见的智能语言集变量的得分函数和精确函数。

定义 1.26　设 α 为正三角模糊数，其平均得分函数如下：

$$P(\alpha)=\frac{a_1+4a_2+a_3}{6} \tag{1.14}$$

若 β 为任意正三角模糊数，且 $P(\alpha)<P(\beta)$，则 $\alpha<\beta$。

定义 1.27　设 $a=\langle\mu_a,\nu_a\rangle$ 代表一个 IFN，Chen 等[21]提出了得分函数 $S(a)$ 的概念，Hong 等[22]提出了精确函数 $H(a)$ 的概念：

$$\begin{cases} S(a)=\mu_a-\nu_a \\ H(a)=\mu_a+\nu_a \end{cases} \tag{1.15}$$

Xu 等[23]在 $S(a)$ 和 $H(a)$ 的基础上提出了 IFN 的比较方式。设 $a_i=\langle\mu_{a_i},\nu_{a_i}\rangle$ $(i=1,2)$ 表示任意两个 IFN：

(1) 如果 $S(a_1)>S(a_2)$，那么 $a_1>a_2$；

(2) 如果 $S(a_1)<S(a_2)$，那么 $a_1<a_2$；

(3) 如果 $S(a_1)=S(a_2)$，那么：

①如果 $H(a_1)>H(a_2)$，那么 $a_1>a_2$；

②如果 $H(a_1)<H(a_2)$，那么 $a_1<a_2$；

③如果 $H(a_1)=H(a_2)$，那么 $a_1=a_2$。

为了比较直觉模糊语言变量的大小，受到 Xu[24]研究的启发，本章定义了得分函数和精确函数。

定义 1.28　设 $\tilde{s}=(s_\alpha;\mu_s,\nu_s)$ 是一个直觉模糊语言变量，则得分函数为

$$\mathrm{Score}(\tilde{s})=s_\alpha(\mu_\alpha-\nu_\alpha) \tag{1.16}$$

精确函数为

$$H(\tilde{s})=s_\alpha(\mu_\alpha+\nu_\alpha) \tag{1.17}$$

并且提出了以下比较规则。

给定两个直觉模糊语言变量 $\tilde{s}_1=(s_{\alpha_1};\mu_{s_1},\nu_{s_1})$，$\tilde{s}_2=(s_{\alpha_2};\mu_{s_2},\nu_{s_2})$，则有：

(1) 如果 $\mathrm{Score}(\tilde{s}_1)<\mathrm{Score}(\tilde{s}_2)$，那么 $\tilde{s}_1$ 小于 $\tilde{s}_2$，表示为 $\tilde{s}_1\prec\tilde{s}_2$；

(2) 如果 $\mathrm{Score}(\tilde{s}_1)=\mathrm{Score}(\tilde{s}_2)$，那么：

①如果 $H(\tilde{s}_1)<H(\tilde{s}_2)$，那么 $\tilde{s}_1$ 小于 $\tilde{s}_2$，表示为 $\tilde{s}_1\prec\tilde{s}_2$；

②如果 $H(\tilde{s}_1)=H(\tilde{s}_2)$，那么 $\tilde{s}_1$ 等于 $\tilde{s}_2$，表示为 $\tilde{s}_1=\tilde{s}_2$。

随后，结合直觉模糊熵的思想，构建新的直觉模糊语言熵(Intuitionistic Fuzzy Linguistic Entropic，IFLE)。

通过定义 1.28，我们发现使用 IFIVLECWA 算子[25]集成评价信息之后，所得到的结果是一个区间形式的直觉模糊语言数，将其称为直觉模糊区间语言数(Intuitionistic Fuzzy Interval-Valued Linguistic Number，IFIVLN)，为了比较其大小，定义了得分函数和精确函数如下：

定义 1.29 设 $\overline{s}=[(s_{\alpha};\mu_1,\nu_1),(s_{\beta};\mu_2,\nu_2)]$ 是一个直觉模糊区间语言数，其得分函数为

$$\text{Score}(\overline{s})=(s_{\alpha}+s_{\beta})(\mu_1+\mu_2-\nu_1-\nu_2) \tag{1.18}$$

精确函数为

$$H(\overline{s})=\left|(s_{\alpha}-s_{\beta})(\mu_1-\mu_2)(\nu_1-\nu_2)\right| \tag{1.19}$$

并且提出了比较规则，给定两个直觉模糊区间语言变量 $\overline{s}_1$，$\overline{s}_2$：

(1) 如果 $\text{Score}(\overline{s}_1)<\text{Score}(\overline{s}_2)$，那么 $\overline{s}_1$ 小于 $\overline{s}_2$，表示为 $\overline{s}_1\prec\overline{s}_2$；

(2) 如果 $\text{Score}(\overline{s}_1)=\text{Score}(\overline{s}_2)$，那么：

①如果 $H(\overline{s}_1)<H(\overline{s}_2)$，那么 $\overline{s}_1$ 小于 $\overline{s}_2$，表示为 $\overline{s}_1\prec\overline{s}_2$；

②如果 $H(\overline{s}_1)=H(\overline{s}_2)$，那么 $\overline{s}_1$ 等于 $\overline{s}_2$，表示为 $\overline{s}_1=\overline{s}_2$。

为了更好地比较梯形 Pythagorean 模糊语言变量，Xian 等[26]定义如下得分函数和精确函数。

定义 1.30 设 $k,m=1,2,\cdots,n,\hat{t}_l=([s_{\varphi_{ij}}];\mu_{ij},\nu_{ij})(i,j,l=1,2,\cdots,n)$ 是一个 TrPFLV，则得分函数和精确函数为

$$V(\hat{t},\lambda_1,\lambda_2)=\lambda_1 V_{\mu_i}(\hat{t})+\lambda_2 V_{\nu_i}(\hat{t}) \tag{1.20}$$

$$A(\hat{t},\lambda_1,\lambda_2)=\lambda_1 A_{\nu_i}(\hat{t})+\lambda_2 A_{\mu_i}(\hat{t}) \tag{1.21}$$

$$P=\frac{\alpha+2\beta+2\gamma+\theta}{6},\quad Q=\frac{\theta-\alpha}{4} \tag{1.22}$$

其中，$\tilde{R}$ 的隶属度函数和非隶属度函数的得分函数分别为 $V_{\mu_i}(\hat{t})=P\mu_i^2$，$V_{\nu_i}(\hat{t})=P(1-\nu_i^2)$，而它们的精确函数分别为 $A_{\mu i}(\hat{t})=Q\mu_i^2$，$A_{\nu_i}(\hat{t})=Q(1-\nu_i^2)$。

$\lambda_1,\lambda_2\in[0,1]$ 表示一个权重参数，它代表决策者对于决策问题属性的偏好程度。它能使得决策者在模型中更加灵活地表达主观态度。

为了比较两个概率语言术语集，Pang 等[18]提出了得分函数、精确函数以及比较规则。

定义 1.31 设 $L(p)=\{L^{(k)}(p^{(k)})\,|\,k=1,2,\cdots,\#L(p)\}$ 为一个 PLTS，$r^{(k)}$ 为语言术语 $L^{(k)}$ 的下标，则 PLTS 的得分函数为

$$E(L(p))=s_{\bar{\alpha}},\quad \bar{\alpha}=\sum_{k=1}^{\#L(p)} r^{(k)}p^{(k)} \Bigg/ \sum_{k=1}^{\#L(p)} p^{(k)} \tag{1.23}$$

精确函数为

$$D(L(p))=\left(\sum_{k=1}^{\#L(p)}((p^{(k)}(r^{(k)}-\bar{\alpha}))^2)^{0.5}\right)\Bigg/\sum_{k=1}^{\#L(p)} p^{(k)} \tag{1.24}$$

并且提出了比较规则，$L_1(p)$ 和 $L_2(p)$ 为两个 PLTS：

(1) 如果 $E(L_1(p))<E(L_2(p))$，那么 $L_1(p)$ 小于 $L_2(p)$，表示为 $L_1(p)\prec L_2(p)$；

(2) 如果 $E(L_1(p))=E(L_2(p))$，那么：

①如果 $D(L_1(p))<D(L_2(p))$，那么 $L_1(p)$ 大于 $L_2(p)$，表示为 $L_1(p)\succ L_2(p)$；

②如果 $D(L_1(p))=D(L_2(p))$，那么 $L_1(p)$ 近似 $L_2(p)$，表示为 $L_1(p)\sim L_2(p)$。

为了比较两个犹豫模糊语言元素的大小，Liao 等[17]提出了得分函数、精确函数以及比较规则。

定义 1.32　对于一个 HFLTS，$H_S=\bigcup_{s_{\delta_l}\in H_S}\{s_{\delta_l}\mid l=1,\cdots,\#H_S\}$，其中 $\#H_S$ 是 H_S 中语言术语的数量，定义 $\rho(H_S)$ 是 H_S 的得分函数：

$$\rho(H_S)=\frac{1}{\#H_S}\sum_{s_{\delta_l}\in H_S} s_\delta = s_{\frac{1}{\#H_S}\sum_{l=1}^{\#H_S}\delta_l} \tag{1.25}$$

定义 1.33　对于一个 HFLTS，$H_S=\bigcup_{s_{\delta_l}\in H_S}\{s_{\delta_l}\mid l=1,\cdots,\#H_S\}$，其中 $\#H_S$ 是 H_S 中语言术语的数量，定义 $\sigma(H_S)$ 是 H_S 的精确函数：

$$\sigma(H_S)=\frac{1}{\#H_S}\sqrt{\sum_{s_{\delta_l},s_{\delta_k}\in H_S}(s_{\delta_l}-s_{\delta_k})^2}=s_{\frac{1}{\#H_S}\sqrt{\sum_{s_{\delta_l},s_{\delta_k}\in H_S}(\delta_l-\delta_k)^2}} \tag{1.26}$$

得分函数与精确函数的关系类似于统计学中均值与方差的关系。并提出了比较规则，H_S^1 和 H_S^2 为两个 HFLTS：

(1) 如果 $\rho(H_S^1)>\rho(H_S^2)$，则 $H_S^1>H_S^2$，$\mathrm{Max}\{H_S^1,H_S^2\}=H_S^1$，$\mathrm{Min}\{H_S^1,H_S^2\}=H_S^2$；

(2) 如果 $\rho(H_S^1)=\rho(H_S^2)$，那么：

①如果 $\sigma(H_S^1)<\sigma(H_S^2)$，则 $H_S^1>H_S^2$，$\mathrm{Max}\{H_S^1,H_S^2\}=H_S^1$，$\mathrm{Min}\{H_S^1,H_S^2\}=H_S^2$；

②如果 $\sigma(H_S^1)=\sigma(H_S^2)$，则 $H_S^1=H_S^2$，$\mathrm{Max}\{H_S^1,H_S^2\}=\mathrm{Min}\{H_S^1,H_S^2\}=H_S^1=H_S^2$。

Zhang 等[27]定义了犹豫模糊语言术语集和犹豫模糊集之间的转换函数。

定义 1.34　设 $S=\{s_0,s_1,\cdots,s_{g-1}\}$ 为有限并且全有序离散语言术语集，$h_S=\{s_\alpha\mid \alpha\in[0,g-1]\}$ 是一个犹豫模糊语言元素，$H=\{\gamma\mid\gamma\in[0,1]\}$ 为犹豫模糊集。通过函数 f，语言术语 s_α 与隶属度 γ 的转换关系为

$$f:[0,g-1]\to[0,1],\quad f(s_\alpha)=\frac{\alpha}{g-1}=\gamma \tag{1.27}$$

类似地，通过函数 f^{-1}，隶属度 γ 与语言变量之间的转换关系为

$$f^{-1}:[0,1]\to[0,g-1],\quad f^{-1}(\gamma)=s_\gamma\times(g-1)=s_\alpha \tag{1.28}$$

接下来，主要讨论下标对称的加性语言术语集，记为 $S=\{s_t\mid t=-\tau,\cdots,-1,0,1,\cdots,\tau\}$，与完全有序离散语言术语集不同。随后定义两个新的关于犹豫模糊语言术语集和犹豫模糊集的转换函数。

定义 1.35 设 $S=\{s_t\mid t=-\tau,\cdots,-1,0,1,\cdots,\tau\}$ 为一个有限且完全有序的语言术语集，$h_S=\{s_t\mid t\in[-\tau,\tau]\}$ 为犹豫模糊语言元素，$H=\{\gamma\mid\gamma\in[0,1]\}$ 为犹豫模糊集。通过函数 g，语言变量 s_t 与隶属度 γ 的转换函数为

$$g:[-\tau,\tau]\to[0,1],\quad g\left(s_t\right)=\frac{t}{2\tau}+\frac{1}{2}=\gamma \tag{1.29}$$

另外，我们可以得到下面的函数：

$$g:[-\tau,\tau]\to[0,1],\quad g(h_S)=\left\{g(s_t)=\frac{t}{2\tau}+\frac{1}{2}\mid t\in[-\tau,\tau]\right\}=h_\gamma \tag{1.30}$$

通过函数 g^{-1}，语言变量 s_t 与隶属度 γ 的转换函数为

$$g^{-1}:[0,1]\to[-\tau,\tau],\quad g^{-1}(\gamma)=s_{(2\gamma-1)\tau}=s_t \tag{1.31}$$

类似地，我们得到

$$g^{-1}:[0,1]\to[-\tau,\tau],\quad g^{-1}(h_\gamma)=\{g^{-1}(\gamma)=s_{(2\gamma-1)\tau}\mid\gamma\in[0,1]\}=h_S \tag{1.32}$$

为了比较两个犹豫模糊语言元素的大小，基于上述的转换函数，可以定义相应的得分函数。

定义 1.36 设 $h_S=\{s_t\mid t\in[-\tau,\tau]\}$ 为犹豫模糊语言元素，称

$$s(h_S)=\frac{1}{l}\sum_{i=1}^{l}s_i\in h_S g(s_t) \tag{1.33}$$

为 h_S 的得分函数，其中 l 为 h_S 元素的个数。那么有：

(1) 如果 $s(h_{S_1})<s(h_{S_2})$，则 h_{S_1} 小于 h_{S_2}，记为 $h_{S_1}\prec h_{S_2}$；

(2) 如果 $s(h_{S_1})=s(h_{S_2})$，则 h_{S_1} 等于 h_{S_2}，记为 $h_{S_1}=h_{S_2}$。

Xian 等[20]给出了直觉 Z-语言变量的得分函数及其精确函数。

定义 1.37 设 $A=\langle[s_{\theta(x)},s_{\tau(x)}],(\mu_A(x),\nu_A(x));p(x)\rangle$ 是一个直觉 Z-语言变量，则其得分函数为

$$E(A)=p(x)\left\{\frac{((\mu(x)+(1-\nu(x)))\times(\theta(x)+\tau(x)))}{4}\right\} \tag{1.34}$$

其精确函数为

$$H(A)=p(x)\left\{\frac{((1-\mu(x)-\nu(x))+(\tau(x)-\theta(x)))}{2}\right\} \tag{1.35}$$

对于任意两个直觉 Z-语言变量，$A_1=\langle[s_{\theta(x_1)},s_{\tau(x_1)}],(\mu_A(x_1),\nu_A(x_1));p(x_1)\rangle$ 和 $A_2=\langle[s_{\theta(x_2)},s_{\tau(x_2)}],(\mu_A(x_2),\nu_A(x_2));p(x_2)\rangle$，那么有：

(1) 如果 $E(A_1)>E(A_2)$，那么 $A_1\succ A_2$；

(2) 如果 $E(A_1)<E(A_2)$，那么 $A_1\prec A_2$；

(3) 如果 $E(A_1)=E(A_2)$，那么：

①如果 $H(A_1)>H(A_2)$，那么 $A_1\prec A_2$；

②如果 $H(A_1)<H(A_2)$，那么 $A_1\succ A_2$；

③如果 $H(A_1)=H(A_2)$，那么 $A_1\sim A_2$。

1.2.2 可能度

本节在介绍直觉模糊数可能度的基础上，给出部分智能语言(如 HFLTS 与 PLTS 等)基于可能度的比较方法。首先介绍直觉模糊数(IFN)可能度的概念及其比较规则。

设 $A=\{\langle x,\mu_A(x),\nu_A(x)\rangle|x\in X\}$ 为一个 IFS，则 $(\mu_A(x),\nu_A(x))$ 为一个 IFN。在不影响结果的前提下，我们将 IFN 简记为 (a,b)，其中 $0\leqslant a\leqslant 1$，$0\leqslant b\leqslant 1$，$0\leqslant a+b\leqslant 1$。

定义 1.38[28]　设 $\alpha_1=(a_1,b_1),\alpha_2=(a_2,b_2)$ 为两个 IFN，$\pi(\alpha_1)=1-a_1-b_1$，$\pi(\alpha_2)=1-a_2-b_2$。

当 $\pi(\alpha_1)=\pi(\alpha_2)=0$ 时，α_1 不小于 α_2 的可能度 $P(\alpha_1\geqslant\alpha_2)$ 为

$$P(\alpha_1\geqslant\alpha_2)\begin{cases}1, & a_1>a_2\\ 0, & a_1<a_2\\ 1/2 & a_1=a_2\end{cases} \tag{1.36}$$

当 $\pi(\alpha_1),\pi(\alpha_2)$ 不同时为 0 时，α_1 不小于 α_2 的可能度 $P(\alpha_1\geqslant\alpha_2)$ 为

$$P(\alpha_1\geqslant\alpha_2)=\frac{\mathrm{Max}\{0,(a_1+\pi(\alpha_1))-a_2\}-\mathrm{Max}\{0,a_1-(a_2+\pi(\alpha_2))\}}{\pi(\alpha_1)+\pi(\alpha_2)} \tag{1.37}$$

定理 1.1[28]　设 $\alpha_1=(a_1,b_1),\alpha_2=(a_2,b_2)$ 为两个 IFN，α_1 不小于 α_2 的可能度 $P(\alpha_1\geqslant\alpha_2)$ 具有以下性质：

(1) $0\leqslant P(\alpha_1\geqslant\alpha_2)\leqslant 1$ (有界性)；

(2) $P(\alpha_1\geqslant\alpha_2)=1\Leftrightarrow a_1\geqslant a_2+\pi(\alpha_2)$；

(3) $P(\alpha_1\geqslant\alpha_2)=0\Leftrightarrow a_2\geqslant a_1+\pi(\alpha_1)$；

(4) $P(\alpha_1\geqslant\alpha_2)+P(\alpha_2\geqslant\alpha_1)=1$ (互补性)；

(5) 当 $\alpha_1=\alpha_2$ 时，有

$$P(\alpha_1\geqslant\alpha_2)=P(\alpha_2\geqslant\alpha_1)=1/2\ (自反性)$$

(6) 设 $a_1 \leqslant a_2$， $b_1 \leqslant b_2$，当且仅当 $a_1 - b_1 \geqslant a_2 - b_2$ 时，有

$$P(\alpha_1 \geqslant \alpha_2) \geqslant 1/2$$

下面介绍基于可能度的 HFLT 比较规则。

设 $S = \{s_\alpha \mid \alpha = -i, \cdots, -1, 0, 1, \cdots, i\}$ 为一个语言术语集， H_S 是定义在 S 上的 HFLTS，记 $H_S^+ = \mathrm{Max}\{s_i \mid s_i \in H_S\}$， $H_S^- = \mathrm{Min}\{s_i \mid s_i \in H_S\}$， $I(s_i)$ 为 s_i 的下标，$\#(H_S)=I(H_S^+) - I(H_S^-) + 1$。

定义 1.39[29]　Rodríguez 等给出的计算 H_S^1 不小于 H_S^2 的可能度 $P_R(H_S^1 \geqslant H_S^2)$ 为

$$P_R(H_S^1 \geqslant H_S^2) = \frac{\mathrm{Max}\{0, I(H_S^{1+}) - I(H_S^{2-})\} - \mathrm{Max}\{0, I(H_S^{1-}) - I(H_S^{2+})\}}{(I(H_S^{1+}) - I(H_S^{1-})) + (I(H_S^{2-}) - I(H_S^{2+}))} \tag{1.38}$$

定义 1.40[30]　Lee 和 Chen 等给出的计算 H_S^1 不小于 H_S^2 的可能度 $P_L(H_S^1 \geqslant H_S^2)$ 为

$$P_L(H_S^1 \geqslant H_S^2) = \mathrm{Max}\left\{1 - \mathrm{Max}\left\{\frac{I(H_S^{2+}) - I(H_S^{1-})}{(I(H_S^{1+}) - I(H_S^{1-})) + (I(H_S^{2-}) - I(H_S^{2+}))}, 0\right\}, 0\right\} \tag{1.39}$$

例 1.7　设 $S = \{s_0, s_1, s_2, s_3, s_4, s_5, s_6\}$ 为一个语言术语集， $H_S^1 = \{s_3, s_4, s_5\}$， $H_S^2 = \{s_5, s_6\}$， $H_S^3 = \{s_4\}$， $H_S^4 = \{s_3, s_4, s_5, s_6\}$ 是定义在 S 上的 4 个 HFLTS，则

$$P_R(H_S^1 \geqslant H_S^2) = P_L(H_S^1 \geqslant H_S^2) = \frac{\mathrm{Max}\{0, 5-5\} - \mathrm{Max}\{0, 3-6\}}{(5-3)+(6-5)} = 0$$

$$P_R(H_S^3 \geqslant S) = P_L(H_S^3 \geqslant S) = P_R(H_S^4 \geqslant S) = P_L(H_S^4 \geqslant S) = \frac{2}{3}$$

由例 1.7 的结果， H_S^1 不小于 H_S^2 的可能度为 0，即 H_S^2 绝对大于 H_S^1，但是 s_5 同时属于 H_S^1 和 H_S^2，我们不能断定 H_S^2 绝对大于 H_S^1。另外 H_S^3 及 H_S^4 明显是不同的，但是通过以上公式算出的可能度是一样的。

针对例 1.7 中的问题，Wei 等[31]提出了如下的可能度计算方法。

定义 1.41[31]　H_S^1 不小于 H_S^2 的可能度 $P_{\mathrm{WS}}(H_S^1 \geqslant H_S^2)$ 为

$$\begin{aligned} P_{\mathrm{WS}}(H_S^1 \geqslant H_S^2) = & \frac{\mathrm{Max}\{0, I(H_S^{1+}) - I(H_S^{2-}) + 1\}}{\#(H_S^1 \cup H_S^2)} \\ & - \frac{\mathrm{Max}\{0, -\mathrm{Max}\{0, I(H_S^{1-}) - I(H_S^{2+}) - 1\}\}}{\#(H_S^1 \cup H_S^2)} - \frac{0.5\#(H_S^1 \cap H_S^2)}{\#(H_S^1 \cup H_S^2)} \end{aligned} \tag{1.40}$$

例 1.7　续

$$P_{\mathrm{WS}}(H_S^1 \geqslant H_S^2) = \frac{\mathrm{Max}\{0, 5-5+1\} - \mathrm{Max}\{0, 3-6-1\} - 0.5 \times 2}{4} = 0$$

$$P_{\mathrm{WS}}(H_S^3 \geqslant S) = \frac{\mathrm{Max}\{0, 4-0+1\} - \mathrm{Max}\{0, 4-6-1\} - 0.5 \times 1}{4} = 1.125$$

$$P_{\mathrm{WS}}(H_S^4 \geqslant S) = \frac{\mathrm{Max}\{0, 6-0+1\} - \mathrm{Max}\{0, 3-6-1\} - 0.5 \times 4}{4} = 1.25$$

可以看出 H_S^1 以 0 的可能度不小于 H_S^2，H_S^3 不小于 S 的可能度为 1.125，H_S^4 不小于 S 的可能度为 1.25，可以看到这一结果更加地合理。

下面我们介绍基于可能度的 PLTS 比较规则。

定义 1.42[32]　设 $S=\{s_\alpha \mid \alpha=-\tau,\cdots,-1,0,1,\cdots,\tau\}$ 为一个下标对称的语言术语集，$L_1(p)$ 和 $L_2(p)$ 是两个 PLTS，则 $L_1(p)$ 不小于 $L_2(p)$ 的可能度为

$$\begin{aligned}&P(L_1(p)\geqslant L_2(p))\\&=0.5\times\left(1+\frac{(a(L_1)^- - a(L_2)^-)+(a(L_1)^+ - a(L_2)^+)}{|a(L_1)^- - a(L_2)^-|+|a(L_1)^+ - a(L_2)^+|+a(L_1\cap L_2)}\right)\end{aligned}\tag{1.41}$$

其中，$a(L_i)^-$ 和 $a(L_i)^+$ $(i=1,2)$ 分别是 $L_1(p)$ 集合的下界区域和上界区域；$a(L_1\cap L_2)$ 表示 $L_1(p)$ 与 $L_2(p)$ 相交的区域。

例 1.8　设 $S=\{s_{-3}=$ 无$, s_{-2}=$ 极低$, s_{-1}=$ 低$, s_0=$ 中等$, s_1=$ 高$, s_2=$ 极高$, s_3=$ 完美$\}$ 为一个语言术语集合。若用 PLTS 对两款手机(iphone X 和 Galaxy S8)的“实用性”进行评估，其中 iphone X 的实用性为 $L_1(p)=\{s_1(0.2),s_2(0.4),s_3(0.2)\}$，而 Galaxy S8 的实用性为 $L_2(p)=\{s_1(0.3),s_2(0.5)\}$，则可以得到

$$P(L_1(p)\geqslant L_2(p))=0.5\times\left(1+\frac{(0.2-0.3)+(0.6-1)}{|0.2-0.3|+|0.6-1|+0.6}\right)=0.2727$$

其中

$$\begin{cases}a(L_1)^- = r_1^- p_1^- = \mathop{\mathrm{Min}}\limits_k\{r_1^{(k)}\}\times p_1^- = 1\times 0.2=0.2\\ a(L_1)^+ = r_1^+ p_1^+ = \mathop{\mathrm{Max}}\limits_k\{r_1^{(k)}\}\times p_1^+ = 3\times 0.2=0.6\\ a(L_2)^- = r_2^- p_2^- = \mathop{\mathrm{Min}}\limits_k\{r_2^{(k)}\}\times p_2^- = 1\times 0.3=0.3\\ a(L_2)^+ = r_2^+ p_2^+ = \mathop{\mathrm{Max}}\limits_k\{r_2^{(k)}\}\times p_2^+ = 2\times 0.5=1\\ a(L_1\cap L_2)=0.2+0.4=0.6\end{cases}$$

该结果表达 $L_1(p)$ 不小于 $L_2(p)$ 的可能度为 0.2727。

式(1.41)存在一定的局限性，因为它忽略了大量的评估信息，我们提出了一个新的可能度公式，能够更加细致地刻画可能度。为此，先看一个例子。

例 1.9　假设 $A=\{a_i \mid i=1,2,3\}=\{1,2,3\}$ 和 $B=\{b_j \mid j=1,2,3\}=\{2,4,5\}$ 为两个实数集合，事件 q：从 A、B 集合中各取出一个元素，A 集合的元素不小于 B 集合的元素，问事件 q 成立的概率。

显然，该结果为

$$P(q)=\frac{\Phi+\Psi}{|A|\times|B|}=\frac{1+1}{3\times 3}=\frac{2}{9}$$

其中，Φ 表示 A、B 集合相等元素的个数；Ψ 表示 A 集合中元素大于 B 集合中元素的个数；$|A|$、$|B|$ 表示集合中的元素个数。

基于上述思想，我们构建了新的可能度公式如下。

定义 1.43[33] 设 $S=\{s_\alpha \mid \alpha=-\tau,\cdots,-1,0,1,\cdots,\tau\}$ 为一个下标对称的语言术语集，$L_1(p)=\{L_1^{(k)}(p_1^{(k)}) \mid k=1,2,\cdots,\#L_1(p)\}$ 和 $L_2(p)=\{L_2^{(z)}(p_2^{(z)}) \mid z=1,2,\cdots,\#L_2(p)\}$ 是两个 PLTS，则 $L_1(p)$ 不小于 $L_2(p)$ 的可能度为

$$P(L_1(p)\geqslant L_2(p))=\frac{0.5\Phi_{12}+\Psi_{12}}{\#L_1(p)\times \#L_2(p)} \tag{1.42}$$

其中

$$\begin{cases}\Phi_{12}=\sum\limits_{k=1}^{\#L_1(p)}\sum\limits_{z=1}^{\#L_2(p)}\phi_{12}(r_1^{(k)}p_1^{(k)},r_2^{(z)}p_2^{(z)})\\ \Psi_{12}=\sum\limits_{k=1}^{\#L_1(p)}\sum\limits_{z=1}^{\#L_2(p)}\varphi_{12}(r_1^{(k)}p_1^{(k)},r_2^{(z)}p_2^{(z)})\\ \phi_{12}(r_1^{(k)}p_1^{(k)},r_2^{(z)}p_2^{(z)})=\begin{cases}1, & r_1^{(k)}p_1^{(k)}=r_2^{(z)}p_2^{(z)}\\ 0, & r_1^{(k)}p_1^{(k)}\neq r_2^{(z)}p_2^{(z)}\end{cases}\\ \varphi_{12}(r_1^{(k)}p_1^{(k)},r_2^{(z)}p_2^{(z)})=\begin{cases}1, & r_1^{(k)}p_1^{(k)}>r_2^{(z)}p_2^{(z)}\\ 0, & r_1^{(k)}p_1^{(k)}\leqslant r_2^{(z)}p_2^{(z)}\end{cases}\end{cases}$$

若 $r_1^{(k)}=r_2^{(z)}=0$，则

$$\begin{cases}\phi_{12}(r_1^{(k)}p_1^{(k)},r_2^{(z)}p_2^{(z)})=\begin{cases}1, & p_1^{(k)}=p_2^{(z)}\\ 0, & p_1^{(k)}\neq p_2^{(z)}\end{cases}\\ \varphi_{12}(r_1^{(k)}p_1^{(k)},r_2^{(z)}p_2^{(z)})=\begin{cases}1, & p_1^{(k)}>p_2^{(z)}\\ 0, & p_1^{(k)}\leqslant p_2^{(z)}\end{cases}\end{cases}$$

当 $P(L_1(p)\geqslant L_2(p))>P(L_2(p)\geqslant L_1(p))$ 时，表示 $L_1(p)$ 以 $P(L_1(p)\geqslant L_2(p))$ 概率值优于 $L_2(p)$，记为 $L_1(p)\underset{P(L_1(p)\geqslant L_2(p))}{\geqslant}L_2(p)$；

当 $P(L_1(p)\geqslant L_2(p))=P(L_2(p)\geqslant L_1(p))$ 时，我们认为 $L_1(p)$ 近似等于 $L_2(p)$，记为 $L_1(p)\approx L_2(p)$。

此外，新的可能度具有如下性质。

定理 1.2（有界性） $L_1(p)$ 和 $L_2(p)$ 为任意的两个 PLTS，则

$$0\leqslant P(L_1(p)\geqslant L_2(p))\leqslant 1$$

证明　根据式(1.42)，显然成立。

定理 1.3(互补性)　$L_1(p)$ 和 $L_2(p)$ 为任意的两个 PLTS，则

$$P(L_1(p) \geqslant L_2(p)) + P(L_2(p) \geqslant L_1(p)) = 1$$

证明

$$\begin{aligned} & P(L_1(p) \geqslant L_2(p)) + P(L_2(p) \geqslant L_1(p)) \\ & = \frac{0.5\varPhi_{12} + \varPsi_{12}}{\# L_1(p) \times \# L_2(p)} + \frac{0.5\varPhi_{21} + \varPsi_{21}}{\# L_2(p) \times \# L_1(p)} \\ & = \frac{\varPhi_{12} + \varPsi_{12} + \varPsi_{21}}{\# L_1(p) + \# L_2(p)} = 1 \end{aligned}$$

定理 1.4(自反性)　$L_1(p)$ 和 $L_2(p)$ 为任意的两个 PLTS，若 $L_1(p) = L_2(p)$，则

$$P(L_1(p) \geqslant L_2(p)) = P(L_2(p) \geqslant L_1(p)) = 0.5$$

证明　当 $L_1(p) = L_2(p)$ 时，$P(L_1(p) \geqslant L_2(p)) = P(L_2(p) \geqslant L_1(p))$。根据定理 1.4，可得 $P(L_1(p) \geqslant L_2(p)) = P(L_2(p) \geqslant L_1(p)) = 0.5$。

1.3　小　结

在综述各种语言定义及其特点的基础上，本章给出了智能语言的基本概念、基本运算及比较规则。智能语言术语是已有语言术语的一种集成，可以同时描述语言信息的模糊性、近似性、随机性、犹豫度等，更加适应大数据智能化时代认知与计算的需求，并为智能语言的集成与多属性决策的提供奠定了基础。

参 考 文 献

[1] Zadeh L. Concept of a linguistic variable and its application to approximate reasoning. Information Sciences, 1975, 8(3): 199-249.

[2] Herrera F, Herrera-Viedma E, Verdegay J L. A model of consensus in group decision making under linguistic assessments. Fuzzy Sets and Systems, 1996, 78(1): 73-87.

[3] Bordogna G, Fedrizzi M. A linguistic modeling of consensus in group decision making based on OWA operators. IEEE Transactions on Systems, Man, and Cybernetics. Part A, 1997, 27(1): 126-133.

[4] Xu Z S. A method based on linguistic aggregation operators for group decision making with linguistic preference relations. Information Sciences, 2004, 166(1): 19-30.

[5] 徐泽水. 不确定多属性决策方法及应用. 北京: 清华大学出版社, 2004.

[6] Xian S D. Fuzzy linguistic induce order weighted averaging operator and its application. Journal of Applied Mathematics, 2012, (11): 853-862.

[7] Atanassov K. Intuitionistic fuzzy sets. Fuzzy Sets and Systems, 1986, 20: 87-96.

[8] 王坚强，李寒波．基于直觉语言集成算子的多准则决策方法．控制与决策，2010，25(10)：1571-1574, 1584.

[9] Zhang H M. Linguistic intuitionistic fuzzy sets and application in MAGDM. Journal of Applied Mathematics, 2014: 432092.

[10] Xian S D, Xue W T, Zhang J F, et al. Intuitionistic fuzzy linguistic induced ordered weighted averaging operator for group decision making. International Journal of Uncertainty, Fuzziness and Knowledge-Based Systems, 2015, 23(4): 627-648.

[11] Xian S D, Dong Y F, Liu Y B, et al. A novel approach for linguistic group decision making based on generalized interval-valued intuitionistic fuzzy linguistic induced hybrid operator and TOPSIS. International Journal of Intelligent Systems, 2018, 33(2): 288-314.

[12] Yager R R. Pythagorean membership grades in multicriteria decision making. IEEE Transactions on Fuzzy Systems, 2014, 22(4): 958-965.

[13] 彭新东，杨勇．基于 Pythagorean 模糊语言集多属性群决策方法．计算机工程与应用，2016，52(23): 50-54.

[14] Du Y Q, Hou F J, Zafar W, et al. A novel method for multiattribute decision making with interval-valued Pythagorean fuzzy linguistic information. International Journal of Intelligent Systems, 2017, 32(10): 1085-1112.

[15] Xian S D, Xiao Y, Yang Z J, et al. A new trapezoidal Pythagorean fuzzy linguistic entropic combined ordered weighted averaging operator and its application for enterprise location. International Journal of Intelligent Systems, 2018, 33(9): 1880-1899.

[16] Rodríguez R M, Martinez L, Herrera F. Hesitant fuzzy linguistic term sets for decision making. IEEE Transactions on Fuzzy Systems, 2012, 20(1): 109-119.

[17] Liao H C, Xu Z S, Zeng X J, et al. Qualitative decision making with correlation coefficients of hesitant fuzzy linguistic term sets. Knowledge-Based Systems, 2015, 76: 127-138.

[18] Pang Q, Wang H, Xu Z S. Probabilistic linguistic linguistic term sets in multi-attribute group decision making. Information Sciences, 2016, 369: 128-143.

[19] Xian S D, Chai J H. Z linguistic induced ordered weighted averaging operator for multiple attribute group decision making. International Journal of Intelligent Systems, 2019, 34(2): 271-296.

[20] Xian S D, Yang Z J, Guo H L. Double parameters TOPSIS for multi-attribute linguistic group decision making based on the intuitionistic Z-linguistic variables. Applied Soft Computing, 2019, 85: 10583. http://doi.org/10.1016/j.asoc.2019.105835.

[21] Chen S M, Tan J M. Handling multicriteria fuzzy decision-making problems based on vague set theory. Fuzzy Sets and Systems, 1994, 67(2): 163-172.

[22] Hong D H, Choi C H. Multicriteria fuzzy decision-making problems based on vague set theory. Fuzzy Sets and Systems, 2000, 114(1): 103-113.

[23] Xu Z S, Yager R R. Some geometric aggregation operators based on intuitionistic fuzzy sets. International Journal of General Systems, 2006, 35(4): 417-433.

[24] Xu Z S. Intuitionistic fuzzy aggregation operators. IEEE Transactions on Fuzzy Systems, 2007, 15(6): 1179-1187.

[25] Xian S D, Yin Y B, Xue W T, et al. Intuitionistic fuzzy interval-valued linguistic entropic combined weighted averaging operator for linguistic group decision making. International Journal of Intelligent Systems, 2018, 33(2): 444-460.

[26] Xian S D, Xiao Y, Li L, et al. Trapezoidal Pythagorean fuzzy linguistic entropic combined ordered weighted Minkowski distance operator based on preference relations. International Journal of Intelligent Systems, 2019, 34(9): 2196-2224.

[27] Zhang X L, Xu Z S. Hesitant fuzzy agglomerative hierarchical clustering algorithms. International Journal of Systems Science, 2015, 46(3): 562-576.

[28] Wei C P, Tang X. Possibility degree method for ranking intuitionistic fuzzy numbers. 2010 IEEE/WIC/ACM International Conference on Web Intelligence and Intelligent Agent Technology, doi: 10.1109/wi-iat.2010.239.

[29] Rodríguez R M, Martínez L, Herrera F. A group decision making model dealing with comparative expressions based on hesitant fuzzy linguistic term sets. Information Sciences, 2013, 241: 28-42.

[30] Lee L W, Chen S M. Fuzzy decision making based on likelihood-based comparison relations of hesitant fuzzy linguistic term sets and hesitant fuzzy linguistic operators. Information Sciences, 2015, 294: 513-529.

[31] Wei C P, Zhao N, Tang X J. Operators and comparisons of hesitant fuzzy linguistic term sets. IEEE Transactions on Fuzzy Systems, 2014, 22(3): 575-585.

[32] Bai C Z, Zhang R, Qian L X, et al. Comparisons of probabilistic linguistic term sets for multi-criteria decision making. Knowledge-Based Systems, 2017, 119: 284-291.

[33] Xian S D, Chai J H, Yin Y B. A visual comparison method and similarity measure for probabilistic linguistic term sets and their applications in multi-criteria decision making. International Journal Fuzzy Systems, 2019, 21(4): 1154-1169.

第 2 章　智能语言集的测度理论

距离测度、相似性测度和熵测度是智能语言集理论的重要研究内容，受到了广大学者的高度重视。本章将以模糊语言(含直觉模糊语言、Pythagorean 模糊语言)、犹豫语言、概率语言、Z-语言等几类特殊的智能语言为例，对这三类测度进行介绍。

2.1　几种基本度量方法

2.1.1　距离测度

距离是一种既简单又有效的表达二者差异的方法，被广泛应用到模糊集理论、决策与管理等领域中。在语言型多属性决策中，对不同的语言值之间进行比较有多种方法。下面简单介绍几种常见距离，设 $A=\{a_1,a_2,\cdots,a_n\}$ 和 $B=\{b_1,b_2,\cdots,b_n\}$ 为任意两个实数点集，距离可以被定义如下。

定义 2.1[1]　汉明(Hamming)距离：汉明距离(Normal Hamming Distance，NHD)是一种 n 维映射 d_{NHD}： $R^n \times R^n \to R$，具有如下形式：

$$d_{\text{NHD}}(A,B)=\frac{1}{n}\sum_{i=1}^{n}\left|a_i-b_i\right| \tag{2.1}$$

其中，R 为实数域；a_i 和 b_i 分别是集合 A 和 B 中的第 i 个元素。

定义 2.2[1]　欧氏(Euclidean)距离：欧氏距离(Normal Euclidean Distance，NED)是一种 n 维映射 d_{NED}： $R^n \times R^n \to R$，具有如下形式：

$$d_{\text{NED}}(A,B)=\left(\frac{1}{n}\sum_{i=1}^{n}(a_i-b_i)^2\right)^{1/2} \tag{2.2}$$

其中，R 为实数域；a_i 和 b_i 分别是集合 A 和 B 中的第 i 个元素。

定义 2.3[1]　闵可夫斯基(Minkowski)距离：闵可夫斯基距离(Normal Minkowski Distance，NMD)是一种 n 维映射 d_{NMD}： $R^n \times R^n \to R$，具有如下形式：

$$d_{\text{NMD}}(A,B)=\left(\frac{1}{n}\sum_{i=1}^{n}\left|a_i-b_i\right|^{\lambda}\right)^{1/\lambda} \tag{2.3}$$

其中，R 为实数域；a_i 和 b_i 分别为集合 A 和 B 中的第 i 个元素；$\lambda\in(-\infty,+\infty)$ 为参数变量。特殊情况下，当 $\lambda=1$ 时，可得到汉明距离；当 $\lambda=2$ 时，可得到欧氏距离。

2.1.2　相似性测度

相似性测度在模糊集合理论中是一个重要的研究话题，它是刻画或说明匹配集合之间相似性程度的一种定量度量指标。其中比较常见的相似性测度是余弦相似度。

定义 2.4[2]　设 Ψ 为模糊数的全集，假设 $A=\{(x_i,\mu_A(x_i))\mid x_i\in\psi\}$ 和 $B=\{(x_i,\mu_B(x_i))\mid x_i\in\psi\}$ 是两个模糊集合，则余弦相似度定义为

$$\vartheta(A,B)=\frac{\sum_{i=1}^{n}\mu_A(x_i)\mu_B(x_i)}{\sqrt{\sum_{i=1}^{n}\mu_A^2(x_i)}\sqrt{\sum_{i=1}^{n}\mu_B^2(x_i)}} \tag{2.4}$$

其中余弦相似度满足以下属性：

（1）$0\leqslant\vartheta(A,B)\leqslant 1$；

（2）$\vartheta(A,B)=\vartheta(B,A)$；

（3）如果 $A=B$，那么 $\mu_A(x_i)=\mu_B(x_i)$，可以得到 $\vartheta(A,B)=1$。

2.1.3　熵测度

信息的基本作用是降低人们对未知或已知事物的不确定性，信息论创始人香农提出了描述信息不确定程度的信息熵。1968 年，为了刻画模糊集的模糊程度，Zadeh 提出模糊熵的概念。1972 年，Luca 等[3]基于香农熵的形式给出了模糊熵的公式以及公理化定义。

命题 2.1[3]　设 Ψ 为模糊数的全集，$A,B\in\Psi$，若 $E(A):\Psi\to[0,1]$ 为模糊集 A 的模糊熵，需满足以下公理化定义：

（1）$E(A)=0$ 当且仅当 A 为实数集，即 $\mu(x_i)=1$ 或 0；

（2）$E(A)=1$ 当且仅当 $\forall\mu(x_i)=1/2$；

（3）如果 B 比 A 模糊，则 $E(A)\leqslant E(B)$，也就是，当 $\mu_B(x_i)\leqslant 0.5$ 时，$\mu_A(x_i)\leqslant\mu_B(x_i)$；当 $\mu_B(x_i)\geqslant 0.5$ 时，$\mu_A(x_i)\geqslant\mu_B(x_i)$；

（4）$E(A)=E(A^C)$，其中 A^C 为 A 的补集。

定义 2.5[3]　设 $A=(x_1,x_2,\cdots,x_n)$ 为有限论域，模糊熵为

$$E(A)=-k\sum_{i=1}^{n}(\mu(x_i)\ln\mu(x_i)+(1-\mu(x_i))\ln(1-\mu(x_i))) \tag{2.5}$$

其中，$\mu(x_i)$ 是 x_i 的隶属度；k 是一个非负的常数。

2.2　直觉模糊语言的度量

自从 Atanassov 提出直觉模糊集以来，有关直觉模糊集的测度理论已有丰富的研究成果。然而在现有的文献中，大部分测度理论的研究都忽略了变量主元的重要意义。首先，Xian 等[4]提出考虑主元的区间直觉模糊欧氏距离，并在此基础上提出能反映不确定信息中确定性因素的支持度。下面，先介绍区间直觉模糊欧氏距离如下。

定义 2.6[4]　设 $\tilde{\alpha}_i=\left\langle x_i;[\mu_i^l,\mu_i^u],[\nu_i^l,\nu_i^u]\right\rangle$，$\tilde{\alpha}_j=\left\langle x_j;[\mu_j^l,\mu_j^u],[\nu_j^l,\nu_j^u]\right\rangle$ 是任意两个有主元的区间直觉模糊数，则

$$d_{\text{IVIFN}}(\tilde{\alpha}_i,\tilde{\alpha}_j)=\sqrt{k_1\left|\frac{x_i-x_j}{m}\right|^2+k_2\left(\frac{\left|\mu_i^l-\mu_j^l\right|+\left|\mu_i^u-\mu_j^u\right|}{2}\right)^2+k_3\left(\frac{\left|\nu_i^l-\nu_j^l\right|+\left|\nu_i^u-\nu_j^u\right|}{2}\right)^2} \tag{2.6}$$

其中，m 是 $\text{Max}\{|x_i-x_j|\}$；$k_1+k_2+k_3=1$ 且 $k_1,k_2,k_3\in[0,1]$；$d_{\text{IVIFN}}(\tilde{\alpha}_i,\tilde{\alpha}_j)$ 被称为 $\tilde{\alpha}_i$ 与 $\tilde{\alpha}_j$ 之间的区间直觉模糊欧氏距离。

接下来，我们介绍区间直觉模糊欧氏距离的公理化定义。设 $\tilde{\alpha}_i$，$\tilde{\alpha}_j$，$\tilde{\alpha}_t$ 是任意三个有主元的区间直觉模糊数，那么区间直觉模糊欧氏距离满足：

(1) $0\leqslant d_{\text{IVIFN}}(\tilde{\alpha}_i,\tilde{\alpha}_j)\leqslant 1$；

(2) $d_{\text{IVIFN}}(\tilde{\alpha}_i,\tilde{\alpha}_j)=0$ 当且仅当 $\tilde{\alpha}_i=\tilde{\alpha}_j$；

(3) $d_{\text{IVIFN}}(\tilde{\alpha}_i,\tilde{\alpha}_j)=d_{\text{IVIFN}}(\tilde{\alpha}_j,\tilde{\alpha}_i)$；

(4) $d_{\text{IVIFN}}(\tilde{\alpha}_i,\tilde{\alpha}_j)\leqslant d_{\text{IVIFN}}(\tilde{\alpha}_i,\tilde{\alpha}_t)+d_{\text{IVIFN}}(\tilde{\alpha}_t,\tilde{\alpha}_j)$。

证明　其中(2)和(3)是明显可知的，我们只详细证明(1)和(4)，具体如下。

(1) 当 $\left|x_i-x_j\right|=m$，$\left|\mu_i^l-\mu_j^l\right|+\left|\mu_i^u-\mu_j^u\right|=2$，$\left|\nu_i^l-\nu_j^l\right|+\left|\nu_i^u-\nu_j^u\right|=2$ 时，$d(\tilde{\alpha}_i,\tilde{\alpha}_j)=\text{Max}\{d(\tilde{\alpha}_i,\tilde{\alpha}_j)\}=1$；当 $\tilde{\alpha}_i=\tilde{\alpha}_j$ 时，$d(\tilde{\alpha}_i,\tilde{\alpha}_j)=\text{Min}\{d(\tilde{\alpha}_i,\tilde{\alpha}_j)\}=0$。

(4) 因为

$$d(\tilde{\alpha}_i,\tilde{\alpha}_j)=\sqrt{k_1\left|\frac{x_i-x_j}{m}\right|^2+k_2\left(\frac{\left|\mu_i^l-\mu_j^l\right|+\left|\mu_i^u-\mu_j^u\right|}{2}\right)^2+k_3\left(\frac{\left|\nu_i^l-\nu_j^l\right|+\left|\nu_i^u-\nu_j^u\right|}{2}\right)^2}$$

$$=\sqrt{\begin{aligned}&\left(\sqrt{k_1}\left|\frac{x_i-x_t+x_t-x_j}{m}\right|\right)^2+\left(\sqrt{k_2}\,\frac{\left|\mu_i^l-\mu_t^l+\mu_t^l-\mu_j^l\right|+\left|\mu_i^u-\mu_t^u+\mu_t^u-\mu_j^u\right|}{2}\right)^2\\&+\left(\sqrt{k_3}\,\frac{\left|\nu_i^l-\nu_t^l+\nu_t^l-\nu_j^l\right|+\left|\nu_i^u-\nu_t^u+\nu_t^u-\nu_j^u\right|}{2}\right)^2\end{aligned}}$$

根据闵可夫斯基不等式和绝对值不等式，我们可以得到结论(4)。

例 2.1　假设 $S=\{s_0,s_1,s_2,s_3,s_4,s_5,s_6\}$ 是一组语言集合，三个区间直觉模糊语言集合分别为 $\tilde{\alpha}=\langle s_2;[0.5,0.7],[0.2,0.3]\rangle$，$\tilde{\beta}=\langle s_3;[0.7,0.8],[0,0.1]\rangle$ 和 $\tilde{\gamma}=\langle s_6;[0.4,0.6],[0.1,0.3]\rangle$。如果系数 $k_1=0.3,k_2=0.3,k_3=0.4$，$m=6$，由式(2.6)可得

$$\begin{aligned}&d_{\text{IVIFN}}(\tilde{\alpha},\tilde{\beta})\\&=\sqrt{0.3\times\left|\frac{2-3}{6}\right|^2+0.3\times\left(\frac{|0.5-0.7|+|0.7-0.8|}{2}\right)^2+0.4\times\left(\frac{|0.2-0|+|0.3-0.1|}{2}\right)^2}\\&=\sqrt{0.008+0.00675+0.016}\\&=0.175\end{aligned}$$

同理可得 $d_{\text{IVIFN}}(\tilde{\alpha},\tilde{\gamma})=0.378$，$d_{\text{IVIFN}}(\tilde{\beta},\tilde{\gamma})=0.367$，则

$$d_{\text{IVIFN}}(\tilde{\alpha},\tilde{\gamma})>d_{\text{IVIFN}}(\tilde{\beta},\tilde{\gamma})>d_{\text{IVIFN}}(\tilde{\alpha},\tilde{\beta})$$

类似地，Xian 等[5]提出主元区间直觉模糊语言距离测度定义如下。

定义 2.7[5]　设 $\tilde{S}$ 为有主元的区间直觉模糊语言变量的全集，S 为连续语言术语集，$\tilde{s}_i=([s_{\alpha_i},s_{\beta_i}];[\mu_i^l,\mu_i^u],[\nu_i^l,\nu_i^u])$，$\tilde{s}_j=([s_{\alpha_j},s_{\beta_j}];[\mu_j^l,\mu_j^u],[\nu_j^l,\nu_j^u])$，$\tilde{s}_i,\tilde{s}_j\in\tilde{S}$，$s_{\alpha_i},s_{\beta_i},s_{\alpha_j},s_{\beta_j}\in S$，则 $\tilde{s}_i$ 与 $\tilde{s}_j$ 之间的区间直觉模糊语言距离测度可以被定义为

$$\begin{aligned}&d_{\text{IVIFL}}^{(1)}(\tilde{s}_i,\tilde{s}_j)\\&=\frac{1}{12t}\left|(5\alpha_i+\beta_i)\left(1+\frac{\mu_i^l+\mu_i^u-\nu_i^l-\nu_i^u}{2}\right)-(5\alpha_j+\beta_j)\left(1+\frac{\mu_j^l+\mu_j^u-\nu_j^l-\nu_j^u}{2}\right)\right|\end{aligned}\tag{2.7}$$

其中，t 表示 S 的基数。

另一种推广的主元区间直觉模糊语言距离测度定义如下。

定义 2.8　设 $\tilde{S}$ 为有主元的区间直觉模糊语言变量的全集，$\tilde{s}_i,\tilde{s}_j\in\tilde{S}$，$\tilde{s}_i=([s_{\alpha_i},s_{\beta_i}];[\mu_i^l,\mu_i^u],[\nu_i^l,\nu_i^u])$，$\tilde{s}_j=([s_{\alpha_j},s_{\beta_j}];[\mu_j^l,\mu_j^u],[\nu_j^l,\nu_j^u])$，则 $\tilde{s}_i$ 与 $\tilde{s}_j$ 之间的区间直觉模糊语言欧氏距离被定义为

$$\begin{aligned}&d_{\text{IVIFL}}^{(2)}(\tilde{s}_i,\tilde{s}_j)\\&=\sqrt{k_1\left(\frac{|\alpha_i-\alpha_j|+|\beta_i-\beta_j|}{2m}\right)^2+k_2\left(\frac{|\mu_i^l-\mu_j^l|+|\mu_i^u-\mu_j^u|}{2}\right)^2+k_3\left(\frac{|\nu_i^l-\nu_j^l|+|\nu_i^u-\nu_j^u|}{2}\right)^2}\end{aligned}\tag{2.8}$$

其中，m 是 $\operatorname*{Max}_{i,j}\left\{\frac{|\alpha_i-\alpha_j|+|\beta_i-\beta_j|}{2}\right\}$；$k_1+k_2+k_3=1$ 且 $k_1,k_2,k_3\in[0,1]$。该区间直觉模糊语言欧氏距离不仅考虑了变量主元的重要意义，而且可以通过 3 个参数

(k_1,k_2,k_3)动态地调整区间隶属度和区间非隶属度的比重。根据不同的决策环境，决策群体可以选择不同的参数。

命题 2.2 设 $\tilde{s}_i,\tilde{s}_j,\tilde{s}_k$ 是 3 个有主元的区间直觉模糊语言变量，那么它们之间的区间直觉模糊语言距离测度满足：

(1) $0\leqslant d_{\text{IVIFL}}(\tilde{s}_i,\tilde{s}_j)\leqslant 1$；

(2) $d_{\text{IVIFL}}(\tilde{s}_i,\tilde{s}_j)=0$ 当且仅当 $\tilde{s}_i=\tilde{s}_j$；

(3) $d_{\text{IVIFL}}(\tilde{s}_i,\tilde{s}_j)=d_{\text{IVIFL}}(\tilde{s}_j,\tilde{s}_i)$；

(4) $d_{\text{IVIFL}}(\tilde{s}_i,\tilde{s}_j)\leqslant d_{\text{IVIFL}}(\tilde{s}_i,\tilde{s}_k)+d_{\text{IVIFL}}(\tilde{s}_k,\tilde{s}_j)$。

例 2.2 假设 $S=\{s_0,s_1,s_2,s_3,s_4,s_5,s_6\}$ 是一组语言集合，三个区间直觉模糊语言集合分别为 $\hat{\alpha}=\langle[s_2,s_3];[0.5,0.7],[0.2,0.3]\rangle$ ， $\hat{\beta}=\langle[s_3,s_4];[0.7,0.8],[0,0.1]\rangle$ 和 $\hat{\gamma}=\langle[s_5,s_6];[0.4,0.6],[0.1,0.3]\rangle$。假设参数 $t=6$，则由式(2.7)可得

$$
\begin{aligned}
&d_{\text{IVIFL}}^{(1)}(\hat{\alpha},\hat{\beta})\\
&=\frac{1}{12\times 6}\times\left|(5\times 2+3)\times\left(1+\frac{0.5+0.7-0.2-0.3}{2}\right)-(5\times 3+4)\times\left(1+\frac{0.7+0.8-0-0.1}{2}\right)\right|\\
&=\frac{1}{72}\times|17.55-32.3|\\
&=0.205
\end{aligned}
$$

同理可得 $d_{\text{IVIFL}}^{(1)}(\hat{\beta},\hat{\gamma})=0.111$， $d_{\text{IVIFL}}^{(1)}(\hat{\alpha},\hat{\gamma})=0.316$，则

$$d_{\text{IVIFL}}^{(1)}(\hat{\alpha},\hat{\gamma})>d_{\text{IVIFL}}^{(1)}(\hat{\alpha},\hat{\beta})>d_{\text{IVIFL}}^{(1)}(\hat{\beta},\hat{\gamma})$$

接下来是一种直觉模糊语言集的余弦相似性测度。为了更有效地使用数据并灵活地表达语义，Wang 等[6]提出语言尺度函数，并为新的语言尺度函数在不同的直觉模糊语言术语赋予不同的语义值。在语言尺度递增的情况下，相邻语言尺度间的绝对偏差值可能随之增大或减小，下面列出的三种语言尺度函数适用于不同决策环境。

定义 2.9[6] 假设 $S=\{s_i\mid i=1,2,\cdots,2\tau\}$ 是语言集，如果 η_i 是 1 和 0 之间的数值，那么语言尺度函数 f 定义如下：

$$f:s_i\to\eta_i,\quad i=1,2,\cdots,2\tau \tag{2.9}$$

其中，$0\leqslant\eta_0<\eta_1<\cdots<\eta_{2\tau}\leqslant 1$。语言尺度函数随着 s_i 的下标升序形成严格单调递增函数；实际上函数值 η_i 对应语言集的语义。

下列是三种语言尺度函数。

(1)语言信息评价均衡分布：

$$f_1(s_i)=\eta_i=\frac{i}{2\tau} \tag{2.10}$$

(2)语言尺度函数从中间扩展到两端时，相邻语言集之间的绝对偏差会增加：

$$f_2(s_i)=\eta_i=\begin{cases}\dfrac{c^{\tau}-c^{t-i}}{2c^{\tau}-2}, & i=0,1,\cdots,\tau\\ \dfrac{c^{\tau}+c^{i-\tau}-2}{2c^{\tau}-2}, & i=\tau+1,\tau+2,\cdots,2\tau\end{cases} \tag{2.11}$$

(3)语言尺度函数从中间扩展到两端时，相邻语言集之间的绝对偏差会减小：

$$f_3(s_i)=\eta_i=\begin{cases}\dfrac{\tau^{\varsigma}-(\tau-i)^{\varsigma}}{2\tau^{\varsigma}}, & i=0,1,\cdots,\tau\\ \dfrac{\tau^{\upsilon}+(i-\tau)^{\upsilon}}{2\tau^{\upsilon}}, & i=\tau+1,\tau+2,\cdots,2\tau\end{cases} \tag{2.12}$$

以上语言尺度函数能被改进为 $f^*:\overline{S}\to R^+$（R^+ 是一个非负真实数），该函数是一个连续且严格单调递增函数。

在考虑直觉模糊语言集中隶属度和非隶属度的同时代入语言尺度函数形成的直觉模糊语言相似性测度，并在下面进行具体介绍。

定义 2.10[7] 给定任意两个直觉模糊语言集 $\alpha,\beta\in\tilde{S}$，则基于语言尺度函数 f 的余弦相似性测度定义如下：

$$\vartheta_{\text{IFLS}}(\alpha,\beta)=\frac{\sum_{i=1}^{n}(f(s_\alpha)\mu_\alpha(s_i)f(s_\beta)\mu_\beta(s_i)+f(s_\alpha)\nu_\alpha(s_i)f(s_\beta)\nu_\beta(s_i))}{K\cdot H} \tag{2.13}$$

其中

$$K=\sqrt{\sum_{i=1}^{n}((f(s_\alpha)\mu_\alpha(s_i))^2+(f(s_\alpha)\nu_\alpha(s_i))^2)}$$

$$H=\sqrt{\sum_{i=1}^{n}((f(s_\beta)\mu_\beta(s_i))^2+(f(s_\beta)\nu_\beta(s_i))^2)}$$

其余弦相似度满足以下性质：

(1) $0\leqslant\vartheta_{\text{IFLS}}(\alpha,\beta)\leqslant 1$；

(2) $\vartheta_{\text{IFLS}}(\alpha,\beta)=\vartheta_{\text{IFLS}}(\beta,\alpha)$；

(3) 对 $\forall s_i\in S$，若 $\alpha=\beta$，则 $\mu_\alpha=\mu_\beta$，$\nu_\alpha=\nu_\beta$，则 $\vartheta_{\text{IFLS}}(\alpha,\beta)=1$。

例 2.3 假设 $S=\{s_0,s_1,s_2,s_3,s_4,s_5,s_6\}$ 是一组语言集合，$\alpha=\langle s_1;0.4,0.4\rangle$，$\beta=\langle s_3;0.6,0.3\rangle$ 和 $\gamma=\langle s_6;0.8,0.1\rangle$ 是三个直觉模糊语言集合。如果语言尺度函数为 $f(s_i)=i/2\tau(\tau=3)$，由式(2.13)可得

$$\vartheta_{\text{IFLS}}(\alpha,\beta)=\frac{0.17\times0.8\times0.5\times0.7+0.17\times0.1\times0.5\times0.2}{\sqrt{(0.17\times0.8)^2+(0.17\times0.1)^2}\cdot\sqrt{(0.5\times0.7)^2+(0.5\times0.2)^2}}=0.0582$$

同理可求得 $\vartheta_{\text{IFLS}}(\alpha,\gamma)=0.789$，$\vartheta_{\text{IFLS}}(\beta,\gamma)=0.997$，则

$$\vartheta_{\text{IFLS}}(\beta,\gamma)>\vartheta_{\text{IFLS}}(\alpha,\gamma)>\vartheta_{\text{IFLS}}(\alpha,\beta)$$

接下来，受到直觉模糊熵[8]的启发，结合距离测度刻画的差异度与不确定性，Xian 等[9]提出新的直觉模糊语言熵测度。

命题 2.3[9] 给定任意两个直觉模糊语言集 $\tilde{A},\tilde{B}\subseteq\tilde{S}$，若 $E_{\text{IFL}}(\tilde{A}):\tilde{A}\to[0,1]$ 为直觉模糊语言集 $\tilde{A}$ 的直觉模糊语言熵，需满足如下条件：

(1) $E_{\text{IFL}}(\tilde{A})=0$ 当且仅当 $\tilde{A}$ 为实数集；

(2) $E_{\text{IFL}}(\tilde{A})=1$ 当且仅当 $\mu_{\tilde{A}}(s_i)=\nu_{\tilde{A}}(s_i)=0$；

(3) 对 $\forall s_i\in S$，若 $\tilde{A}\subseteq\tilde{B}$ 并且 $\mu_{\tilde{B}}(s_i)\leqslant\nu_{\tilde{B}}(s_i)$，或者 $\tilde{A}\supseteq\tilde{B}$ 并且 $\mu_{\tilde{B}}(s_i)\geqslant\nu_{\tilde{B}}(s_i)$，则 $E_{\text{IFL}}(\tilde{A})\leqslant E_{\text{IFL}}(\tilde{B})$；

(4) $E_{\text{IFL}}(\tilde{A})=E_{\text{IFL}}(\tilde{A}^C)$，其中 A^C 为 A 的补集，并且可定义为

$$E_{\text{IFL}}(\tilde{A}_i)=(1-d(\tilde{A}_i,\tilde{A}_i^C))\frac{1+\pi_{\tilde{A}}(s_i)}{2}=(1-|\mu_{\tilde{A}}(s_i)-\nu_{\tilde{A}}(s_i)|)\frac{1+\pi_{\tilde{A}}(s_i)}{2} \tag{2.14}$$

其中，$\tilde{A}_i\in\tilde{A}$ 为集合 $\tilde{A}$ 中一个直觉模糊语言变量；$d(\tilde{A}_i,\tilde{A}_i^C)$ 为任意距离测度。

此外，为了更加精确、灵活地刻画不确定性，本章将直觉模糊熵拓展成区间形式，提出了直觉模糊区间语言熵。

定义 2.11[9] 设 $\tilde{A}$ 为任意一个直觉模糊语言集，存在一个映射 $E:\tilde{A}_i\to[\alpha,\beta]\subset[0,1]$ 并且

$$E_{\text{IVIFL}}(\tilde{A}_i)=\left[(1-|\mu_{\tilde{A}}(s_i)-\nu_{\tilde{A}}(s_i)|^{1/2})\frac{1+\pi_{\tilde{A}}(s_i)^2}{2},(1-|\mu_{\tilde{A}}(s_i)-\nu_{\tilde{A}}(s_i)|^2)\frac{1+\pi_{\tilde{A}}(s_i)^{1/2}}{2}\right] \tag{2.15}$$

其中，$\tilde{A}_i\in\tilde{A}$ 为集合 $\tilde{A}$ 中一个直觉模糊语言变量；称 $E_{\text{IVIFL}}(\tilde{A}_i)$ 为 $\tilde{A}_i$ 的直觉模糊区间语言熵。

随后，广义直觉模糊区间语言熵可定义如下。

定义 2.12 设 $\tilde{A}$ 为任意一个直觉模糊语言集，存在一个映射 $E_{\text{GIVIFL}}:\tilde{A}_i\to[\alpha,\beta]\subset[0,1]$，并且

$$\begin{aligned}E_{\text{GIVIFL}}(\tilde{A}_i)&=[E_i^L,E_i^U]\\&=\left[(1-|\mu_{\tilde{A}}(s_i)-\nu_{\tilde{A}}(s_i)|^{1/p})\frac{1+\pi_{\tilde{A}}(s_i)^p}{2},(1-|\mu_{\tilde{A}}(s_i)-\nu_{\tilde{A}}(s_i)|^p)\frac{1+\pi_{\tilde{A}}(s_i)^{1/p}}{2}\right]\end{aligned} \tag{2.16}$$

其中，$\tilde{A}_i\in\tilde{A}$ 为集合 $\tilde{A}$ 中一个直觉模糊语言变量。当 $p=1$ 时，广义直觉模糊语言熵

退化为直觉模糊语言熵；当 $p=2$ 时，广义直觉模糊区间语言熵退化为直觉模糊区间语言熵；当 $p\to+\infty$ 时，$E_{\text{GIVIFL}}(\tilde{A}_i)\to[0,1]$。

例 2.4 假设 $S=\{s_0,s_1,s_2,s_3,s_4,s_5,s_6\}$ 是一组语言集合，三个区间直觉模糊语言集合分别为 $\tilde{\alpha}=\langle s_2;[0.5,0.7],[0.2,0.3]\rangle$，$\tilde{\beta}=\langle s_3;[0.7,0.8],[0,0.1]\rangle$ 和 $\tilde{\gamma}=\langle s_6;[0.4,0.6],[0.1,0.2]\rangle$。假设参数 $p=1$，则由式(2.16)可得

$$E_{\text{GIVIFL}}(\tilde{\alpha})=\left[(1-|0.7-0.3|)\frac{1+0}{2},(1-|0.5-0.2|)\frac{1+0.3}{2}\right]=[0.3,0.455]$$

同理可得 $E_{\text{GIVIFL}}(\tilde{\beta})=[0.165,0.195]$，$E_{\text{GIVIFL}}(\tilde{\gamma})=[0.36,0.525]$。

例 2.5 制造商为了在市场上获得竞争优势，挑选高质量的原材料供应商往往是极其重要的商业决策。拟订有 7 个（$A_1,A_2,\cdots,A_7$）备选原材料供应商，4 个关键属性指标影响原材料供应商分类决策，分别是：C_1（产品质量因素）、C_2（合作关系因素）、C_3（交货能力因素）、C_4（经营时间因素），它们的加权向量为 $W=(0.3,0.2,0.3,0.2)^{\text{T}}$。同时原材料供应商能被一个语言术语集所表示，$S=\{s_0,s_1,s_2,s_3,s_4,s_5,s_6,s_7\}$。

基于加权向量 W 以及表 2.1 和表 2.2 中的数据，并利用上述距离测度决定最佳原材料供应商。

表 2.1　各属性指标的方案 A^+

C_1^+	C_2^+	C_3^+	C_4^+
$([s_7,s_7];[1,1],[0,0])$	$([s_7,s_7];[1,1],[0,0])$	$([s_7,s_7];[1,1],[0,0])$	$([s_7,s_7];[1,1],[0,0])$

表 2.2　各原材料供应商的实际偏好值

方案	C_1	C_2	C_3	C_4
A_1	$([s_6,s_7];[0.6,0.8],[0.1,0.2])$	$([s_5,s_7];[0.5,0.7],[0.0,0.2])$	$([s_6,s_8];[0.5,0.8],[0.1,0.2])$	$([s_5,s_7];[0.6,0.7],[0.1,0.2])$
A_2	$([s_1,s_3];[0.2,0.3],[0.5,0.7])$	$([s_1,s_2];[0.1,0.3],[0.4,0.5])$	$([s_1,s_2];[0.1,0.2],[0.5,0.6])$	$([s_1,s_3];[0.1,0.2],[0.5,0.8])$
A_3	$([s_4,s_6];[0.3,0.5],[0.2,0.3])$	$([s_3,s_5];[0.6,0.7],[0.0,0.1])$	$([s_4,s_6];[0.3,0.5],[0.1,0.3])$	$([s_3,s_6];[0.5,0.7],[0.0,0.2])$
A_4	$([s_3,s_4];[0.2,0.3],[0.3,0.6])$	$([s_5,s_6];[0.2,0.4],[0.3,0.6])$	$([s_3,s_5];[0.3,0.5],[0.2,0.4])$	$([s_4,s_6];[0.1,0.3],[0.3,0.6])$
A_5	$([s_6,s_7];[0.6,0.9],[0.0,0.1])$	$([s_4,s_6];[0.5,0.7],[0.2,0.3])$	$([s_6,s_7];[0.6,0.7],[0.2,0.3])$	$([s_5,s_7];[0.5,0.6],[0.3,0.4])$
A_6	$([s_1,s_2];[0.1,0.3],[0.6,0.8])$	$([s_3,s_4];[0.1,0.2],[0.6,0.8])$	$([s_2,s_3];[0.1,0.1],[0.6,0.7])$	$([s_2,s_4];[0.1,0.1],[0.3,0.4])$
A_7	$([s_3,s_5];[0.4,0.6],[0.2,0.3])$	$([s_2,s_4];[0.7,0.8],[0.0,0.0])$	$([s_5,s_6];[0.4,0.5],[0.1,0.3])$	$([s_6,s_7];[0.5,0.6],[0.2,0.3])$

(1) 利用式(2.7)可得

$$d(A_1,A^+)=0.363,\quad d(A_2,A^+)=0.944,\quad d(A_3,A^+)=0.631,\quad d(A_4,A^+)=0.758$$

$$d(A_5,A^+)=0.415,\quad d(A_6,A^+)=0.920,\quad d(A_7,A^+)=0.5995$$

则

$$d(A_2,A^+)>d(A_6,A^+)>d(A_4,A^+)>d(A_3,A^+)>d(A_7,A^+)>d(A_5,A^+)>d(A_1,A^+)$$

(2) 利用式(2.8)($k_1=0.3,k_2=0.3,k_3=0.4,m=1$)可得

$$d(A_1,A^+)=0.698,\quad d(A_2,A^+)=4.182,\quad d(A_3,A^+)=1.854,\quad d(A_4,A^+)=2.250$$

$$d(A_5,A^+)=0.780,\quad d(A_6,A^+)=3.634,\quad d(A_7,A^+)=2.020$$

则

$$d(A_2,A^+)>d(A_6,A^+)>d(A_4,A^+)>d(A_7,A^+)>d(A_3,A^+)>d(A_5,A^+)>d(A_1,A^+)$$

从例 2.5 的数据结果可知：不同距离公式求解表明，直觉模糊语言评估下的方案 A_1 和正理想解 A^+ 的差距最小，那么方案 A_1 就是最优决策方案。但是，在整体的排序结果上仍存在着一些差别，由距离测度公式(2.7)和式(2.8)得到的排序结果中 A_7 和 A_3 的排序有所变化，而最优方案 A_1 和最劣方案 A_2 的排序是完全一致的。

2.3 Pythagorean 模糊语言的度量

距离测度被广泛应用于直觉模糊语言环境下的多属性群决策问题中。但目前的距离测度方法尚无法处理梯形 Pythagorean 语言变量的问题，因此，Xian 等[10]提出了梯形 Pythagorean 模糊语言 Minkowski 距离。

定义 2.13[10] 设对任意的 $k,i,j,l,a,b=1,2,\cdots,n$，$\hat{t}_k=\hat{r}_{ij}=([s_{(\alpha_{ij},\beta_{ij},\gamma_{ij},\theta_{ij})}],\mu_{ij}(x_{ij}),\nu_{ij}(x_{ij}))$，$\hat{t}_l=\hat{r}_{ab}=([s_{(\alpha_{ab},\beta_{ab},\gamma_{ab},\theta_{ab})}],\mu_{ab}(x_{ab}),\nu_{ab}(x_{ab}))$ 表示任意的梯形 Pythagorean 模糊语言变量，则梯形 Pythagorean 模糊语言 Minkowski 距离可以定义为

$$\begin{aligned} & d_{\mathrm{TrPFLMD}}(\hat{t}_k,\hat{t}_l) \\ & =\sqrt[\lambda]{p\left(\frac{|p(x_{ij})-p(x_{ab})|}{M}\right)^{\lambda}+q|\mu_{ij}-\mu_{ab}|^{\lambda}+m|\nu_{ij}-\nu_{ab}|^{\lambda}+n|\pi_{ij}-\pi_{ab}|^{\lambda}} \end{aligned} \tag{2.17}$$

其中，$p(x_{ij})=\dfrac{\alpha_{ij}+2\beta_{ij}+2\gamma_{ij}+\theta_{ij}}{6}$；$p(x_{ab})=\dfrac{\alpha_{ab}+2\beta_{ab}+2\gamma_{ab}+\theta_{ab}}{6}$；$M$ 表示 $p(x_{ij})$ 和 $p(x_{ab})$ 的距离存在的最大值；$p,q,m,n\in[0,1]$，$p+q+m+n=1$；$d_{\mathrm{TrPFLMD}}(\hat{t}_k,\hat{t}_l)$ 称为 $\hat{t}_k$ 和 $\hat{t}_l$ 之间的梯形 Pythagorean 模糊语言 Minkowski 距离。

接下来，将介绍上述距离测度的一些基本性质。

设 $\hat{t}_k$，$\hat{t}_l$，$\hat{t}_g$ 表示三个梯形 Pythagorean 模糊语言变量，那么 d_{TrPFLMD} 满足如下性质：

(1) $0 \leqslant d_{\text{TrPFLMD}}(\hat{t}_k, \hat{t}_l) \leqslant 1$；

(2) 当 $\hat{t}_k = \hat{t}_l$ 时，$d_{\text{TrPFLMD}}(\hat{t}_k, \hat{t}_l) = 0$；

(3) $d_{\text{TrPFLMD}}(\hat{t}_k, \hat{t}_l) = d_{\text{TrPFLMD}}(\hat{t}_l, \hat{t}_k)$；

(4) $d_{\text{TrPFLMD}}(\hat{t}_k, \hat{t}_l) \leqslant d_{\text{TrPFLMD}}(\hat{t}_k, \hat{t}_g) + d_{\text{TrPFLMD}}(\hat{t}_g, \hat{t}_l)$。

证明　由于(2)和(3)很容易得到，在此我们只证(1)和(4)。

(1) 当 $|p(x_{ij}) - p(x_{ab})| = M$ 时，$|\mu_{ij} - \mu_{ab}| = 1$，$|\nu_{ij} - \nu_{ab}| = 1$，$|\pi_{ij} - \pi_{ab}| = 0$，$d_{\text{TrPFLMD}}(\hat{t}_k, \hat{t}_l) = \text{Max}\, d_{\text{TrPFLMD}} = 1$；如果 $\hat{t}_k = \hat{t}_l$，那么 $d_{\text{TrPFLMD}}(\hat{t}_k, \hat{t}_l) = \text{Min}\, d_{\text{TrPFLMD}} = 0$。

(4) 因为

$$
\begin{aligned}
& d_{\text{TrPFLMD}}(\hat{t}_k, \hat{t}_l) \\
= & \sqrt[\lambda]{p\left(\frac{|p(x_{ij}) - p(x_{ab})|}{M}\right)^{\lambda} + q|\mu_{ij} - \mu_{ab}|^{\lambda} + a|\nu_{ij} - \nu_{ab}|^{\lambda} + b|\pi_{ij} - \pi_{ab}|^{\lambda}} \\
= & \sqrt[\lambda]{\left(\sqrt[\lambda]{p}\frac{|p(x_{ij}) - p(x_{ab})|}{M}\right)^{\lambda} + (\sqrt[\lambda]{q}|\mu_{ij} - \mu_{ab}|)^{\lambda} + (\sqrt[\lambda]{m}|\nu_{ij} - \nu_{ab}|)^{\lambda} + (\sqrt[\lambda]{n}|\pi_{ij} - \pi_{ab}|)^{\lambda}} \\
= & \sqrt[\lambda]{\left(\sqrt[\lambda]{p}\frac{|p'(x)|}{M}\right)^{\lambda} + (\sqrt[\lambda]{q}|\mu'_x|)^{\lambda} + (\sqrt[\lambda]{m}|\nu'_x|)^{\lambda} + (\sqrt[\lambda]{n}|\pi'_x|)^{\lambda}}
\end{aligned}
$$

其中，$p'(x) = p(x_{ij}) - p(x_{de}) + p(x_{de}) - p(x_{ab})$；$\mu'_x = \mu_{ij} - \mu_{de} + \mu_{de} - \mu_{ab}$；$\nu'_x = \nu_{ij} - \nu_{de} + \nu_{de} - \nu_{ab}$；$\pi'_x = \pi_{ij} - \pi_{de} + \pi_{de} - \pi_{ab}$。根据 Minkowski 不等式，可以得到 $d_{\text{TrPFLMD}}(\hat{t}_k, \hat{t}_l) \leqslant d_{\text{TrPFLMD}}(\hat{t}_k, \hat{t}_g) + d_{\text{TrPFLMD}}(\hat{t}_g, \hat{t}_l)$。

例 2.6　假设 $S = \{s_0, s_1, s_2, s_3, s_4, s_5, s_6\}$ 是一组语言集合，$\hat{t}_1 = \langle [s_1, s_2, s_3, s_4]; 0.8, 0.6 \rangle$，$\hat{t}_2 = \langle [s_2, s_3, s_4, s_5]; 0.7, 0.3 \rangle$ 和 $\hat{t}_3 = \langle [s_3, s_4, s_5, s_6]; 0.6, 0.2 \rangle$ 是三个梯形 Pythagorean 模糊语言集合。假设 $p = 0.25, q = 0.25, m = 0.25, n = 0.25, M = 6, \lambda = 1$，根据式(2.17)则有

$$
p_1 = \frac{1 + 2\times 2 + 2\times 3 + 4}{6} = 2.5,\quad p_2 = \frac{2 + 2\times 3 + 2\times 4 + 5}{6} = 3.5
$$

$$
p_3 = \frac{3 + 2\times 4 + 2\times 5 + 6}{6} = 4.5
$$

计算距离得

$$
\begin{aligned}
d_{\text{TrPFLMD}}(\hat{t}_1, \hat{t}_2) &= 0.25\times\left(\frac{|2.5 - 3.5|}{6}\right) + 0.25\times|0.8 - 0.7| \\
&\quad + 0.25\times|0.6 - 0.3| + 0.25\times|0 - 0.76| \\
&= 0.332
\end{aligned}
$$

同理可得 $d_{\text{TrPFLMD}}(\hat{t}_1,\hat{t}_3)=0.387$， $d_{\text{TrPFLMD}}(\hat{t}_2,\hat{t}_3)=0.118$，则

$$d_{\text{TrPFLMD}}(\hat{t}_1,\hat{t}_3)>d_{\text{TrPFLMD}}(\hat{t}_1,\hat{t}_2)>d_{\text{TrPFLMD}}(\hat{t}_2,\hat{t}_3)$$

当考虑最大模糊性时，梯形 Pythagorean 模糊语言变量的熵测度可以定义如下。

定义 2.14[11] 设 $\hat{s}_i=([s_{\alpha_i},s_{\beta_i},s_{\gamma_i},s_{\theta_i}],\mu_{\hat{s}_i},\nu_{\hat{s}_i})\ (i=1,2,\cdots,n)$ 表示任意的梯形 Pythagorean 模糊语言变量，梯形 Pythagorean 模糊语言变量的熵测度可定义如下：

$$e_{\text{TrPFL}}(\hat{s}_i)=\frac{1}{n}\sum_{i=1}^{n}\frac{\text{Min}\{\mu_{\hat{s}_i}^2,\nu_{\hat{s}_i}^2\}+\pi_{\hat{s}_i}^2}{\text{Max}\{\mu_{\hat{s}_i}^2,\nu_{\hat{s}_i}^2\}+\pi_{\hat{s}_i}^2} \tag{2.18}$$

通过标准化后，我们可以得到 $E_{\text{TrPFL}}(\hat{s}_i)=e_{\text{TrPFL}}(\hat{s}_i)/\sum_{i=1}^{n}e_{\text{TrPFL}}(\hat{s}_i)$，其中 $E_{\text{TrPFL}}(\hat{s}_i)\in[0,1]$，$\sum_{i=1}^{n}E_{\text{TrPFL}}(\hat{s}_i)=1$，因此我们可以得到以下结论。

命题 2.4 设 $\hat{s}_i=([s_{\alpha_i},s_{\beta_i},s_{\gamma_i},s_{\theta_i}],\mu_{\hat{s}_i},\nu_{\hat{s}_i})\ (i=1,2,\cdots,n)$ 表示任意的梯形 Pythagorean 模糊语言变量，$e_{\text{TrPFL}}(\hat{s}_i)$ 表示梯形 Pythagorean 模糊语言变量熵测度，满足以下条件：

(1) 当 $\hat{s}_i$ 确定时，$e_{\text{TrPFL}}(\hat{s}_i)=0$；

(2) 当 $\mu_{\hat{s}_i}=\nu_{\hat{s}_i}$ 时，$e_{\text{TrPFL}}(\hat{s}_i)=1$；

(3) 当 $\hat{s}_1$ 的模糊性小于 $\hat{s}_2$ 的模糊性时，$e_{\text{TrPFL}}(\hat{s}_1)\leqslant e_{\text{TrPFL}}(\hat{s}_2)$；

(4) $e_{\text{TrPFL}}(\hat{s}_i)=e_{\text{TrPFL}}(\hat{s}_i^C)$。

证明 (1) 当 $\hat{s}_i$ 确定时，$e_{\text{TrPFL}}(\hat{s}_i)=0$；

(2) 当 $\mu_{\hat{s}_i}=\nu_{\hat{s}_i}$ 时，$e_{\text{TrPFL}}(\hat{s}_i)=\dfrac{\mu_{\hat{s}_i}^2+\pi_{\hat{s}_i}^2}{\mu_{\hat{s}_i}^2+\pi_{\hat{s}_i}^2}=\dfrac{\nu_{\hat{s}_i}^2+\pi_{\hat{s}_i}^2}{\nu_{\hat{s}_i}^2+\pi_{\hat{s}_i}^2}=1$；

(3) 当 $\hat{s}_1$ 模糊性小于 $\hat{s}_2$ 的模糊性时，也就是 $\mu_{\hat{s}_1}\leqslant\mu_{\hat{s}_2}$，$\nu_{\hat{s}_1}\geqslant\nu_{\hat{s}_2}$，$\mu_{\hat{s}_1}\leqslant\nu_{\hat{s}_1}$，已知 $e_{\text{TrPFL}}(\hat{s}_1)=\dfrac{\mu_{\hat{s}_1}^2+\pi_{\hat{s}_1}^2}{\nu_{\hat{s}_1}^2+\pi_{\hat{s}_1}^2}$，$e_{\text{TrPFL}}(\hat{s}_2)=\dfrac{\mu_{\hat{s}_2}^2+\pi_{\hat{s}_2}^2}{\nu_{\hat{s}_2}^2+\pi_{\hat{s}_2}^2}$，可以得到 $e_{\text{TrPFL}}(\hat{s}_1)-e_{\text{TrPFL}}(\hat{s}_2)=\dfrac{\mu_{\hat{s}_1}^2+\pi_{\hat{s}_1}^2}{\nu_{\hat{s}_1}^2+\pi_{\hat{s}_1}^2}-\dfrac{\mu_{\hat{s}_2}^2+\pi_{\hat{s}_2}^2}{\nu_{\hat{s}_2}^2+\pi_{\hat{s}_2}^2}\leqslant 0$，则 $e_{\text{TrPFL}}(\hat{s}_1)\leqslant e_{\text{TrPFL}}(\hat{s}_2)$；

当 $\hat{s}_2$ 的模糊性小于 $\hat{s}_1$ 的模糊性时，也就是 $\mu_{\hat{s}_1}\geqslant\mu_{\hat{s}_2}$，$\nu_{\hat{s}_1}\leqslant\nu_{\hat{s}_2}$，$\mu_{\hat{s}_2}\geqslant\nu_{\hat{s}_2}$，已知 $e_{\text{TrPFL}}(\hat{s}_1)=\dfrac{\nu_{\hat{s}_1}^2+\pi_{\hat{s}_1}^2}{\mu_{\hat{s}_1}^2+\pi_{\hat{s}_1}^2}$，$e_{\text{TrPFL}}(\hat{s}_2)=\dfrac{\nu_{\hat{s}_2}^2+\pi_{\hat{s}_2}^2}{\mu_{\hat{s}_2}^2+\pi_{\hat{s}_2}^2}$，可以得到 $e_{\text{TrPFL}}(\hat{s}_1)-e_{\text{TrPFL}}(\hat{s}_2)=\dfrac{\nu_{\hat{s}_1}^2+\pi_{\hat{s}_1}^2}{\mu_{\hat{s}_1}^2+\pi_{\hat{s}_1}^2}-\dfrac{\nu_{\hat{s}_2}^2+\pi_{\hat{s}_2}^2}{\mu_{\hat{s}_2}^2+\pi_{\hat{s}_2}^2}\geqslant 0$，则 $e_{\text{TrPFL}}(\hat{s}_1)\leqslant e_{\text{TrPFL}}(\hat{s}_2)$。

例 2.7 假设 $S=\{s_0,s_1,s_2,s_3,s_4,s_5,s_6\}$ 是一组语言集合，$\hat{t}_1=\langle[s_1,s_2,s_3,s_4];$

$0.8,0.6\rangle$ ， $\hat{t}_2=\langle[s_2,s_3,s_4,s_5];0.7,0.3\rangle$ 和 $\hat{t}_3=\langle[s_3,s_4,s_5,s_6];0.6,0.2\rangle$ 是三个梯形 Pythagorean 模糊语言集合。则可根据式(2.18)计算得

$$e_{\text{TrPFL}}(\hat{t}_1)=\frac{\text{Min}\{0.8^2,0.6^2\}+0}{\text{Max}\{0.8^2,0.6^2\}+0}=0.563$$

同理可得 $e_{\text{TrPFL}}(\hat{t}_2)=0.649$ ， $e_{\text{TrPFL}}(\hat{t}_3)=0.718$ ，则

$$e_{\text{TrPFL}}(\hat{t}_3)>e_{\text{TrPFL}}(\hat{t}_2)>e_{\text{TrPFL}}(\hat{t}_1)$$

例 2.8　某公司计划选择一处地址建立分公司，根据自身公司的需求做出最优选址地。针对 4 个备选地址（A_1,A_2,A_3,A_4），该公司主要考虑以下三个重要指标：C_1（靠近产品消费市场）；C_2（充裕的劳动力资源）；C_3（丰富的能源供应）。它们的加权向量为 $W=(0.35,0.40,0.25)^{\text{T}}$ 。同时地址信息能被一个语言术语集所表示，$S=\{s_0,s_1,s_2,s_3,s_4,s_5,s_6,s_7\}$ 。

基于加权向量 W 以及表 2.3 和表 2.4 中的数据，并利用上述距离测度决定最佳公司选址。

表 2.3　各属性指标的方案 A^+

C_1^+	C_2^+	C_3^+
$([s_7,s_7,s_7,s_7];1,0)$	$([s_7,s_7,s_7,s_7];1,0)$	$([s_7,s_7,s_7,s_7];1,0)$

表 2.4　各地址的实际偏好值

方案	C_1	C_2	C_3
A_1	$([s_1,s_2,s_3,s_4];0.8,0.6)$	$([s_2,s_3,s_4,s_5];0.7,0.3)$	$([s_3,s_4,s_5,s_6];0.6,0.2)$
A_2	$([s_3,s_4,s_5,s_6];0.7,0.6)$	$([s_1,s_2,s_3,s_4];0.8,0.3)$	$([s_4,s_5,s_6,s_7];0.4,0.2)$
A_3	$([s_4,s_5,s_6,s_7];0.6,0.2)$	$([s_1,s_2,s_3,s_4];0.6,0.4)$	$([s_3,s_4,s_5,s_6];0.8,0.2)$
A_4	$([s_1,s_2,s_2,s_3];0.6,0.2)$	$([s_3,s_4,s_4,s_5];0.6,0.4)$	$([s_2,s_3,s_4,s_5];0.7,0.3)$

利用式(2.17)（$p=0.25,q=0.25,m=0.25,n=0.25,M=7$，$\lambda$=2）可得

$d(A_1,A^+)=0.463$ ，$d(A_2,A^+)=0.469$ ，$d(A_3,A^+)=0.472$ ，$d(A_4,A^+)=0.514$

则

$$d(A_4,A^+)>d(A_3,A^+)>d(A_2,A^+)>d(A_1,A^+)$$

从例 2.8 的数据结果可知：运用给定的距离计算，直觉模糊语言评估下的方案 A_1 和正理想解 A^+ 的差距最小，也就是最优决策方案。

2.4　犹豫模糊语言的度量

犹豫模糊语言集在犹豫度和模糊性上有着很强的表现能力。为了提升犹豫模糊语言集应用性，Liao 等[12]提出不同类型的距离测度和相似性测度。

命题 2.5[12] 设 S 为一个语言集，H_S^1 和 H_S^2 是两个犹豫模糊语言集，则犹豫模糊语言距离测度满足如下条件：

(1) $0 \leqslant d(H_S^1, H_S^2) \leqslant 1$；

(2) $d(H_S^1, H_S^2) = 0$ 当且仅当 $H_S^1 = H_S^2$；

(3) $d(H_S^1, H_S^2) = d(H_S^2, H_S^1)$。

命题 2.6[12] 设 S 为一个语言集，H_S^1 和 H_S^2 是两个犹豫模糊语言集，则犹豫模糊语言相似性测度满足如下条件：

(1) $0 \leqslant \vartheta(H_S^1, H_S^2) \leqslant 1$；

(2) $\vartheta(H_S^1, H_S^2) = 0$ 当且仅当 $H_S^1 = H_S^2$；

(3) $\vartheta(H_S^1, H_S^2) = \vartheta(H_S^2, H_S^1)$。

这里的定义类似于 Xu 等[13]给出的犹豫模糊语言集的距离和相似性度量的公理。这三个条件很容易理解，而且每个条件对于度量的定义都是必不可少的。换句话说，每一种不同形式的距离或相似性度量应该分别满足这三个条件。注意到距离和相似性度量之间的关系是

$$\vartheta(H_S^1, H_S^2) = 1 - d(H_S^1, H_S^2) \tag{2.19}$$

接下来的距离度量都可以根据式(2.19)对应不同的相似度量。

定义 2.15[12] 假设 $S = \{s_\alpha \mid \alpha = -\tau, \cdots, -1, 0, 1, \cdots, \tau\}$ 是语言集，H_S^1 和 H_S^2 是两个犹豫模糊语言集，则广义的犹豫模糊语言距离测度定义如下：

$$d(H_S^1, H_S^2) = \left(\frac{1}{N} \sum_{j=1}^{N} \frac{1}{L} \sum_{l=1}^{L} \left(\frac{|\delta_l^1 - \delta_l^2|}{2\tau + 1} \right)^\lambda \right)^{1/\lambda} \tag{2.20}$$

同时广义豪斯多夫(Hausdorff)犹豫模糊语言距离测量定义为

$$d(H_S^1, H_S^2) = \left(\frac{1}{N} \sum_{j=1}^{N} \underset{l=1,2,\cdots,L}{\mathrm{Max}} \left\{ \frac{|\delta_l^1 - \delta_l^2|}{2\tau + 1} \right\}^\lambda \right)^{1/\lambda} \tag{2.21}$$

其中，$\lambda > 0$。特别是当 $\lambda=1$ 时，得到汉明犹豫模糊语言距离测度：

$$d(H_S^1, H_S^2) = \frac{1}{N} \sum_{j=1}^{N} \frac{1}{L} \sum_{l=1}^{L} \left(\frac{|\delta_l^1 - \delta_l^2|}{2\tau + 1} \right) \tag{2.22}$$

和汉明-豪斯多夫犹豫模糊语言距离测度：

$$d(H_S^1, H_S^2) = \frac{1}{N} \sum_{j=1}^{N} \underset{l=1,2,\cdots,L}{\mathrm{Max}} \left\{ \frac{|\delta_l^1 - \delta_l^2|}{2\tau + 1} \right\} \tag{2.23}$$

当 $\lambda = 2$ 时，得到欧几里得犹豫模糊语言距离测度：

$$d(H_S^1, H_S^2) = \sqrt{\frac{1}{N}\sum_{j=1}^{N}\frac{1}{L}\sum_{l=1}^{L}\left(\frac{|\delta_l^1 - \delta_l^2|}{2\tau+1}\right)^2} \tag{2.24}$$

和欧几里得-豪斯多夫犹豫模糊语言距离测度：

$$d(H_S^1, H_S^2) = \sqrt{\frac{1}{N}\sum_{j=1}^{N}\operatorname*{Max}_{l=1,2,\cdots,L}\left\{\frac{|\delta_l^1 - \delta_l^2|}{2\tau+1}\right\}^2} \tag{2.25}$$

此外，将以上的距离测度结合起来得到一些混合距离测度，例如，混合汉明犹豫模糊语言距离测度：

$$d(H_S^1, H_S^2) = \frac{1}{2N}\sum_{j=1}^{N}\left(\frac{1}{L}\sum_{l=1}^{L}\left(\frac{|\delta_l^1 - \delta_l^2|}{2\tau+1}\right) + \operatorname*{Max}_{l=1,2,\cdots,L}\left\{\frac{|\delta_l^1 - \delta_l^2|}{2\tau+1}\right\}\right) \tag{2.26}$$

混合欧几里得犹豫模糊语言距离测度：

$$d(H_S^1, H_S^2) = \sqrt{\frac{1}{2N}\sum_{j=1}^{N}\left(\frac{1}{L}\sum_{l=1}^{L}\left(\frac{|\delta_l^1 - \delta_l^2|}{2\tau+1}\right)^2 + \operatorname*{Max}_{l=1,2,\cdots,L}\left\{\frac{|\delta_l^1 - \delta_l^2|}{2\tau+1}\right\}^2\right)} \tag{2.27}$$

广义混合犹豫模糊语言距离测度：

$$d(H_S^1, H_S^2) = \left(\frac{1}{2N}\sum_{j=1}^{N}\left(\sum_{l=1}^{L}\left(\frac{|\delta_l^1 - \delta_l^2|}{2\tau+1}\right)^\lambda + \operatorname*{Max}_{l=1,2,\cdots,L}\left\{\frac{|\delta_l^1 - \delta_l^2|}{2\tau+1}\right\}^\lambda\right)\right)^{1/\lambda} \tag{2.28}$$

Farhadinia[14]讨论了熵测度与距离测度间存在的联系，并提出距离测度与熵测度之间相互转换的理论。首先定义度量以测量犹豫模糊语言集合的平衡程度，并将其具体转化为 4 个条件来求得犹豫模糊语言熵：

(1) 当犹豫模糊语言集距离平衡犹豫模糊语言集最大时，熵为 0；

(2) 当犹豫模糊语言集完全平衡时，熵最大；

(3) 犹豫模糊语言集与其他模糊集合类似，犹豫模糊语言集的熵等同于其补集的熵；

(4) 假如某个元素与平衡犹豫模糊语言集的距离增加，则该犹豫模糊语言集的平衡程度降低，因此熵减小。由此给出如下命题。

命题 2.7[14]　给定任意两个犹豫模糊语言集 H_S^1, H_S^2，若 $E(H_S)$ 为犹豫模糊语言集的犹豫模糊语言熵，需满足如下公理化定义：

(1) $0 \leqslant E(H_S) \leqslant 1$；

(2) 当且仅当 $H_S = H_S^{[-\tau]}$ 或者 $H_S = H_S^{[\tau]}$ 时，$E(H_S) = 0$；当且仅当 $H_S = H_S^{[0]}$ 时，$E(H_S) = E(\bar{H}_S)$；

(3) 如果 $H_S^1 \leqslant H_S^2 \leqslant H_S^{[0]}$ 或者 $H_S^{[0]} \leqslant H_S^2 \leqslant H_S^1$，则 $E(H_S^1) \leqslant E(H_S^2)$。

其中，$H_s^{[-\tau]}$ 表示最小犹豫模糊语言集；$H_s^{[\tau]}$ 表示最小犹豫模糊语言集；$H_s^{[0]}$ 表示平衡犹豫模糊语言集。

定义 2.16[14]　假设 $Z:[0,1]\to[0,1]$ 是严格单调递减的真实函数，d 是犹豫模糊语言集之间的距离测度，则

$$E_d(H_s)=\frac{Z(2d(H_s,H_s^{[0]})-Z(1))}{Z(0)-Z(1)} \tag{2.29}$$

通过此定义能够利用犹豫模糊语言集之间的距离度量来构建犹豫模糊语言集的熵度量。在我们取严格单调递减函数的情况下，$Z:[0,1]\to[0,1]$ 转化为 $Z(t)=1-t$，$Z(t)=(1-t)/(1+t)$，$Z(t)=1-te^{t-1}$，$Z(t)=1-t^2$ 等不同熵度量公式。如果 $Z(t)=1-t$，那么

$$E_d(H_s)=1-\frac{2}{N}\sum_{j=1}^{N}\left(\frac{1}{L}\sum_{l=1}^{L}\left(\frac{|\delta_l^{(j)}|}{2\tau}\right)^{\lambda}\right)^{1/\lambda}$$

其中，$\lambda>0$。

例 2.9　考虑一个电影推荐系统。假设一家公司打算给四部电影（$A_1,A_2,\cdots,A_4$）评级，包含以下 4 种属性：C_1（动作性）、C_2（表演性）、C_3（视觉性）、C_4（趋势性）。它们的加权向量为 $W=(0.4,0.2,0.2,0.2)^{\mathrm{T}}$。同时电影属性能被一个 7 标度的语言术语集所表示，$S=\{s_{-3},s_{-2},s_{-1},s_0,s_1,s_2,s_3\}$。

基于加权向量 W 以及表 2.5 和表 2.6 中的数据，下面利用上述距离测度和相似性测度决定最佳电影推荐。

表 2.5　各属性指标的方案 A^+

C_1^+	C_2^+	C_3^+	C_4^+
$\{s_3\}$	$\{s_3\}$	$\{s_3\}$	$\{s_3\}$

表 2.6　各电影的实际偏好值

方案	C_1	C_2	C_3	C_4
A_1	$\{s_{-2},s_{-1},s_0\}$	$\{s_0,s_1\}$	$\{s_0,s_1,s_2\}$	$\{s_1,s_2\}$
A_2	$\{s_0,s_1,s_2\}$	$\{s_1,s_2\}$	$\{s_0,s_1\}$	$\{s_0,s_1,s_2\}$
A_3	$\{s_2,s_3\}$	$\{s_1,s_2,s_3\}$	$\{s_1,s_2\}$	$\{s_2\}$
A_4	$\{s_{-1},s_0\}$	$\{s_0,s_1,s_2\}$	$\{s_0,s_1,s_2\}$	$\{s_0,s_1\}$

(1) 利用式 (2.20)（$\lambda=2$）可得

$d(A_1,A^+)=0.458$，$d(A_2,A^+)=0.306$，$d(A_3,A^+)=0.159$，$d(A_4,A^+)=0.408$

则

$$d(A_1,A^+)>d(A_4,A^+)>d(A_2,A^+)>d(A_3,A^+)$$

(2) 利用式(2.21)（$\lambda=2$）可得

$d(A_1,A^+)=0.561$， $d(A_2,A^+)=0.404$， $d(A_3,A^+)=0.212$， $d(A_4,A^+)=0.491$

则

$$d(A_1,A^+)>d(A_4,A^+)>d(A_2,A^+)>d(A_3,A^+)$$

(3) 利用式(2.22)可得

$d(A_1,A^+)=0.443$， $d(A_2,A^+)=0.286$， $d(A_3,A^+)=0.129$， $d(A_4,A^+)=0.386$

则

$$d(A_1,A^+)>d(A_4,A^+)>d(A_2,A^+)>d(A_3,A^+)$$

(4) 利用式(2.23)可得

$d(A_1,A^+)=0.543$， $d(A_2,A^+)=0.400$， $d(A_3,A^+)=0.200$， $d(A_4,A^+)=0.486$

则

$$d(A_1,A^+)>d(A_4,A^+)>d(A_2,A^+)>d(A_3,A^+)$$

(5) 利用式(2.24)可得

$d(A_1,A^+)=0.458$， $d(A_2,A^+)=0.306$， $d(A_3,A^+)=0.159$， $d(A_4,A^+)=0.408$

则

$$d(A_1,A^+)>d(A_4,A^+)>d(A_2,A^+)>d(A_3,A^+)$$

从例 2.9 的数据结果可知：采用不同距离公式计算都可得到相同的排序结果，犹豫模糊语言评估下的方案 A_3 和正理想解 A^+ 的差距最小，方案 A_3 为最优决策方案。

2.5　概率语言的度量

概率语言集不仅可以表示决策者多种可能的语言评价值，还可以表示各语言评价值的权重，从而保留原始的决策信息，成为解决多准则群体决策问题的有效工具。为了丰富概率语言集的应用领域，Lin 等[15]提出概率语言集的距离测度理论。

命题 2.8[15]　设 $L_1(p)$ 和 $L_2(p)$ 是两个概率语言集合，那么它们之间的概率语言距离测度满足三个条件：

(1) $0\leqslant d(L_1(p),L_2(p))\leqslant 1$；

(2) $d(L_1(p),L_2(p))=0$，当且仅当 $L_1(p)=L_2(p)$；

(3) $d(L_1(p),L_2(p))=d(L_2(p),L_1(p))$。

由上述概率语言距离测度条件可以定义任意两个概率语言数之间的距离测度如下。

定义 2.17　设 $S=\{s_\alpha\mid\alpha=-\tau,\cdots,-1,0,1,\cdots,\tau\}$ 为一个下标对称的语言术语集。

$L_1^{k_1}(p_1^{k_1})\in L_1(p)$， $L_2^{k_2}(p_2^{k_2})\in L_2(p)$ 是任意两个概率语言数，则

$$d(L_1^{(k_1)}(p_1^{(k_1)}),L_2^{(k_2)}(p_2^{(k_2)}))=\left|p_1^{(k_1)}\times\frac{I(L_1^{(k_1)})}{\tau}-p_2^{(k_2)}\times\frac{I(L_2^{(k_2)})}{\tau}\right| \tag{2.30}$$

其中， $I(L_1^{(k_1)})$ 和 $I(L_2^{(k_2)})$ 分别是语言集合 $L_1^{k_1}$ 和 $L_2^{k_2}$ 的下标。

由定义 2.17 可以推测出新的汉明距离、欧几里得距离和广义距离等概率语言距离测度。首先，假设两个概率语言集合包含的概率语言数为 $\#L_1(p)=\#L_2(p)$ ，则汉明概率语言距离测度：

$$d_{\mathrm{NHD}}(L_1(p),L_2(p))=\frac{1}{\#L_1(p)}\sum_{k=1}^{\#L_1(p)}d(L_1^{(k)}(p_1^{(k)}),L_2^{(k)}(p_2^{(k)})) \tag{2.31}$$

欧几里得概率语言距离测度：

$$d_{\mathrm{NED}}(L_1(p),L_2(p))=\left(\frac{1}{\#L_1(p)}\sum_{k=1}^{\#L_1(p)}d(L_1^{(k)}(p_1^{(k)}),L_2^{(k)}(p_2^{(k)})^2)\right)^{1/2} \tag{2.32}$$

受到 Yager[16]的广义理论启发，提出广义概率语言距离测度：

$$d_{\mathrm{GND}}(L_1(p),L_2(p))=\left(\frac{1}{\#L_1(p)}\sum_{k=1}^{\#L_1(p)}d(L_1^{(k)}(p_1^{(k)}),L_2^{(k)}(p_2^{(k)})^{\lambda})\right)^{1/\lambda} \tag{2.33}$$

其中， $\lambda>0$ 。同时，当 λ 变化时，广义概率语言距离测度可以退化为汉明概率语言距离测度或者欧几里得概率语言距离测度。

语言评价术语相似程度和个数对于概率语言集之间的相似性影响较大。概率值作为语言评价术语的“附属品”，对概率语言集的影响较小。因此，Xian 等[17]综合考虑语言评价术语的相似程度、语言术语个数以及概率值，构建新的相似性测度，用来衡量概率语言集之间的相似性。

定义 2.18[17] 设 $S=\{s_\alpha\mid\alpha=-\tau,\cdots,-1,0,1,\cdots,\tau\}$ 为一个下标对称的语言术语集， $\dot{L}(p)=\{L^{(k)}(\dot{p}^{(k)})\mid k=1,2,\cdots,\#L(p)\}$ 是一个“标准化”概率语言集，则定义 $\dot{L}(p)$ 的语言术语向量(Language Term Vector，LTV) ρ 如下：

$$\rho=(\rho_1,\rho_2,\cdots,\rho_{2\tau+1})^{\mathrm{T}} \tag{2.34}$$

其中， $\rho_i=\begin{cases}1, & i-(\tau+1)\in r^{(k)}\\ 0, & i-(\tau+1)\notin r^{(k)}\end{cases}$ 。定义概率向量(Probabilistic Vector，PV) γ 如下：

$$\gamma=(\gamma_1,\gamma_2,\cdots,\gamma_{2\tau+1})^{\mathrm{T}} \tag{2.35}$$

其中， $\gamma_j=\begin{cases}\dot{p}^{(k)}, & j-(\tau+1)\in r^{(k)}\\ 0, & j-(\tau+1)\notin r^{(k)}\end{cases}$ 。

定义 2.19[17] 设 $S=\{s_\alpha\mid\alpha=-\tau,\cdots,-1,0,1,\cdots,\tau\}$ 为一个下标对称的语言术语集， $\dot{L}_1(p)=\{L_1^{(k)}(\dot{p}_1^{(k)})\mid k=1,2,\cdots,\#L_1(p)\}$ 和 $\dot{L}_2(p)=\{L_2^{(z)}(\dot{p}_2^{(z)})\mid z=1,2,\cdots,\#L_2(p)\}$ 是两个概

率语言集，则定义两个集合之间的语言术语贴近度（Relative Repetition Degree，RRD）如下：

$$\mathrm{RRD}(\dot{L}_1(p),\dot{L}_2(p))=(2\tau+1)\frac{\rho_1^{\mathrm{T}}\rho_2}{\mathrm{Max}\{\#L_1(p),\#L_2(p)\}} \tag{2.36}$$

以及定义概率差异度（Diversity Degree，DD）如下：

$$\mathrm{DD}(\dot{L}_1(p),\dot{L}_2(p))=\frac{\|\gamma_1-\gamma_2\|}{2}=\frac{\sqrt{(\gamma_1-\gamma_2)^{\mathrm{T}}(\gamma_1-\gamma_2)}}{2} \tag{2.37}$$

其中，ρ_1、ρ_2、γ_1、γ_2分别为两个集合的语言术语向量和概率向量。

定义 2.20[17]　设 $S=\{s_\alpha \mid \alpha=-\tau,\cdots,-1,0,1,\cdots,\tau\}$ 为一个下标对称的语言术语集，$\dot{L}_1(p)=\{L_1^{(k)}(\dot{p}_1^{(k)}) \mid k=1,2,\cdots,\#L_1(p)\}$ 和 $\dot{L}_2(p)=\{L_2^{(z)}(\dot{p}_2^{(z)}) \mid z=1,2,\cdots,\#L_2(p)\}$ 是两个概率语言集，则定义两个集合之间的相似性测度如下：

$$\mathrm{SI}(\dot{L}_1(p),\dot{L}_2(p))=\begin{cases}1-\dfrac{\mathrm{DD}(\dot{L}_1(p),\dot{L}_2(p))}{\mathrm{RRD}(\dot{L}_1(p),\dot{L}_2(p))}, & \rho_1^{\mathrm{T}}\rho_2\neq 0\\ 0, & \rho_1^{\mathrm{T}}\rho_2=0\end{cases} \tag{2.38}$$

满足以下定理。

定理 2.1（有界性）　设 $\dot{L}_1(p)$ 和 $\dot{L}_2(p)$ 为两个概率语言集合，则

$$0\leqslant \mathrm{SI}(\dot{L}_1(p),\dot{L}_2(p))\leqslant 1$$

证明　当 $\rho_1^{\mathrm{T}}\rho_2\neq 0$ 时，$1\leqslant(2\tau+1)\dfrac{\rho_1^{\mathrm{T}}\rho_2}{\mathrm{Max}\{\#L_1(p),\#L_2(p)\}}\leqslant(2\tau+1)$，并且

$$\frac{\|\gamma_1-\gamma_2\|}{2}=\frac{\sqrt{\sum_{k=1}^{2\tau+1}(\dot{p}_1^{(k)}-\dot{p}_2^{(k)})^2}}{2}\leqslant\frac{\sqrt{\sum_{k=1}^{2\tau+1}(\dot{p}_1^{(k)})^2+\sum_{z=1}^{2\tau+1}(\dot{p}_2^{(z)})^2}}{2}$$

$$=\frac{\sqrt{\gamma_1^{\mathrm{T}}\gamma_1+\gamma_2^{\mathrm{T}}\gamma_2}}{2}\leqslant\frac{\sqrt{\left(\sum_{k=1}^{2\tau+1}\dot{p}_1^{(k)}\right)^2+\left(\sum_{z=1}^{2\tau+1}\dot{p}_2^{(z)}\right)^2}}{2}<1$$

因此，$0<\mathrm{SI}(\dot{L}_1(p),\dot{L}_2(p))<1$；当 $\rho_1^{\mathrm{T}}\rho_2=0$ 时，$\mathrm{SI}(\dot{L}_1(p),\dot{L}_2(p))=0$；当 $\dot{L}_1(p)=\dot{L}_2(p)$ 时，$\mathrm{SI}(\dot{L}_1(p),\dot{L}_2(p))=1$。综上所述，$0\leqslant\mathrm{SI}(\dot{L}_1(p),\dot{L}_2(p))\leqslant 1$。

定理 2.2（自反性）　设 $\dot{L}_1(p)$ 和 $\dot{L}_2(p)$ 为两个概率语言集，则

$$\mathrm{SI}(\dot{L}_1(p),\dot{L}_2(p))=\mathrm{SI}(\dot{L}_2(p),\dot{L}_1(p))$$

证明　当 $\rho_1^{\mathrm{T}}\rho_2\neq 0$ 时有

$$
\begin{aligned}
\mathrm{SI}(\dot{L}_1(p),\dot{L}_2(p)) &= 1-\frac{\mathrm{DD}(\dot{L}_1(p),\dot{L}_2(p))}{\mathrm{RRD}(\dot{L}_1(p),\dot{L}_2(p))} \\
&= 1-\frac{\|\gamma_1-\gamma_2\|}{2(2\tau+1)\dfrac{\rho_1^{\mathrm{T}}\rho_2}{\mathrm{Max}\{\#L_1(p),\#L_2(p)\}}} \\
&= 1-1-\frac{\|\gamma_2-\gamma_1\|}{2(2\tau+1)\dfrac{\rho_2^{\mathrm{T}}\rho_1}{\mathrm{Max}\{\#L_2(p),\#L_1(p)\}}} \\
&= 1-\frac{\mathrm{DD}(\dot{L}_2(p),\dot{L}_1(p))}{\mathrm{RRD}(\dot{L}_2(p),\dot{L}_1(p))} \\
&= \mathrm{SI}(\dot{L}_2(p),\dot{L}_1(p))
\end{aligned}
$$

当 $\rho_1^{\mathrm{T}}\rho_2=0$ 时，$\mathrm{SI}(\dot{L}_1(p),\dot{L}_2(p))=\mathrm{SI}(\dot{L}_2(p),\dot{L}_1(p))=0$。

综上所述，$\mathrm{SI}(\dot{L}_1(p),\dot{L}_2(p))=\mathrm{SI}(\dot{L}_2(p),\dot{L}_1(p))$ 成立。

根据图 2.1 可以发现：①随着 RRD 变大或 DD 变小，PLTS 之间的相似性在增加；②与距离测度[18]相比，新的相似性测度适用于不同的语言术语标度。

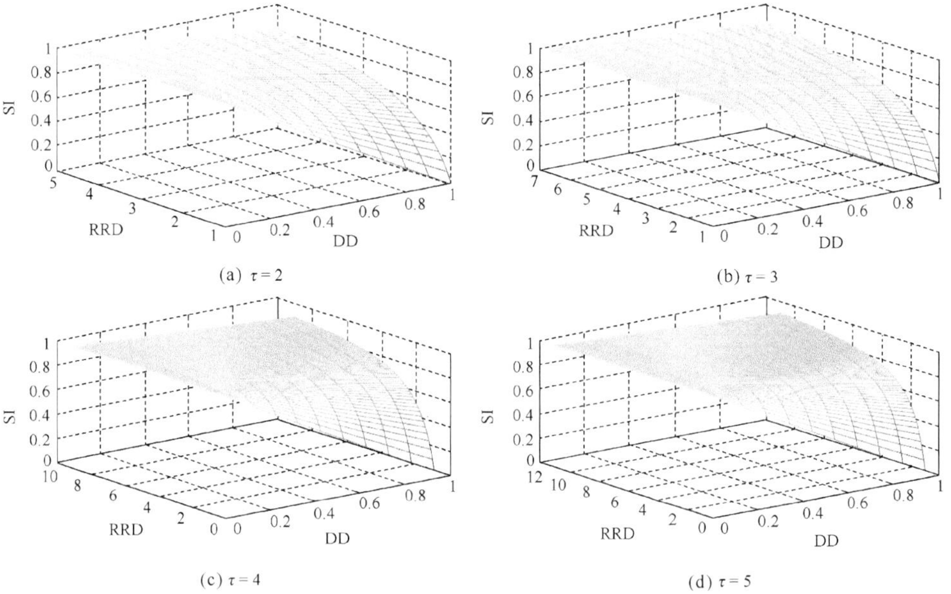

(a) $\tau=2$　(b) $\tau=3$

(c) $\tau=4$　(d) $\tau=5$

图 2.1　相似性测度

例 2.10　假设 $S=\{s_{-3},s_{-2},s_{-1},s_0,s_1,s_2,s_3\}$ 是一组语言集合，$L_1(p)=\{s_1(0.4),s_2(0.3),s_3(0.2)\}$，$L_2(p)=\{s_0(0.2),s_1(0.3),s_2(0.4)\}$ 和 $L_3(p)=\{s_{-2}(0.2),s_{-1}(0.1),s_0(0.2),s_1(0.3)\}$ 是三个概率语言集合。则其间的相似度可计算如下。

首先，标准化三个概率语言集可得

$$\dot{L}_1(p)=\{s_1(0.43),s_2(0.33),s_3(0.24)\}，\quad \dot{L}_2(p)=\{s_0(0.23),s_1(0.33),s_2(0.44)\}$$

$$\dot{L}_3(p)=\{s_{-2}(0.25),s_{-1}(0.15),s_0(0.25),s_1(0.35)\}$$

由式(2.34)和式(2.35)标准化概率语言集合得到语言术语向量 ρ 和概率向量 γ：

$$\rho_1=(0,0,0,0,1,1,1)^{\mathrm{T}}，\quad \gamma_1=(0,0,0,0,0.43,0.33,0.24)^{\mathrm{T}}$$

$$\rho_2=(0,0,0,1,1,1,0)^{\mathrm{T}}，\quad \gamma_2=(0,0,0,0.23,0.33,0.44,0)^{\mathrm{T}}$$

$$\rho_3=(0,1,1,1,1,0,0)^{\mathrm{T}}，\quad \gamma_3=(0,0.25,0.15,0.25,0.35,0,0)^{\mathrm{T}}$$

由式(2.36)可计算两个集合之间的语言术语贴近度为

$$\mathrm{RRD}(\dot{L}_1(p),\dot{L}_2(p))=0.667，\quad \mathrm{RRD}(\dot{L}_1(p),\dot{L}_3(p))=0.25，\quad \mathrm{RRD}(\dot{L}_2(p),\dot{L}_3(p))=0.5$$

由式(2.37)可计算概率差异度为

$$\mathrm{DD}(\dot{L}_1(p),\dot{L}_2(p))=0.224，\quad \mathrm{DD}(\dot{L}_1(p),\dot{L}_3(p))=0.045，\quad \mathrm{DD}(\dot{L}_2(p),\dot{L}_3(p))=0.014$$

最后，计算其相似度为

$$\mathrm{SI}(\dot{L}_1(p),\dot{L}_2(p))=1-\frac{0.224}{0.667}=0.664$$

同理可得 $\mathrm{SI}(\dot{L}_1(p),\dot{L}_3(p))=0.82$，$\mathrm{SI}(\dot{L}_2(p),\dot{L}_3(p))=0.972$，则

$$\mathrm{SI}(\dot{L}_2(p),\dot{L}_3(p))>\mathrm{SI}(\dot{L}_1(p),\dot{L}_3(p))>\mathrm{SI}(\dot{L}_1(p),\dot{L}_2(p))$$

例 2.11　在四个舆情系统 (A_1,A_2,A_3,A_4) 中选取最佳系统负责某地舆情监控工作，我们选取了三个评价指标：C_1（精确性）、C_2（时效性）、C_3（广泛性），相应的加权向量为 $W=(1/3,1/3,1/3)^{\mathrm{T}}$。假设所采用的语言术语集为 $S=\{s_\alpha\mid\alpha=-3,-2,-1,0,1,2,3\}$。

基于加权向量 W 以及表 2.7 和表 2.8 中的数据，并利用上述距离测度和相似性测度决定最佳系统。

表 2.7　各属性指标的方案 A^+

C_1^+	C_2^+	C_3^+
$\{s_3(1)\}$	$\{s_3(1)\}$	$\{s_3(1)\}$

表 2.8　概率语言决策信息

方案	C_1	C_2	C_3
A_1	$\{s_0(0.4),s_1(0.6)\}$	$\{s_2(0.9)\}$	$\{s_{-1}(0.2),s_0(0.6)\}$

续表

方案	C_1	C_2	C_3
A_2	$\{s_2(0.4), s_3(0.3), s_4(0.2)\}$	$\{s_0(0.9)\}$	$\{s_1(0.2), s_2(0.3), s_3(0.4)\}$
A_3	$\{s_1(0.9)\}$	$\{s_1(0.4), s_2(0.5)\}$	$\{s_2(0.5), s_3(0.4)\}$
A_4	$\{s_2(0.4), s_4(0.2)\}$	$\{s_{-2}(0.3), s_{-1}(0.1), s_0(0.2), s_1(0.2)\}$	$\{s_1(0.9)\}$

(1) 利用式(2.31)可得

$d(A_1,A^+)=1.142$，$d(A_2,A^+)=1.222$，$d(A_3,A^+)=1.000$，$d(A_4,A^+)=1.125$

则

$$d(A_2,A^+)>d(A_1,A^+)>d(A_4,A^+)>d(A_3,A^+)$$

(2) 利用式(2.32)可得

$d(A_1,A^+)=1.145$，$d(A_2,A^+)=1.229$，$d(A_3,A^+)=1.005$，$d(A_4,A^+)=1.130$

则

$$d(A_2,A^+)>d(A_1,A^+)>d(A_4,A^+)>d(A_3,A^+)$$

(3) 利用式(2.33)（$\lambda=2$）可得

$d(A_1,A^+)=1.145$，$d(A_2,A^+)=1.229$，$d(A_3,A^+)=1.005$，$d(A_4,A^+)=1.130$

则

$$d(A_2,A^+)>d(A_1,A^+)>d(A_4,A^+)>d(A_3,A^+)$$

从例 2.11 的数据结果可知：所用的距离测度都可得到相同的排序结果，犹豫模糊语言评估下的方案 A_3 和正理想解 A^+ 的差距最小，方案 A_3 为最优决策方案。

2.6　直觉 Z-语言的度量

直觉 Z-语言集不仅可以表示决策者多种可能的语言评价值及其隶属度与非隶属度，还可以表示各语言评价值的可信度，从而保留原始的决策信息，成为解决多准则群体决策问题的有效工具。为了拓展直觉 Z-语言集的应用领域，Xian 等[19]提出直觉 Z-语言集的距离测度理论。

定义 2.21　设 $A_i=\langle[s_{\theta(x_i)},s_{\tau(x_i)}],(\mu(x_i),\nu(x_i));p(x_i)\,|\,x\in X\rangle(i=1,2)$ 是任意两个直觉 Z-语言变量，那么 A_1 和 A_2 之间的 Minkowski 距离为

$$d(A_1,A_2)=\frac{1}{4(l-1)}\left(\left(\left|\begin{matrix}p(x_1)\theta(x_1)\mu_1(x_1)-\\p(x_2)\theta(x_2)\mu_2(x_2)\end{matrix}\right|^r+\left|\begin{matrix}p(x_1)\theta(x_1)(1-\nu_1(x_1))-\\p(x_2)\theta(x_2)(1-\nu_2(x_2))\end{matrix}\right|^r\right.\right.$$

$$+\left|\begin{matrix}p(x_1)\tau(x_1)\mu_1(x_1)-\\p(x_2)\tau(x_2)\mu_2(x_2)\end{matrix}\right|^r+\left|\begin{matrix}p(x_1)\tau(x_1)(1-\nu_1(x_1))-\\p(x_2)\tau(x_2)(1-\nu_2(x_2))\end{matrix}\right|^r\Bigg)^{\frac{1}{r}}\Bigg) \tag{2.39}$$

Minkowski 距离定义了一组距离，可以用不同的参数值来表示。当 $r=1$ 时，Minkowski 距离退化为汉明距离；当 $r=2$ 时，Minkowski 距离退化为欧几里得距离。

当 $r=1$ 时，式(2.39)是汉明距离：

$$\begin{aligned}d(A_1,A_2)=\frac{1}{4(l-1)}&\left(\left|\begin{matrix}p(x_1)\theta(x_1)\mu_1(x_1)-\\p(x_2)\theta(x_2)\mu_2(x_2)\end{matrix}\right|+\left|\begin{matrix}p(x_1)\theta(x_1)(1-\nu_1(x_1))-\\p(x_2)\theta(x_2)(1-\nu_2(x_2))\end{matrix}\right|\right.\\&\left.+\left|\begin{matrix}p(x_1)\tau(x_1)\mu_1(x_1)-\\p(x_2)\tau(x_2)\mu_2(x_2)\end{matrix}\right|+\left|\begin{matrix}p(x_1)\tau(x_1)(1-\nu_1(x_1))-\\p(x_2)\tau(x_2)(1-\nu_2(x_2))\end{matrix}\right|\right)\end{aligned} \tag{2.40}$$

当 $r=2$ 时，式(2.39)是欧几里得距离：

$$\begin{aligned}d(A_1,A_2)=\frac{1}{4(l-1)}&\Bigg(\Bigg(\left|\begin{matrix}p(x_1)\theta(x_1)\mu_1(x_1)-\\p(x_2)\theta(x_2)\mu_2(x_2)\end{matrix}\right|^2+\left|\begin{matrix}p(x_1)\theta(x_1)(1-\nu_1(x_1))-\\p(x_2)\theta(x_2)(1-\nu_2(x_2))\end{matrix}\right|^2\\&+\left|\begin{matrix}p(x_1)\tau(x_1)\mu_1(x_1)-\\p(x_2)\tau(x_2)\mu_2(x_2)\end{matrix}\right|^2+\left|\begin{matrix}p(x_1)\tau(x_1)(1-\nu_1(x_1))-\\p(x_2)\tau(x_2)(1-\nu_2(x_2))\end{matrix}\right|^2\Bigg)^{\frac{1}{2}}\Bigg)\end{aligned} \tag{2.41}$$

定理 2.3　对于任意三个直觉 Z-语言变量，$A_1=\langle[s_{\theta(x_1)},s_{\tau(x_1)}],(\mu_A(x_1),\nu_A(x_1));p(x_1)\rangle$，$A_2=\langle[s_{\theta(x_2)},s_{\tau(x_2)}],(\mu_A(x_2),\nu_A(x_2));p(x_2)\rangle$ 和 $A_3=\langle[s_{\theta(x_3)},s_{\tau(x_3)}],(\mu_A(x_3),\nu_A(x_3));p(x_3)\rangle$，则 A_1、A_2 和 A_3 之间的距离测度满足如下的性质：

(1) $0\leqslant d(A_1,A_2)\leqslant 1$；

(2) $d(A_1,A_1)=0$；

(3) $d(A_1,A_2)=d(A_2,A_1)$；

(4) $d(A_1,A_2)+d(A_2,A_3)\geqslant d(A_1,A_3)$。

证明

此处，我们仅证明 $r=1$ 的情况，其余的可以类似证明。

(1)

$$\begin{aligned}&0\leqslant d(A_1,A_2)\\&=\frac{1}{4(l-1)}\left(\left|\begin{matrix}p(x_1)\theta(x_1)\mu(x_1)-\\p(x_2)\theta(x_2)\mu(x_2)\end{matrix}\right|+\left|\begin{matrix}p(x_1)\theta(x_1)(1-\nu(x_1))-\\p(x_2)\theta(x_2)(1-\nu(x_2))\end{matrix}\right|\right.\\&\quad\left.+\left|\begin{matrix}p(x_1)\tau(x_1)\mu(x_1)-\\p(x_2)\tau(x_2)\mu(x_2)\end{matrix}\right|+\left|\begin{matrix}p(x_1)\tau(x_1)(1-\nu(x_1))-\\p(x_2)\tau(x_2)(1-\nu(x_2))\end{matrix}\right|\right)\\&\leqslant 1\end{aligned}$$

（2）

$$d(A_1,A_1)=\frac{1}{4(l-1)}\left(\left|\begin{array}{l}p(x_1)\theta(x_1)\mu(x_1)-\\p(x_1)\theta(x_1)\mu(x_1)\end{array}\right|+\left|\begin{array}{l}p(x_1)\theta(x_1)(1-\nu(x_1))-\\p(x_1)\theta(x_1)(1-\nu(x_1))\end{array}\right|\right.$$
$$\left.+\left|\begin{array}{l}p(x_1)\tau(x_1)\mu(x_1)-\\p(x_1)\tau(x_1)\mu(x_1)\end{array}\right|+\left|\begin{array}{l}p(x_1)\tau(x_1)(1-\nu(x_1))-\\p(x_1)\tau(x_1)(1-\nu(x_1))\end{array}\right|\right)$$
$$=0$$

（3）

$$d(A_1,A_2)=\frac{1}{4(l-1)}\left(\left|\begin{array}{l}p(x_1)\theta(x_1)\mu(x_1)-\\p(x_2)\theta(x_2)\mu(x_2)\end{array}\right|+\left|\begin{array}{l}p(x_1)\theta(x_1)(1-\nu(x_1))-\\p(x_2)\theta(x_2)(1-\nu(x_2))\end{array}\right|\right.$$
$$\left.+\left|\begin{array}{l}p(x_1)\tau(x_1)\mu(x_1)-\\p(x_2)\tau(x_2)\mu(x_2)\end{array}\right|+\left|\begin{array}{l}p(x_1)\tau(x_1)(1-\nu(x_1))-\\p(x_2)\tau(x_2)(1-\nu(x_2))\end{array}\right|\right)$$
$$=\frac{1}{4(l-1)}\left(\left|\begin{array}{l}p(x_2)\theta(x_2)\mu(x_2)-\\p(x_1)\theta(x_1)\mu(x_1)\end{array}\right|+\left|\begin{array}{l}p(x_2)\theta(x_2)(1-\nu(x_2))-\\p(x_1)\theta(x_1)(1-\nu(x_1))\end{array}\right|\right.$$
$$\left.+\left|\begin{array}{l}p(x_2)\tau(x_2)\mu(x_2)-\\p(x_1)\tau(x_1)\mu(x_1)\end{array}\right|+\left|\begin{array}{l}p(x_2)\tau(x_2)(1-\nu(x_2))-\\p(x_1)\tau(x_1)(1-\nu(x_1))\end{array}\right|\right)$$
$$=d(A_2,A_1)$$

（4）

$$d(A_1,A_3)=\frac{1}{4(l-1)}\left(\left|\begin{array}{l}p(x_1)\theta(x_1)\mu(x_1)-\\p(x_3)\theta(x_3)\mu(x_3)\end{array}\right|+\left|\begin{array}{l}p(x_1)\theta(x_1)(1-\nu(x_1))-\\p(x_3)\theta(x_3)(1-\nu(x_3))\end{array}\right|\right.$$
$$\left.+\left|\begin{array}{l}p(x_1)\tau(x_1)\mu(x_1)-\\p(x_3)\tau(x_3)\mu(x_3)\end{array}\right|+\left|\begin{array}{l}p(x_1)\tau(x_1)(1-\nu(x_1))-\\p(x_3)\tau(x_3)(1-\nu(x_3))\end{array}\right|\right)$$
$$=\frac{1}{4(l-1)}\left(\left|\begin{array}{l}p(x_1)\theta(x_1)\mu(x_1)-p(x_2)\alpha(x_2)\mu(x_2)+\\p(x_2)\theta(x_2)\mu(x_2)-p(x_3)\alpha(x_3)\mu(x_3)\end{array}\right|\right.$$
$$+\left|\begin{array}{l}p(x_1)\theta(x_1)(1-\nu(x_1))-p(x_2)\theta(x_2)(1-\nu(x_2))+\\p(x_2)\theta(x_2)(1-\nu(x_2))-p(x_3)\theta(x_3)(1-\nu(x_3))\end{array}\right|$$
$$+\left|\begin{array}{l}p(x_1)\tau(x_1)\mu_1(x_1)-p(x_2)\tau(x_2)\mu(x_2)+\\p(x_2)\tau(x_2)\mu(x_2)-p(x_3)\tau(x_3)\mu(x_3)\end{array}\right|$$
$$\left.+\left|\begin{array}{l}p(x_1)\tau(x_1)(1-\nu(x_1))-p(x_2)\tau(x_2)(1-\nu(x_2))+\\p(x_2)\tau(x_2)(1-\nu(x_2))-p(x_3)\tau(x_3)(1-\nu(x_3))\end{array}\right|\right)$$
$$\leqslant\frac{1}{4(l-1)}\left(\left|\begin{array}{l}p(x_1)\theta(x_1)\mu(x_1)-\\p(x_2)\theta(x_2)\mu(x_2)\end{array}\right|+\left|\begin{array}{l}p(x_1)\theta(x_1)(1-\nu(x_1))-\\p(x_2)\theta(x_2)(1-\nu(x_2))\end{array}\right|\right.$$

$$+\left|\begin{array}{l}p(x_1)\tau(x_1)\mu_1(x_1)- \\ p(x_2)\tau(x_2)\mu(x_2)\end{array}\right|+\left|\begin{array}{l}p(x_1)\tau(x_1)(1-\nu(x_1))- \\ p(x_2)\tau(x_2)(1-\nu(x_2))\end{array}\right|\Bigg)$$

$$+\frac{1}{4(l-1)}\left(\left|\begin{array}{l}p(x_2)\theta(x_2)\mu(x_2)- \\ p(x_3)\theta(x_3)\mu(x_3)\end{array}\right|+\left|\begin{array}{l}p(x_2)\theta(x_2)(1-\nu(x_2))- \\ p(x_3)\theta(x_3)(1-\nu(x_3))\end{array}\right|\right.$$

$$\left.+\left|\begin{array}{l}p(x_2)\tau(x_2)\mu(x_2)- \\ p(x_3)\tau(x_3)\mu(x_3)\end{array}\right|+\left|\begin{array}{l}p(x_2)\tau(x_2)(1-\nu(x_2))- \\ p(x_3)\tau(x_3)(1-\nu(x_3))\end{array}\right|\right)$$

因此

$$d(A_1,A_3)\leqslant d(A_1,A_2)+d(A_2,A_3)$$

2.7　小　　结

本章详细介绍了智能语言集的各种特殊语言术语集及其变量的测度理论，分别为距离测度、相似性测度和熵测度。三种测度之间存在一定的关联，已有研究[12,14]表明模糊语言集的距离测度、相似性测度和熵测度间存在相互转化的定义。除了本章中测度理论外还存在关联测度、分离测度等其他测度理论都与本章中测度理论存在相互转化的条件。随着智能语言信息的刻画越来越精细，测度理论作为衡量信息的重要工具，智能语言集合的测度理论也越来越完善，在实际问题中的应用也越来越广泛。

参 考 文 献

[1] 曹谢东. 模糊信息处理及应用. 北京：科学出版社, 2003.

[2] Salton G, Mcgill M J. Introduction to Modern Information Retrieval. New York: McGraw-Hill, 1983.

[3] de Luca A, Termini S. A definition of a nonprobabilistic entropy in the setting of fuzzy sets theory. Information and Control, 1972, 20: 301-312.

[4] Xian S D, Dong Y F, Yin Y B. Interval-valued intuitionistic fuzzy combined weighted averaging operator for group decision making. Journal of the Operational Research Society, 2017, 68(8): 895-905.

[5] Xian S D , Dong Y F, Liu Y , et al. A novel approach for linguistic group decision making based on generalized interval-valued intuitionistic fuzzy linguistic induced hybrid operator and TOPSIS. International Journal of Intelligent Systems, 2018, 33(2): 288-314.

[6] Wang J, Wu J, Wang J, et al. Interval-valued hesitant fuzzy linguistic sets and their applications

in multi-criteria decision-making problems. Information Sciences, 2014, 288: 55-72.
[7] Liu D, Chen X, Peng D. The intuitionistic fuzzy linguistic cosine similarity measure and its application in pattern recognition. Complexity, 2018: 1-11.
[8] Guo K H, Song Q. On the entropy for Atanassov's intuitionistic fuzzy sets: An interpretation from the perspective of amount of knowledge. Applied Soft Computing, 2014, 24: 328-340.
[9] Xian S D, Yin Y B, Xue W T, et al. Intuitionistic fuzzy interval-valued linguistic entropic combined weighted averaging operator for linguistic group decision making. International Journal of Intelligent Systems, 2018, 33 (2): 444-460.
[10] Xian S D, Xiao Y, Yang Z, et al. A new trapezoidal Pythagorean fuzzy linguistic entropic combined ordered weighted averaging operator and its application for enterprise location. International Journal of Intelligent Systems, 2018, 33 (9): 1880-1899.
[11] Xian S D, Xiao Y, Li L, et al. Trapezoidal Pythagorean fuzzy linguistic entropic combined ordered weighted Minkowski distance operator based on preference relations. International Journal of Intelligent Systems, 2019, 34 (9): 2196-2224.
[12] Liao H, Xu Z, Zeng X J. Distance and similarity measures for hesitant fuzzy linguistic term sets and their application in multi-criteria decision making. Information Sciences, 2014, 271: 125-142.
[13] Xu Z S, Xia M. Distance and similarity measures for hesitant fuzzy sets. Information Sciences, 2011, 181 (11): 2128-2138.
[14] Farhadinia B. Multiple criteria decision-making methods with completely unknown weights in hesitant fuzzy linguistic term setting. Knowledge-Based Systems, 2016, 93: 135-144.
[15] Lin M, Xu Z. Probabilistic Linguistic Distance Measures and Their Applications in Multi-criteria Group Decision Making. Cham: Springer, 2018: 411-440.
[16] Yager R R. Generalized OWA aggregation operators. Fuzzy Optimization and Decision Making, 2004, 3 (1): 93-107.
[17] Xian S D, Chai J H, Yin Y. A visual comparison method and similarity measure for probabilistic linguistic term sets and their applications in multi-criteria decision making. International Journal of Fuzzy Systems, 2019, 21 (4): 1154-1169.
[18] Zhang X L. A novel probabilistic linguistic approach for large-scale group decision making with incomplete weight information. International Journal of Fuzzy Systems, 2018, 20 (7): 2245-2256.
[19] Xian S D, Yang Z J, Guo H L. Double parameters TOPSIS for multi-attribute linguistic group decision making based on the intuitionistic Z-linguistic variables. Applied Soft Computing, 2019, 85: 1-16.

第 3 章 模糊语言信息集成方法

在多属性决策中，专家对某一备选方案在不同属性下给出的评价需要通过一定的信息集成方式将其集成为一个合成值，本章主要介绍具有模糊性的智能语言信息：模糊语言、直觉模糊语言与 Pythagorean 模糊语言信息集成方法。

3.1 几种常见的信息集成算子

本节对现有常见的信息集成算子进行回顾。

定义 3.1[1] 设 $\Phi_{\text{OWA}}: R^n \times R^n \to R$，其加权向量为 $W=(w_1,w_2,\cdots,w_n)^{\text{T}}$，$w_i \in [0,1]$，$i=1,2,\cdots,n$，$\sum_{i=1}^{n} w_i = 1$，若

$$\Phi_{\text{OWA}}(a_1,a_2,\cdots,a_n)=\sum_{j=1}^{n} w_j b_j \tag{3.1}$$

其中，b_j 是 a_i 中第 j 大的数据，则称 Φ_{OWA} 为有序加权平均(Ordered Weighted Averaging，OWA)算子。

后来，徐泽水[2]将 OWA 算子推广到模糊环境下，提出了模糊有序加权平均(Fuzzy Ordered Weighted Averaging，FOWA)算子如下。

定义 3.2[2] 设 $\Phi_{\text{FOWA}}: \Psi^n \times R^n \to \Psi$（$\Psi$ 为模糊数的全集），其加权向量为 $W=(w_1,w_2,\cdots,w_n)^{\text{T}}$，$w_i \in [0,1]$，$i=1,2,\cdots,n$，$\sum_{i=1}^{n} w_i = 1$，若

$$\Phi_{\text{FOWA}}(\tilde{a}_1,\tilde{a}_2,\cdots,\tilde{a}_n)=\sum_{j=1}^{n} w_j \tilde{b}_j \tag{3.2}$$

其中，$\tilde{b}_j$ 是 $\tilde{a}_i$ 中第 j 大的数据，则称 Φ_{FOWA} 为 FOWA 算子。

1999 年，Yager 等[3]提出诱导有序加权平均(Induced Order Weighted Averaging，IOWA)算子。该算子在 OWA 算子的基础上引入诱导变量，方案中所有的属性值根据诱导变量的大小进行排序，与属性值大小无关。Yager 等提出了 IOWA 算子的概念如下。

定义 3.3[3] 设 $\Phi_{\text{IOWA}}: R^n \times R^n \to R$，其加权向量为 $W=(w_1,w_2,\cdots,w_n)^{\text{T}}$，$w_i \in [0,1]$，$i=1,2,\cdots,n$，$\sum_{i=1}^{n} w_i = 1$，若

$$\Phi_{\mathrm{IOWA}}\left((u_1,p_1),(u_2,p_2),\cdots,(u_n,p_n)\right)=\sum_{i=1}^{n}w_i p_{\sigma(i)} \tag{3.3}$$

其中，$\sigma:(1,2,\cdots,n)\to(1,2,\cdots,n)$ 是使得 $u_{\sigma(i)}\geqslant u_{\sigma(i+1)}(i=1,2,\cdots,n)$ 恒成立的一个转置，也就是，$\sigma(i)$ 是集合 $\{u_1,u_2,\cdots,u_n\}$ 中第 i 大元素所对应的下标，则称 Φ_{IOWA} 为诱导有序加权平均算子。此外，$u_1,u_2,\cdots,u_n$ 被称为诱导变量，$p_1,p_2,\cdots,p_n$ 为集成变量。

Yager[4]提出了广义有序加权平均(Generalized Ordered Weighted Averaging，GOWA)算子，它是一种在 OWA 算子系中应用更加广泛的算子。

定义 3.4[4] 设 $\Phi_{\mathrm{GOWA}}:R^n\times R^n\to R$,其加权向量为 $W=(w_1,w_2,\cdots,w_n)^{\mathrm{T}}$，$w_i\in[0,1]$，$i=1,2,\cdots,n$，$\sum_{i=1}^{n}w_i=1$，若

$$\Phi_{\mathrm{GOWA}}(a_1,a_2,\cdots,a_n)=\left(\sum_{j=1}^{n}w_j b_j\right)^{1/\lambda} \tag{3.4}$$

其中，$\lambda\in(-\infty,+\infty),b_j$ 是 a_i 中第 j 大的数据，则称 Φ_{GOWA} 为广义有序加权平均算子。

Xu 等[5]定义了有序加权几何平均(Ordered Weighted Geometric Averaging，OWGA)算子。

定义 3.5[5] 设 $g:R^{+^n}\to R^+$，其加权向量为 $W=(w_1,w_2,\cdots,w_n)^{\mathrm{T}}$，满足条件 $w_i\in[0,1]$，$\sum_{i=1}^{n}w_i=1$，若

$$g(\alpha_1,\alpha_2,\cdots,\alpha_n)=\prod_{j=1}^{n}b_j^{\,w_j} \tag{3.5}$$

则称函数 g 为直觉模糊数的有序加权几何平均算子。其中，b_j 表示第 j 大的直觉模糊数 $\alpha_i(i=1,2,\cdots,n)$。

2004 年，徐泽水[6]提出广义诱导有序加权平均(Generalized Induced Order Weighted Averaging，GIOWA)算子，该算子是 IOWA 算子更广泛的推广，其定义如下。

定义 3.6[6] 设 $\Phi_{\mathrm{GIOWA}}:R^n\times R^n\to R$，其加权向量为 $W=(w_1,w_2,\cdots,w_n)^{\mathrm{T}}$，$w_i\in[0,1]$，$i=1,2,\cdots,n$，$\sum_{i=1}^{n}w_i=1$，若

$$\Phi_{\mathrm{GIOWA}}((u_1,p_1,h_1),(u_2,p_2,h_2),\cdots,(u_n,p_n,h_n))=\sum_{i=1}^{n}w_i b_i \tag{3.6}$$

其中三元数据 $(u_j,p_j,h_j)(j\in(1,2,\cdots,n))$ 中第一个元素 u_j 表示第二个元素 p_j 的重要性或特点，p_j 为 h_j 的主体。b_j 可以通过如下方式获得：首先对三元数组中所有三元

数据按照 u_j 的大小进行排序，然后取第 i 大的三元数据中的第三个元素 b_i。则称 Φ_{GIOWA} 为广义诱导有序加权平均算子。

Xu[7]将语言变量引入 OWA 算子中，对其进行了拓展，提出了拓展有序加权平均(Expand Order Weighted Averaging，EOWA)算子。其定义如下。

定义 3.7[7]　设 n 维映射 $\Phi_{\mathrm{EOWA}}:S^n\to S$，其加权向量为 $W=(w_1,w_2,\cdots,w_n)^{\mathrm{T}}$，$w_i\in[0,1],i=1,2,\cdots,n$，且 $\sum_{i=1}^{n}w_i=1$，若

$$\Phi_{\mathrm{EOWA}}(s_{\alpha_1},s_{\alpha_2},\cdots,s_{\alpha_n})=w_1\odot s_{\beta_1}\oplus w_2\odot s_{\beta_2}\oplus\cdots\oplus w_n\odot s_{\beta_n}\tag{3.7}$$

其中，S 为语言变量集；s_{β_i} 为语言变量集 $s_{\alpha_1},s_{\alpha_2},\cdots,s_{\alpha_n}$ 中第 i 大的元素，则称函数 Φ_{EOWA} 为拓展有序加权平均算子。

Xian[8]用三角模糊数直接代替语言尺度值，将语言值模糊化，提出了模糊语言有序加权平均(Fuzzy Linguistic Ordered Weighted Averaging，FLOWA)算子。其定义如下。

定义 3.8[8]　设 n 维映射 $\Phi_{\mathrm{FLOWA}}:\tilde{S}^n\to\tilde{S}$，其加权向量为 $W=(w_1,w_2,\cdots,w_n)^{\mathrm{T}}$，$w_i\in[0,1],i=1,2,\cdots,n$，且 $\sum_{i=1}^{n}w_i=1$，若

$$\Phi_{\mathrm{FLOWA}}(s_{\tilde{\alpha}_1},s_{\tilde{\alpha}_2},\cdots,s_{\tilde{\alpha}_n})=w_1\odot s_{\tilde{\beta}_1}\oplus w_2\odot s_{\tilde{\beta}_2}\oplus\cdots\oplus w_n\odot s_{\tilde{\beta}_n}\tag{3.8}$$

其中，$\tilde{S}$ 为模糊语言变量集；$\tilde{\alpha}_i(i=1,2,\cdots,n)$ 为三角模糊数；$s_{\tilde{\beta}_i}$ 为语言变量集 $s_{\tilde{\alpha}_1},s_{\tilde{\alpha}_2},\cdots,s_{\tilde{\alpha}_n}$ 中第 i 大的元素，则称函数 Φ_{FLOWA} 为模糊语言有序加权平均算子。

Xu[9]提出了直觉模糊平均(IFA)算子、直觉模糊加权平均(IFWA)算子和直觉模糊有序加权平均(IFOWA)算子等直觉模糊集成算子。

定义 3.9[9]　设 $\tilde{a}_i=(\mu_i,v_i)(i=1,2,\cdots,n)$ 为直觉模糊数的集合，$\Phi_{\mathrm{IFA}}:R^n\to R$，若

$$\Phi_{\mathrm{IFA}}(\tilde{a}_1,\tilde{a}_2,\cdots,\tilde{a}_n)=\sum_{i=1}^{n}\frac{1}{n}\tilde{a}_i=\left(1-\prod_{i=1}^{n}(1-\mu_i)^{1/n},\prod_{i=1}^{n}v_i^{1/n}\right)\tag{3.9}$$

则称函数 Φ_{IFA} 为直觉模糊平均算子。

考虑到每个直觉模糊数 $\tilde{a}_i$ 的权重不一定相同，于是，Xu[9]提出了直觉模糊加权平均算子的概念。

定义 3.10[9]　设 $\tilde{a}_i=(\mu_i,v_i)(i=1,2,\cdots,n)$ 为直觉模糊数的集合，Φ_{IFWA}：$R^n\to R$。其加权向量为 $W=(w_1,w_2,\cdots,w_n)^{\mathrm{T}}$，$w_i\in[0,1],i=1,2,\cdots,n$，$\sum_{i=1}^{n}w_i=1$，若

$$\Phi_{\mathrm{IFWA}}(\tilde{a}_1,\tilde{a}_2,\cdots,\tilde{a}_n)=\sum_{i=1}^{n}w_i\tilde{a}_i=\left(1-\prod_{i=1}^{n}(1-\mu_i)^{w_i},\prod_{i=1}^{n}v_i^{w_i}\right)\tag{3.10}$$

则称函数 Φ_{IFWA} 为直觉模糊加权平均算子。

在直觉模糊加权平均算子的基础上，再考虑各参数的有序位置，提出了直觉模糊有序加权平均算子。

定义 3.11[9] 设 $\tilde{a}_i=(\mu_i,\nu_i)(i=1,2,\cdots,n)$ 为直觉模糊数的集合，Φ_{IFOWA}：$R^n\to R$。其加权向量为 $W=(w_1,w_2,\cdots,w_n)^{\mathrm{T}}$，$w_i\in[0,1],i=1,2,\cdots,n$，$\sum_{i=1}^{n}w_i=1$，若

$$\Phi_{\mathrm{IFOWA}}(\tilde{a}_1,\tilde{a}_2,\cdots,\tilde{a}_n)=\sum_{j=1}^{n}w_j\tilde{b}_j=\left(1-\prod_{j=1}^{n}\left(1-\mu_j\right)^{w_j},\prod_{j=1}^{n}\nu_j^{w_j}\right) \tag{3.11}$$

其中，$\tilde{b}_j$ 是 $\tilde{a}_i=(\mu_i,\nu_i)(j=1,2,\cdots,n)$ 中第 j 大的 $\tilde{a}_i$，则称函数 Φ_{IFOWA} 为直觉模糊有序加权平均算子。

Xu 等[10]将 OWGA 算子推广到直觉模糊环境，提出了直觉模糊有序加权几何平均(Intuitionistic Fuzzy Ordered Weighted Geometry Averaging，IFOWGA)算子。

定义 3.12[10] 设 $\tilde{a}_i=(\mu_i,\nu_i)(i=1,2,\cdots,n)$ 为直觉模糊数的集合，$\Phi_{\mathrm{IFOWGA}}:R^n\to R$。其加权向量为 $W=(w_1,w_2,\cdots,w_n)^{\mathrm{T}}$，$w_i\in[0,1]$，$\sum_{i=1}^{n}w_i=1$，其中 $i=1,2,\cdots,n$，若

$$\Phi_{\mathrm{IFOWGA}}(\tilde{a}_1,\tilde{a}_2,\cdots,\tilde{a}_n)=\sum_{j=1}^{n}w_j\tilde{b}_j=\left(\prod_{j=1}^{n}\mu_j^{w_j},1-\prod_{j=1}^{n}\left(1-\nu_j\right)^{w_j}\right) \tag{3.12}$$

其中，$\tilde{b}_j$ 是 $\tilde{a}_i=(\mu_i,\nu_i)(j=1,2,\cdots,n)$ 中第 j 大的 $\tilde{a}_i$，则称函数 Φ_{IFOWGA} 为直觉模糊有序加权几何平均算子。

定义 3.13[10] 设 n 维映射 $\Phi_{\mathrm{IVIFOWA}}:\tilde{R}^n\to\tilde{R}$，其加权向量为 $W=(w_1,w_2,\cdots,w_n)^{\mathrm{T}}$，$w_i\in[0,1],i=1,2,\cdots,n$，且 $\sum_{i=1}^{n}w_i=1$，若

$$\Phi_{\mathrm{IVIFOWA}}(\tilde{\alpha}_1,\tilde{\alpha}_2,\cdots,\tilde{\alpha}_n)=\mathop{\oplus}_{j=1}^{n}w_j\odot\tilde{\beta}_j \tag{3.13}$$

则称函数 Φ_{IVIFOWA} 为区间直觉模糊有序加权平均算子。其中，$\tilde{\beta}_j$ 是第 j 大的 $\tilde{\alpha}_i(i=1,2,\cdots,n)$。

定义 3.14[11] 设 $\langle u_1,\tilde{\alpha}_1\rangle,\langle u_2,\tilde{\alpha}_2\rangle,\cdots,\langle u_n,\tilde{\alpha}_n\rangle$ 为 n 个二维数组，其加权向量为 $W=(w_1,w_2,\cdots,w_n)^{\mathrm{T}}$，$w_i\in[0,1],i=1,2,\cdots,n$，且 $\sum_{i=1}^{n}w_i=1$，若

$$\Phi_{\mathrm{IVIFIOWA}}(\langle u_1,\tilde{\alpha}_1\rangle,\langle u_2,\tilde{\alpha}_2\rangle,\cdots,\langle u_n,\tilde{\alpha}_n\rangle)=\mathop{\oplus}_{j=1}^{n}w_j\odot\tilde{\alpha}_{\sigma(j)} \tag{3.14}$$

其中，$\sigma(j)$ 表示集合 $\{u_1,u_2,\cdots,u_n\}$ 中第 j 大的元素所对应的下标，$j=1,2,\cdots,n$，则称函数 Φ_{IVIFIOWA} 为区间直觉模糊诱导有序加权平均算子。

定义 3.15[12] 设 n 维映射 $\Phi_{\mathrm{IVIFHA}}:\tilde{R}^n\to\tilde{R}$，其加权向量为 $W=(w_1,w_2,\cdots,w_n)^{\mathrm{T}}$，

$w_i \in [0,1], i=1,2,\cdots,n$，且 $\sum_{i=1}^{n} w_i = 1$，若

$$\Phi_{\text{IVIFHA}}(\tilde{\alpha}_1,\tilde{\alpha}_2,\cdots,\tilde{\alpha}_n) = \mathop{\oplus}_{j=1}^{n} w_j \odot \tilde{\beta}_{\sigma(j)} \tag{3.15}$$

其中，$\tilde{\beta}_{\sigma(j)}$ 为第 j 大的区间直觉模糊数 $\tilde{\beta}_i(\tilde{\beta}_i = n\bar{w}_i\tilde{\alpha}_i, i=1,2,\cdots,n)$，$\bar{w}=(\bar{w}_1,\bar{w}_2,\cdots,\bar{w}_n)^{\mathrm{T}}$ 是与 $\tilde{\alpha}_i(i=1,2,\cdots,n)$ 相关的权重向量，且满足 $\bar{w}_i \in [0,1]$，$\sum_{i=1}^{n}\bar{w}_i = 1$，$n$ 为平衡系数，则称函数 Φ_{IVIFHA} 为区间直觉模糊混合平均算子。

将汉明距离应用到 IOWA 算子中，Merigó等[13]提出了诱导有序加权平均汉明距离(Induced Ordered Weighted Average Hamming Distance，IHOWAD)算子。对于两个实数集 $A=\{a_1,a_2,\cdots,a_n\}$ 和 $B=\{b_1,b_2,\cdots,b_n\}$，IHOWAD 算子可以被定义如下。

定义 3.16[13]　IHOWAD 算子是一个 n 维映射 $\Phi_{\text{IHOWAD}}: R^n \times R^n \to R$，拥有一个相关的 n 维加权向量 $W=(w_1,w_2,\cdots,w_n)^{\mathrm{T}}$，其中 R 为实数域，$w_i \in [0,1]$ 且 $\sum_{i=1}^{n} w_i = 1$，则

$$\Phi_{\text{IHOWAD}}((u_1,a_1,b_1),(u_2,a_2,b_2),\cdots,(u_n,a_n,b_n)) = \sum_{i=1}^{n} w_i d_i \tag{3.16}$$

其中，d_i 是元素 u_j 所对应的三元数据 (u_j,a_j,b_j) 中的 $\left|a_j-b_j\right|$ 值；u_j 是诱导变量集合 $(u_1,u_2,\cdots,u_n)$ 中第 i 大的元素；$|a_j-b_j|$ 为主要变量。

对于两个实数集 $A=\{a_1,a_2,\cdots,a_n\}$ 和 $B=\{b_1,b_2,\cdots,b_n\}$，Merigó等[14]提出了诱导有序加权平均欧氏距离(Induced Ordered Weighted Average Euclidean Distance，IEOWAD)算子。

定义 3.17[14]　IEOWAD 算子是一个 n 维映射 $\Phi_{\text{IEOWAD}}: R^n \times R^n \times R^n \to R$，拥有一个相关的 n 维加权向量 $W=(w_1,w_2,\cdots,w_n)^{\mathrm{T}}$，其中 R 为实数域，$w_i \in [0,1]$ 且 $\sum_{i=1}^{n} w_i = 1$，则

$$\Phi_{\text{IEOWAD}}((u_1,a_1,b_1),(u_2,a_2,b_2),\cdots,(u_n,a_n,b_n)) = \left(\sum_{i=1}^{n} w_i d_i^2\right)^{\frac{1}{2}} \tag{3.17}$$

其中，d_i 是元素 u_j 所对应的三元数据 (u_j,a_j,b_j) 中的 $\left|a_j-b_j\right|$ 值；u_j 是诱导变量集合 $(u_1,u_2,\cdots,u_n)$ 中第 i 大的元素；$|a_j-b_j|$ 为主要变量。

对于两个实数集 $A=\{a_1,a_2,\cdots,a_n\}$ 和 $B=\{b_1,b_2,\cdots,b_n\}$，诱导有序加权平均闵氏距离(Induced Ordered Weighted Average Minkowski Distance，IMOWAD)算子可以被定义如下。

定义 3.18[13]　IMOWAD 算子是一个 n 维映射 $\Phi_{\text{IMOWAD}}: R^n \times R^n \times R^n \to R$，拥有一

个相关的 n 维加权向量 $W=(w_1,w_2,\cdots,w_n)^{\mathrm{T}}$，其中 R 为实数域，$w_i\in[0,1]$ 且 $\sum_{i=1}^{n}w_i=1$，则

$$\Phi_{\mathrm{IMOWAD}}((u_1,a_1,b_1),(u_2,a_2,b_2),\cdots,(u_n,a_n,b_n))=\left(\sum_{i=1}^{n}w_i d_i^{\lambda}\right)^{\frac{1}{\lambda}} \tag{3.18}$$

其中，d_i 是元素 u_j 所对应的三元数据 (u_j,a_j,b_j) 中的 $|a_j-b_j|$ 值；u_j 是诱导变量集合 $(u_1,u_2,\cdots,u_n)$ 中第 i 大的元素；$|a_j-b_j|$ 为主要变量；$\lambda\in(-\infty,+\infty)$ 是一个参数变量。特殊情况下，当 $\lambda=1$ 时，IMOWAD 算子可转化为 IHOWAD 算子，当 $\lambda=2$ 时，IMOWAD 算子可转化为 IEOWAD 算子。

3.2　模糊语言信息集成方法

3.2.1　模糊语言诱导加权平均距离算子

模糊语言诱导加权平均汉明距离(Fuzzy Language Induced Ordered Weighted Average Hamming Distance，FLIHOWAD)算子是 IHOWAD 算子的一种扩展。由于决策信息存在不确定性，因此可以使用模糊语言变量来表示不确定信息。FLIHOWAD 算子具有 IHOWAD 算子和模糊语言变量距离的主要特点。

对于两个模糊语言尺度集 $\tilde{A},\tilde{B}\in\tilde{S},\tilde{A}=(s_{\tilde{a}_1},s_{\tilde{a}_2},\cdots,s_{\tilde{a}_n})$，$\tilde{B}=(s_{\tilde{b}_1},s_{\tilde{b}_2},\cdots,s_{\tilde{b}_n})$，FLIHOWAD 算子定义如下。

定义 3.19[15]　FLIHOWAD 算子是一个 n 维映射 $\Phi_{\mathrm{FLIHOWAD}}:R^n\times\tilde{S}^n\times\tilde{S}^n\to\tilde{S}$，拥有一个相关的 n 维加权向量 $W=(w_1,w_2,\cdots,w_n)^{\mathrm{T}}$，其中 R 为实数域，$w_i\in[0,1]$ $(i=1,2,\cdots,n)$ 且 $\sum_{i=1}^{n}w_i=1$，则

$$\Phi_{\mathrm{FLIHOWAD}}((u_1,s_{\tilde{\alpha}_1},s_{\tilde{\beta}_1}),(u_2,s_{\tilde{\alpha}_2},s_{\tilde{\beta}_2}),\cdots,(u_n,s_{\tilde{\alpha}_n},s_{\tilde{\beta}_n}))=\bigoplus_{i=1}^{n}w_i\odot\tilde{D}_i \tag{3.19}$$

其中，$\tilde{D}_i$ 是元素 u_j 所对应的三元数据 $(u_j,s_{\tilde{\alpha}_j},s_{\tilde{\beta}_j})$ 中的 $(s_{\tilde{\alpha}_j}\ominus s_{\tilde{\beta}_j})$ 值；u_j 是诱导变量集合 $(u_1,u_2,\cdots,u_n)$ 中第 i 大的元素；$(s_{\tilde{\alpha}_j}\ominus s_{\tilde{\beta}_j})$ 为主要变量。

例 3.1　设 $\tilde{A}=(s_{\tilde{1}},s_{\tilde{3}},s_{\tilde{7}},s_{\tilde{3}})$，$\tilde{B}=(s_{\tilde{7}},s_{\tilde{2}},s_{\tilde{4}},s_{\tilde{9}})$，$U=(3,1,2,4)$ 为诱导变量，$W=(0.1,0.4,0.3,0.2)^{\mathrm{T}}$ 为给定的一组加权向量，则根据诱导变量排序后的三元变量为 $((4,s_{\tilde{3}},s_{\tilde{9}}),(3,s_{\tilde{1}},s_{\tilde{7}}),(2,s_{\tilde{7}},s_{\tilde{4}}),(1,s_{\tilde{3}},s_{\tilde{2}}))$：

$$
\begin{aligned}
&\Phi_{\text{FLIHOWAD}}((u_1,s_{\tilde{\alpha}_1},s_{\tilde{\beta}_1}),(u_2,s_{\tilde{\alpha}_2},s_{\tilde{\beta}_2}),\cdots,(u_n,s_{\tilde{\alpha}_n},s_{\tilde{\beta}_n}))\\
&=0.1\times|s_{\tilde{3}}\ominus s_{\tilde{9}}|\oplus 0.4\times|s_{\tilde{1}}\ominus s_{\tilde{7}}|\oplus 0.3\times|s_{\tilde{7}}\ominus s_{\tilde{4}}|0.2\times|s_{\tilde{3}}\ominus s_{\tilde{2}}|\\
&=s_{(0.41,0.41,0.41)}
\end{aligned}
$$

对于两个模糊语言尺度集 $\tilde{A}=(s_{\tilde{a}_1},s_{\tilde{a}_2},\cdots,s_{\tilde{a}_n})$，$\tilde{B}=(s_{\tilde{b}_1},s_{\tilde{b}_2},\cdots,s_{\tilde{b}_n})$，模糊语言诱导加权平均欧氏距离(FLIEOWAD)算子可以被定义如下。

定义 3.20[15]　FLIEOWAD 算子是一个 n 维映射 $\Phi_{\text{FLIEOWAD}}:R^n\times\tilde{S}^n\times\tilde{S}^n\to\tilde{S}$，拥有一个相关的 n 维加权向量 $W=(w_1,w_2,\cdots,w_n)^{\mathrm{T}}$，其中 R 为实数域，$w_i\in[0,1]$ $(i=1,2,\cdots,n)$ 且 $\sum_{i=1}^{n}w_i=1$，则

$$
\Phi_{\text{FLIEOWAD}}((u_1,s_{\tilde{\alpha}_1},s_{\tilde{\beta}_1}),(u_2,s_{\tilde{\alpha}_2},s_{\tilde{\beta}_2}),\cdots,(u_n,s_{\tilde{\alpha}_n},s_{\tilde{\beta}_n}))=\sqrt{\bigoplus_{i=1}^{n}w_i\odot\tilde{D}_i^2} \tag{3.20}
$$

其中，$\tilde{D}_i$ 是元素 u_j 所对应的三元数据 $(u_j,s_{\tilde{\alpha}_j},s_{\tilde{\beta}_j})$ 中的 $(s_{\tilde{\alpha}_j}\ominus s_{\tilde{\beta}_j})$ 值；u_j 是诱导变量集合 $(u_1,u_2,\cdots,u_n)$ 中第 i 大的元素；$(s_{\tilde{\alpha}_j}\ominus s_{\tilde{\beta}_j})$ 为主要变量。

对于两个模糊语言尺度集 $\tilde{A}=(s_{\tilde{a}_1},s_{\tilde{a}_2},\cdots,s_{\tilde{a}_n})$，$\tilde{B}=(s_{\tilde{b}_1},s_{\tilde{b}_2},\cdots,s_{\tilde{b}_n})$，模糊语言诱导加权平均闵氏距离(FLIMOWAD)算子可以被定义如下。

定义 3.21[16]　FLIMOWAD 算子是一个 n 维映射 $\Phi_{\text{FLIMOWAD}}:R^n\times\tilde{S}^n\times\tilde{S}^n\to\tilde{S}$，拥有一个相关的 n 维加权向量 $W=(w_1,w_2,\cdots,w_n)^{\mathrm{T}}$，其中 R 为实数域，$w_i\in[0,1]$ $(i=1,2,\cdots,n)$ 且 $\sum_{i=1}^{n}w_i=1$，则

$$
\Phi_{\text{FLIMOWAD}}((u_1,s_{\tilde{\alpha}_1},s_{\tilde{\beta}_1}),(u_2,s_{\tilde{\alpha}_2},s_{\tilde{\beta}_2}),\cdots,(u_n,s_{\tilde{\alpha}_n},s_{\tilde{\beta}_n}))=\sqrt[\lambda]{\bigoplus_{i=1}^{n}w_i\odot\tilde{D}_i^{\lambda}} \tag{3.21}
$$

其中，$\tilde{D}_i$ 是元素 u_j 所对应的三元数据 $(u_j,s_{\tilde{\alpha}_j},s_{\tilde{\beta}_j})$ 中的 $(s_{\tilde{\alpha}_j}\ominus s_{\tilde{\beta}_j})$ 值；u_j 是诱导变量集合 $(u_1,u_2,\cdots,u_n)$ 中第 i 大的元素；$(s_{\tilde{\alpha}_j}\ominus s_{\tilde{\beta}_j})$ 为主要变量；$\lambda\in(-\infty,+\infty)$ 为参数变量。

通过前面对几种模糊语言距离算子的介绍可以发现，FLIHOWAD 算子和 FLIEOWAD 算子分别是 FLIMOWAD 算子的一种特殊情况。因此下面只介绍 FLIMOWAD 算子[15]的性质，显然，FLIHOWAD 算子和 FLIEOWAD 算子同样满足这些性质。

定理 3.1（置换性）　设 $((u_1^*,s_{\tilde{\alpha}_1^*},s_{\tilde{\beta}_1^*}),(u_2^*,s_{\tilde{\alpha}_2^*},s_{\tilde{\beta}_2^*}),\cdots,(u_n^*,s_{\tilde{\alpha}_n^*},s_{\tilde{\beta}_n^*}))$ 是三维数组 $((u_1,s_{\tilde{\alpha}_1},s_{\tilde{\beta}_1}),(u_2,s_{\tilde{\alpha}_2},s_{\tilde{\beta}_2}),\cdots,(u_n,s_{\tilde{\alpha}_n},s_{\tilde{\beta}_n}))$ 的任一置换，则

$$\begin{aligned}&\Phi_{\text{FLIMOWAD}}((u_1^*,s_{\tilde{\alpha}_1^*},s_{\tilde{\beta}_1^*}),(u_2^*,s_{\tilde{\alpha}_2^*},s_{\tilde{\beta}_2^*}),\cdots,(u_n^*,s_{\tilde{\alpha}_n^*},s_{\tilde{\beta}_n^*}))\\&=\Phi_{\text{FLIMOWAD}}((u_1,s_{\tilde{\alpha}_1},s_{\tilde{\beta}_1}),(u_2,s_{\tilde{\alpha}_2},s_{\tilde{\beta}_2}),\cdots,(u_n,s_{\tilde{\alpha}_n},s_{\tilde{\beta}_n}))\end{aligned}\tag{3.22}$$

证明　令

$$\Phi_{\text{FLIMOWAD}}((u_1^*,s_{\tilde{\alpha}_1^*},s_{\tilde{\beta}_1^*}),(u_2^*,s_{\tilde{\alpha}_2^*},s_{\tilde{\beta}_2^*}),\cdots,(u_n^*,s_{\tilde{\alpha}_n^*},s_{\tilde{\beta}_n^*}))=\sqrt[\lambda]{\bigoplus_{i=1}^{n}w_i\odot(\tilde{D}_i^*)^{\lambda}}$$

$$=\Phi_{\text{FLIMOWAD}}((u_1,s_{\tilde{\alpha}_1},s_{\tilde{\beta}_1}),(u_2,s_{\tilde{\alpha}_2},s_{\tilde{\beta}_2}),\cdots,(u_n,s_{\tilde{\alpha}_n},s_{\tilde{\beta}_n}))=\sqrt[\lambda]{\bigoplus_{i=1}^{n}w_i\odot(\tilde{D}_i)^{\lambda}}$$

因为存在 $((u_1^*,s_{\tilde{\alpha}_1^*},s_{\tilde{\beta}_1^*}),(u_2^*,s_{\tilde{\alpha}_2^*},s_{\tilde{\beta}_2^*}),\cdots,(u_n^*,s_{\tilde{\alpha}_n^*},s_{\tilde{\beta}_n^*}))$ 是三维数组 $((u_1,s_{\tilde{\alpha}_1},s_{\tilde{\beta}_1}),(u_2,s_{\tilde{\alpha}_2},s_{\tilde{\beta}_2}),\cdots,(u_n,s_{\tilde{\alpha}_n},s_{\tilde{\beta}_n}))$ 的任意置换，则 $\tilde{D}_i^*=\tilde{D}_i$，$i=1,2,\cdots,n$，即

$$\begin{aligned}&\Phi_{\text{FLIMOWAD}}((u_1^*,s_{\tilde{\alpha}_1^*},s_{\tilde{\beta}_1^*}),(u_2^*,s_{\tilde{\alpha}_2^*},s_{\tilde{\beta}_2^*}),\cdots,(u_n^*,s_{\tilde{\alpha}_n^*},s_{\tilde{\beta}_n^*}))\\&=\Phi_{\text{FLIMOWAD}}((u_1,s_{\tilde{\alpha}_1},s_{\tilde{\beta}_1}),(u_2,s_{\tilde{\alpha}_2},s_{\tilde{\beta}_2}),\cdots,(u_n,s_{\tilde{\alpha}_n},s_{\tilde{\beta}_n}))\end{aligned}$$

定理 3.2（幂等性）　设 $s_{\tilde{\alpha}_i},s_{\tilde{\beta}_i},s_{\tilde{\alpha}},s_{\tilde{\beta}}\in\tilde{S}$ 且 $\tilde{d}_i=\tilde{d},i=1,2,\cdots,n$，则

$$\Phi_{\text{FLIMOWAD}}((u_1^*,s_{\tilde{\alpha}_1^*},s_{\tilde{\beta}_1^*}),(u_2^*,s_{\tilde{\alpha}_2^*},s_{\tilde{\beta}_2^*}),\cdots,(u_n^*,s_{\tilde{\alpha}_n^*},s_{\tilde{\beta}_n^*}))=s_{\tilde{d}}\tag{3.23}$$

证明　因为对于任意 i，$\tilde{d}_i=\left|\tilde{\alpha}_i\ominus\tilde{\beta}_i\right|=\tilde{d}=\left|\tilde{\alpha}\ominus\tilde{\beta}\right|$，$\tilde{D}_i=|s_{\tilde{\alpha}_i}\ominus s_{\tilde{\beta}_i}|=|\tilde{\alpha}_i\ominus\tilde{\beta}_i|=\tilde{d}_i=\tilde{d}=|\tilde{\alpha}\ominus\tilde{\beta}|=|s_{\tilde{\alpha}}\ominus s_{\tilde{\beta}}|=\tilde{D}=s_{\tilde{d}}$，则

$$\begin{aligned}\Phi_{\text{FLIMOWAD}}((u_1,s_{\alpha_1},s_{\alpha_1}),\cdots,(u_n,s_{\alpha_n},s_{\tilde{\beta}_n}))&=\left(\bigoplus_{i=1}^{n}w_i\tilde{D}^{\lambda}(\tilde{\alpha}_i,\tilde{\beta}_i)\right)^{\frac{1}{\lambda}}\\&=\left(\bigoplus_{i=1}^{n}w_i\tilde{D}^{\lambda}\right)^{\frac{1}{\lambda}}=\left(\bigoplus_{i=1}^{n}w_is_{\tilde{d}}^{\lambda}\right)^{\frac{1}{\lambda}}=s_{\tilde{d}}\end{aligned}$$

定理 3.3（单调性）　设两个三维数组 $((u_1^*,s_{\tilde{\alpha}_1^*},s_{\tilde{\beta}_1^*}),(u_2^*,s_{\tilde{\alpha}_2^*},s_{\tilde{\beta}_2^*}),\cdots,(u_n^*,s_{\tilde{\alpha}_n^*},s_{\tilde{\beta}_n^*}))$ 和 $((u_1,s_{\tilde{\alpha}_1},s_{\tilde{\beta}_1}),(u_2,s_{\tilde{\alpha}_2},s_{\tilde{\beta}_2}),\cdots,(u_n,s_{\tilde{\alpha}_n},s_{\tilde{\beta}_n}))$，对于任意 j，若 $\tilde{d}_j=|\tilde{\alpha}_j\ominus\tilde{\beta}_j|\preccurlyeq\tilde{d}=|\tilde{\alpha}_j^*\ominus\tilde{\beta}_j^*|=\tilde{d}_j^*$，则

$$\begin{aligned}&\Phi_{\text{FLIMOWAD}}((u_1,s_{\tilde{\alpha}_1},s_{\tilde{\beta}_1}),(u_2,s_{\tilde{\alpha}_2},s_{\tilde{\beta}_2}),\cdots,(u_n,s_{\tilde{\alpha}_n},s_{\tilde{\beta}_n}))\\&\preccurlyeq\Phi_{\text{FLIMOWAD}}((u_1^*,s_{\tilde{\alpha}_1^*},s_{\tilde{\beta}_1^*}),(u_2^*,s_{\tilde{\alpha}_2^*},s_{\tilde{\beta}_2^*}),\cdots,(u_n^*,s_{\tilde{\alpha}_n^*},s_{\tilde{\beta}_n^*}))\end{aligned}\tag{3.24}$$

证明　对于任意 j，令

$$\Phi_{\text{FLIMOWAD}}((u_1,s_{\tilde{\alpha}_1^*},s_{\tilde{\beta}_1^*}),(u_2,s_{\tilde{\alpha}_2^*},s_{\tilde{\beta}_2^*}),\cdots,(u_n,s_{\tilde{\alpha}_n^*},s_{\tilde{\beta}_n^*}))$$

$$=\left(\mathop{\oplus}_{i=1}^{n} w_i\tilde{D}_i^{*\lambda}\right)^{\frac{1}{\lambda}}=\left(\mathop{\oplus}_{i=1}^{n} w_i\tilde{d}_i^{*\lambda}\right)^{\frac{1}{\lambda}}$$

$$\Phi_{\text{FLIMOWAD}}((u_1,s_{\tilde{\alpha}_1},s_{\tilde{\beta}_1}),(u_2,s_{\tilde{\alpha}_2},s_{\tilde{\beta}_2}),\cdots,(u_n,s_{\tilde{\alpha}_n},s_{\tilde{\beta}_n}))$$

$$=\left(\mathop{\oplus}_{i=1}^{n} w_i\tilde{D}_i^{\lambda}\right)^{\frac{1}{\lambda}}=\left(\mathop{\oplus}_{i=1}^{n} w_i\tilde{d}_i^{\lambda}\right)^{\frac{1}{\lambda}}$$

其中，$\tilde{d}_i^*$ 是诱导变量 u_j 所对应的三元数据 $(u_j,s_{\tilde{\alpha}_j^*},s_{\tilde{\beta}_j^*})$ 的 $|\tilde{\alpha}_j^*-\tilde{\beta}_j^*|$ 值；$\tilde{d}_i$ 是诱导变量 u_j 所对应的三元数据 $(u_j,s_{\tilde{\alpha}_j},s_{\tilde{\beta}_j})$ 的 $\left|\tilde{\alpha}_j-\tilde{\beta}_j\right|$ 值；u_j 是诱导变量集合 $(u_1,u_2,\cdots,u_n)$ 中第 i 大的元素。由于 $\tilde{d}_j\preccurlyeq\tilde{d}_j^*$，则 $\tilde{D}_j\preccurlyeq\tilde{D}_j^*$，可得

$$\begin{aligned}&\Phi_{\text{FLIMOWAD}}((u_1,s_{\tilde{\alpha}_1},s_{\tilde{\beta}_1}),(u_2,s_{\tilde{\alpha}_2},s_{\tilde{\beta}_2}),\cdots,(u_n,s_{\tilde{\alpha}_n},s_{\tilde{\beta}_n}))\\ \preccurlyeq\ &\Phi_{\text{FLIMOWAD}}((u_1,s_{\tilde{\alpha}_1^*},s_{\tilde{\beta}_1^*}),(u_2,s_{\tilde{\alpha}_2^*},s_{\tilde{\beta}_2^*}),\cdots,(u_n,s_{\tilde{\alpha}_n^*},s_{\tilde{\beta}_n^*}))\end{aligned}\tag{3.25}$$

定理 3.4（有界性）　设 $\tilde{d}_{\text{Min}}=\underset{i}{\text{Min}}\left\{\tilde{d}_1,\tilde{d}_2,\cdots,\tilde{d}_n\right\},\tilde{d}_{\text{Max}}=\underset{i}{\text{Max}}\left\{\tilde{d}_1,\tilde{d}_2,\cdots,\tilde{d}_n\right\}$，则

$$s_{\tilde{d}_{\text{Min}}}\preccurlyeq\Phi_{\text{FLIMOWAD}}((u_1,s_{\tilde{\alpha}_1},s_{\tilde{\beta}_1}),(u_2,s_{\tilde{\alpha}_2},s_{\tilde{\beta}_2}),\cdots,(u_n,s_{\tilde{\alpha}_n},s_{\tilde{\beta}_n}))\preccurlyeq s_{\tilde{d}_{\text{Max}}}\tag{3.26}$$

证明　由于对任意 i，$\tilde{d}_{\text{Min}}\preccurlyeq\tilde{d}_i\preccurlyeq\tilde{d}_{\text{Max}}$，则 $s_{\tilde{d}_{\text{Min}}}\preccurlyeq s_{\tilde{d}_i}\preccurlyeq s_{\tilde{d}_{\text{Max}}}$，可得

$$\Phi_{\text{FLIMOWAD}}((u_1,s_{\tilde{\alpha}_1},s_{\tilde{\beta}_1}),\cdots,(u_n,s_{\tilde{\alpha}_n},s_{\tilde{\beta}_n}))$$

$$=\left(\mathop{\oplus}_{i=1}^{n} w_i\tilde{D}_i^{\lambda}\right)^{\frac{1}{\lambda}}=\left(\mathop{\oplus}_{i=1}^{n} w_i s_{\tilde{d}_i}^{\lambda}\right)^{\frac{1}{\lambda}}$$

$$\succcurlyeq\left(\mathop{\oplus}_{i=1}^{n} w_i s_{\tilde{d}_{\text{Min}}}^{\lambda}\right)^{\frac{1}{\lambda}}=\left(\left(\mathop{\oplus}_{i=1}^{n} w_i\right)s_{\tilde{d}_{\text{Min}}}^{\lambda}\right)^{\frac{1}{\lambda}}=s_{\tilde{d}_{\text{Min}}}$$

$$\Phi_{\text{FLIMOWAD}}((u_1,s_{\tilde{\alpha}_1},s_{\tilde{\beta}_1}),\cdots,(u_n,s_{\tilde{\alpha}_n},s_{\tilde{\beta}_n}))$$

$$=\left(\mathop{\oplus}_{i=1}^{n} w_i\tilde{D}_i^{\lambda}\right)^{\frac{1}{\lambda}}=\left(\mathop{\oplus}_{i=1}^{n} w_i s_{\tilde{d}_i}^{\lambda}\right)^{\frac{1}{\lambda}}$$

$$\preccurlyeq\left(\mathop{\oplus}_{i=1}^{n} w_i s_{\tilde{d}_{\text{Max}}}^{\lambda}\right)^{\frac{1}{\lambda}}=\left(\left(\mathop{\oplus}_{i=1}^{n} w_i\right)s_{\tilde{d}_{\text{Max}}}^{\lambda}\right)^{\frac{1}{\lambda}}=s_{\tilde{d}_{\text{Max}}}$$

因此

$$s_{\tilde{d}_{\text{Min}}}\preccurlyeq\Phi_{\text{FLIMOWAD}}((u_1,s_{\tilde{\alpha}_1},s_{\tilde{\beta}_1}),(u_2,s_{\tilde{\alpha}_2},s_{\tilde{\beta}_2}),\cdots,(u_n,s_{\tilde{\alpha}_n},s_{\tilde{\beta}_n}))\preccurlyeq s_{\tilde{d}_{\text{Max}}}$$

在 FLIMOWAD 算子中，根据不同的权重因素和对 λ 赋予不同的值，可以得到不同的算子[16]。

推论 3.1　根据 FLIMOWAD 算子中权重因素的不同，可以得到以下不同算子：

(1) 若对任意 $j \neq k, w_k = 1, w_j = 0$，且 $u_k = \mathrm{Max}\{\tilde{D}_i\}$，可以得到最大距离算子；

(2) 若对任意 $j \neq k, w_k = 1, w_j = 0$，且 $u_k = \mathrm{Min}\{\tilde{D}_i\}$，可以得到最小距离算子；

(3) 若对任意 $j \neq k, w_k = 1, w_j = 0$，且 $u_k = \mathrm{Max}\{\tilde{D}_i\}$，可以得到 FLIOWAMD 算子；

(4) 若对任意 i，$w_i = \dfrac{1}{n}$，可以得到模糊语言闵氏距离(Fuzzy Language Normal Minkowski Distance，FLNMD)算子；

(5) 若对任意 i，$u_i > u_{i+1}$，可以得到模糊语言加权闵氏距离(Fuzzy Language Weighted Minkowski Distance，FLWMD)算子；

(6) 若排序后的 u_i 位置与排序后的 $s_{\tilde{\alpha}_i}$ 位置相同，可以得到模糊语言有序加权平均闵氏距离(FLOWAMD)算子。

推论 3.2　通过赋予 λ 不同的值，可以得到以下不同算子。

(1) 若 $\lambda = 1$，则 FLIMOWAD 算子转化成 FLIHOWAD 算子。

$$\Phi_{\mathrm{FLIMOWAD}}((u_1, s_{\tilde{\alpha}_1}, s_{\tilde{\beta}_1}), \cdots, (u_n, s_{\tilde{\alpha}_n}, s_{\tilde{\beta}_n})) = \bigoplus_{i=1}^{n} w_i \tilde{D}_i \tag{3.27}$$

注意　若对任意 i，$w_i = \dfrac{1}{n}$，就是模糊语言汉明距离(Fuzzy Language Normal Hamming Distance，FLNHD)算子；若对任意 i，$u_i > u_{i+1}$，可以得到模糊语言加权汉明距离(Fuzzy Language Weighted Hamming Distance，FLWHD)算子；若排序后 u_i 的位置与排序后的 $\tilde{D}_i$ 位置相同，$\tilde{D}_i$ 是第 i 大的 $|s_{\tilde{\alpha}_i} - s_{\tilde{\beta}_i}|$ 值，就可以得到模糊语言有序加权汉明距离(Fuzzy Language Ordered Weighted Hamming Distance，FLOWHD)算子。

(2) 若 $\lambda = 2$，则 FLIMOWAD 算子转化成 FLIEOWAD 算子。

$$\Phi_{\mathrm{FLIMOWAD}}((u_1, s_{\tilde{\alpha}_1}, s_{\tilde{\beta}_1}), \cdots, (u_n, s_{\tilde{\alpha}_n}, s_{\tilde{\beta}_n})) = \left(\bigoplus_{i=1}^{n} w_i \tilde{D}_i^{\,2} \right)^{\frac{1}{2}} \tag{3.28}$$

注意　若对任意 i，$w_i = \dfrac{1}{n}$，就是模糊语言欧氏距离(Fuzzy Language Normal Euclidean Distance，FLNED)算子；若对任意 i，$u_i > u_{i+1}$，可以得到模糊语言加权欧氏距离(Fuzzy Language Weighted Euclidean Distance，FLWED)算子；若排序后 u_i 的位置与排序后的 $\tilde{D}_i$ 位置相同，$\tilde{D}_i$ 是第 i 大的 $|s_{\tilde{\alpha}_i} - s_{\tilde{\beta}_i}|^2$ 值，就可以得到模糊语言有序加权欧氏距离(FLOWED)算子。

(3) 若 $\lambda = -1$，则 FLIMOWAD 算子转化成模糊语言诱导有序汉明距离加权平均(FLIOWHAD)算子。

$$\Phi_{\mathrm{FLIOWAMD}}((u_1,s_{\tilde{\alpha}_1},s_{\tilde{\beta}_1}),\cdots,(u_n,s_{\tilde{\alpha}_n},s_{\tilde{\beta}_n}))=\frac{1}{\overset{n}{\underset{i=1}{\oplus}}\frac{w_i}{\tilde{D}_i}} \tag{3.29}$$

注意 若对任意i，$w_i=\frac{1}{n}$，就是模糊语言汉明距离(FLNHD)算子；若对任意i，$u_i>u_{i+1}$，可以得到模糊语言加权欧氏距离(FLWED)算子；若排序后u_i的位置与排序后的$\tilde{D}_i$位置相同，$\tilde{D}_i$是第i大的$1\bigg/\left(\frac{w_i}{|s_{\tilde{\alpha}_i}-s_{\tilde{\beta}_i}|}\right)$值，就可以得到模糊语言有序汉明距离加权(Fuzzy Language Ordered Weighted Hamming Distance，FLOWHD)算子。

(4)若$\lambda=0$，则 FLIOWAMD 算子转化成模糊语言诱导有序几何距离加权平均(FLIOWGD)算子。

$$\Phi_{\mathrm{FLIOWGD}}((u_1,s_{\tilde{\alpha}_1},s_{\tilde{\beta}_1}),\cdots,(u_n,s_{\tilde{\alpha}_n},s_{\tilde{\beta}_n}))=\overset{n}{\underset{i=1}{\otimes}}\tilde{D}_i^{w_i} \tag{3.30}$$

注意 若对任意i，$w_i=\frac{1}{n}$，就是模糊语言几何距离(Fuzzy Language Normal Geometric Distance，FLNGD)算子；若对任意i，$u_i>u_{i+1}$，可以得到模糊语言加权几何距离(Fuzzy Language Weighted Geometric Distance，FLWGD)算子；若排序后u_i的位置与排序后的$\tilde{D}_i$位置相同，$\tilde{D}_i$是第i大的$|s_{\tilde{\alpha}_i}-s_{\tilde{\beta}_i}|^{w_i}$值，就可以得到模糊语言有序加权几何距离(Fuzzy Language Ordered Weighted Geometric Distance，FLOWGD)算子。

3.2.2 FPLOWA 算子与 FPLIOWA 算子

根据语言评估尺度及其运算规则，徐泽水[17]定义了一组新的纯语言算子，这些算子的集成结果采用扩展的语言尺度，虽然能够给出排序结果，但决策结果的具体含义很难让人理解。

在纯语言多属性群决策问题中，如何对语言值(模糊语言值)给出一种合理的集成算法，是研究的难点与重点，也是本节将要讨论的内容。在前人研究成果的基础上，本节对现有语言集成算子进行了扩展，提出了模糊纯语言有序加权平均(Fuzzy Pure Language Ordered Weighted Average，FPLOWA)算子和模糊纯语言诱导有序加权平均(Fuzzy Pure Language Induced Ordered Weighted Average，FPLIOWA)算子。这两种算子对属性权重用语言尺度进行表示，而属性值则采用模糊语言的形式来代替，利用三角模糊数及语言尺度的运算法则进行集成。集成运算后不但能够得到很好的排序结果，而且采用的决策方法让人更易于理解。

FPLOWA 算子是对 FLOWA 算子的直接扩展，它将 FLOWA 算子中的属性权重数据由实数改为了语言尺度。其定义如下。

在 FPLOWA 算子中加入诱导变量，则得到 FPLIOWA 算子。其定义如下。

定义 3.22[18] 设 $s_w=(s_{w_1},s_{w_2},\cdots,s_{w_n})$ 为语言尺度集，其中 $N=w_1+w_2+\cdots+w_n$，$(s_{\tilde{\alpha}_1},s_{\tilde{\alpha}_2},\cdots,s_{\tilde{\alpha}_n})$ 为模糊语言变量集，其中 w_i 为非负整数，$\tilde{\alpha}_i$ 为三角模糊数，$i\in(1,2,\cdots,n)$，$(u_1,s_{\tilde{\alpha}_1}),(u_2,s_{\tilde{\alpha}_2}),\cdots,(u_n,s_{\tilde{\alpha}_n})$ 为 n 个二维数组。若

$$\Phi_{\text{FPLIOWA}}((u_1,s_{\tilde{\alpha}_1}),(u_2,s_{\tilde{\alpha}_2}),\cdots,(u_n,s_{\tilde{\alpha}_n}))=\sum_{i=1}^{n}\frac{w_i}{N}\tilde{\beta}_i \tag{3.31}$$

其中，$s_{\frac{w}{N}}=\left(s_{\frac{w_1}{N}},s_{\frac{w_2}{N}},\cdots,s_{\frac{w_n}{N}}\right)$ 为语言尺度集 $s_w=(s_{w_1},s_{w_2},\cdots,s_{w_n})$ 归一化的结果；$(u_1,u_2,\cdots,u_n)$ 为诱导变量；$s_{\tilde{\beta}_i}$ 可以通过如下方式获得：首先对二维数组中的所有二元数据按照 u_i 的大小进行排序，然后取第 i 大的二元数据中的第二个元素为 $s_{\tilde{\beta}_i}$，则称 FPLIOWA 为模糊纯语言诱导有序加权平均算子。

定理 3.5（置换性） 设 $((u_1^*,s_{\tilde{\alpha}_1^*}),(u_2^*,s_{\tilde{\alpha}_2^*}),\cdots,(u_n^*,s_{\tilde{\alpha}_n^*}))$ 是二维数组 $((u_1,s_{\tilde{\alpha}_1}),(u_2,s_{\tilde{\alpha}_2}),\cdots,(u_n,s_{\tilde{\alpha}_n}))$ 的任一置换，则

$$\Phi_{\text{FPLIOWA}}((u_1^*,s_{\tilde{\alpha}_1^*}),(u_2^*,s_{\tilde{\alpha}_2^*}),\cdots,(u_n^*,s_{\tilde{\alpha}_n^*}))=\Phi_{\text{FPLIOWA}}((u_1,s_{\tilde{\alpha}_1}),(u_2,s_{\tilde{\alpha}_2}),\cdots,(u_n,s_{\tilde{\alpha}_n})) \tag{3.32}$$

证明 令

$$\Phi_{\text{FPLIOWA}}((u_1^*,s_{\tilde{\alpha}_1^*}),(u_2^*,s_{\tilde{\alpha}_2^*}),\cdots,(u_n^*,s_{\tilde{\alpha}_n^*}))=\sum_{i=1}^{n}\frac{w_i}{N}\tilde{\beta}_i^*$$

$$\Phi_{\text{FPLIOWA}}((u_1,s_{\tilde{\alpha}_1}),(u_2,s_{\tilde{\alpha}_2}),\cdots,(u_n,s_{\tilde{\alpha}_n}))=\sum_{i=1}^{n}\frac{w_i}{N}\tilde{\beta}_i$$

由于 $((u_1^*,s_{\tilde{\alpha}_1^*}),(u_2^*,s_{\tilde{\alpha}_2^*}),\cdots,(u_n^*,s_{\tilde{\alpha}_n^*}))$ 是 $((u_1,s_{\tilde{\alpha}_1}),(u_2,s_{\tilde{\alpha}_2}),\cdots,(u_n,s_{\tilde{\alpha}_n}))$ 的任一置换，且 $s_{\tilde{\beta}_i}=s_{\tilde{\beta}_i^*}$，则

$$\Phi_{\text{FPLIOWA}}(u_1^*,s_{\tilde{\alpha}_1^*}),(u_2^*,s_{\tilde{\alpha}_2^*}),\cdots,(u_n^*,s_{\tilde{\alpha}_n^*})=\Phi_{\text{FPLIOWA}}((u_1,s_{\tilde{\alpha}_1}),(u_2,s_{\tilde{\alpha}_2}),\cdots,(u_n,s_{\tilde{\alpha}_n}))$$

定理 3.6（幂等性） 对于任意 $i\in(1,2,\cdots,n)$，若 $\tilde{\alpha}_i=\tilde{\alpha}$，则

$$\Phi_{\text{FPLIOWA}}((u_1,s_{\tilde{\alpha}_1}),(u_2,s_{\tilde{\alpha}_2}),\cdots,(u_n,s_{\tilde{\alpha}_n}))=s_{\tilde{\alpha}} \tag{3.33}$$

证明 由于对任意 $i\in(1,2,\cdots,n)$，$\tilde{\alpha}_i=\tilde{\alpha}$，根据定义 3.22，$\tilde{\alpha}_i=\tilde{\alpha}$，则

$$\begin{aligned}&\Phi_{\text{FPLIOWA}}((u_1,s_{\tilde{\alpha}_1}),(u_2,s_{\tilde{\alpha}_2}),\cdots,(u_n,s_{\tilde{\alpha}_n}))\\&=s_{\frac{w_1}{N}}\odot s_{\tilde{\beta}_1}\oplus s_{\frac{w_2}{N}}\odot s_{\tilde{\beta}_2}\oplus\cdots\oplus s_{\frac{w_n}{N}}\odot s_{\tilde{\beta}_n}\\&=s_{\frac{w_1}{N}}\odot s_{\tilde{\alpha}}\oplus s_{\frac{w_2}{N}}\odot s_{\tilde{\alpha}}\oplus\cdots\oplus s_{\frac{w_n}{N}}\odot s_{\tilde{\alpha}}\\&=s_{\left(\frac{w_1+w_2+\cdots+w_n}{N}\right)\odot\tilde{\alpha}}=s_{\tilde{\alpha}}\end{aligned}$$

定理 3.7（单调性）　设 $((u_1,s_{\tilde{\alpha}_1}),(u_2,s_{\tilde{\alpha}_2}),\cdots,(u_n,s_{\tilde{\alpha}_n}))$ 和 $((u_1,s_{\tilde{\alpha}_1^*}),(u_2,s_{\tilde{\alpha}_2^*}),\cdots,(u_n,s_{\tilde{\alpha}_n^*}))$ 为两个二维数组，对任意 $i\in(1,2,\cdots,n)$，$\tilde{\alpha}\leqslant\tilde{\alpha}^*$，则

$$\begin{aligned}&\Phi_{\text{FPLIOWA}}((u_1,s_{\tilde{\alpha}_1}),(u_2,s_{\tilde{\alpha}_2}),\cdots,(u_n,s_{\tilde{\alpha}_n}))\\ \leqslant&\Phi_{\text{FPLIOWA}}((u_1,s_{\tilde{\alpha}_1^*}),(u_2,s_{\tilde{\alpha}_2^*}),\cdots,(u_n,s_{\tilde{\alpha}_n^*}))\end{aligned}\tag{3.34}$$

证明　由于对任意 $i\in(1,2,\cdots,n)$，$\tilde{\alpha}\leqslant\tilde{\alpha}^*$，$s_{\tilde{\alpha}_i}\leqslant s_{\tilde{\alpha}_i^*}$，令

$$\begin{aligned}&\Phi_{\text{FPLIOWA}}((u_1,s_{\tilde{\alpha}_1}),(u_2,s_{\tilde{\alpha}_2}),\cdots,(u_n,s_{\tilde{\alpha}_n}))\\ =&s_{\frac{w_1}{N}}\odot s_{\tilde{\beta}_1}\oplus s_{\frac{w_2}{N}}\odot s_{\tilde{\beta}_2}\oplus\cdots\oplus s_{\frac{w_n}{N}}\odot s_{\tilde{\beta}_n}=s_{\tilde{\beta}}\end{aligned}$$

$$\begin{aligned}&\Phi_{\text{FPLIOWA}}((u_1,s_{\tilde{\alpha}_1^*}),(u_2,s_{\tilde{\alpha}_2^*}),\cdots,(u_n,s_{\tilde{\alpha}_n^*}))\\ =&s_{\frac{w_1}{N}}\odot s_{\tilde{\beta}_1^*}\oplus s_{\frac{w_2}{N}}\odot s_{\tilde{\beta}_2^*}\oplus\cdots\oplus s_{\frac{w_n}{N}}\odot s_{\tilde{\beta}_n^*}=s_{\tilde{\beta}^*}\end{aligned}$$

其中，$\tilde{\beta}^*=\sum_{i=1}^{n}\frac{w_i}{N}\beta_i^*$；$\tilde{\beta}=\sum_{i=1}^{n}\frac{w_i}{N}\beta_i$。由于 $(s_{\tilde{\beta}_1},s_{\tilde{\beta}_2},\cdots,s_{\tilde{\beta}_n})$ 为 $(s_{\tilde{\alpha}_1},s_{\tilde{\alpha}_2},\cdots,s_{\tilde{\alpha}_n})$ 的一个置换，$(s_{\tilde{\beta}_1^*},s_{\tilde{\beta}_2^*},\cdots,s_{\tilde{\beta}_n^*})$ 为 $(s_{\tilde{\alpha}_1^*},s_{\tilde{\alpha}_2^*},\cdots,s_{\tilde{\alpha}_n^*})$ 的一个置换，则对任意 $i\in(1,2,\cdots,n)$，$s_{\tilde{\beta}_i}\leqslant s_{\tilde{\beta}_i^*}$，即

$$\Phi_{\text{FPLIOWA}}((u_1,s_{\tilde{\alpha}_1}),(u_2,s_{\tilde{\alpha}_2}),\cdots,(u_n,s_{\tilde{\alpha}_n}))\leqslant\Phi_{\text{FPLIOWA}}((u_1,s_{\tilde{\alpha}_1^*}),(u_2,s_{\tilde{\alpha}_2^*}),\cdots,(u_n,s_{\tilde{\alpha}_n^*}))$$

定理 3.8（有界性）　设 $s_{\tilde{a}}=\operatorname*{Min}_i\{s_{\tilde{\alpha}_1},s_{\tilde{\alpha}_2},\cdots,s_{\tilde{\alpha}_n}\}$，$s_{\tilde{b}}=\operatorname*{Max}_i\{s_{\tilde{\alpha}_1},s_{\tilde{\alpha}_2},\cdots,s_{\tilde{\alpha}_n}\}$，则

$$s_{\tilde{a}}\leqslant\Phi_{\text{FPLIOWA}}((u_1,s_{\tilde{\alpha}_1}),(u_2,s_{\tilde{\alpha}_2}),\cdots,(u_n,s_{\tilde{\alpha}_n}))\leqslant s_{\tilde{b}}\tag{3.35}$$

证明　由于 $s_{\tilde{a}}\leqslant s_{\tilde{\alpha}_i}\leqslant s_{\tilde{b}}$，则

$$\begin{aligned}&\Phi_{\text{FPLIOWA}}((u_1,s_{\tilde{\alpha}_1}),(u_2,s_{\tilde{\alpha}_2}),\cdots,(u_n,s_{\tilde{\alpha}_n}))\\ =&s_{\frac{w_1}{N}}\odot s_{\tilde{\beta}_1}\oplus s_{\frac{w_2}{N}}\odot s_{\tilde{\beta}_2}\oplus\cdots\oplus s_{\frac{w_n}{N}}\odot s_{\tilde{\beta}_n}\\ \geqslant&s_{\frac{w_1}{N}}\odot s_{\tilde{a}}\oplus s_{\frac{w_2}{N}}\odot s_{\tilde{a}}\oplus\cdots\oplus s_{\frac{w_n}{N}}\odot s_{\tilde{a}}\\ =&s_{\left(\frac{w_1+w_2+\cdots+w_n}{N}\right)\odot\tilde{a}}=s_{\tilde{a}}\end{aligned}$$

$$\begin{aligned}&\Phi_{\text{FPLIOWA}}((u_1,s_{\tilde{\alpha}_1}),(u_2,s_{\tilde{\alpha}_2}),\cdots,(u_n,s_{\tilde{\alpha}_n}))\\ =&s_{\frac{w_1}{N}}\odot s_{\tilde{\beta}_1}\oplus s_{\frac{w_2}{N}}\odot s_{\tilde{\beta}_2}\oplus\cdots\oplus s_{\frac{w_n}{N}}\odot s_{\tilde{\beta}_n}\\ \leqslant&s_{\frac{w_1}{N}}\odot s_{\tilde{b}}\oplus s_{\frac{w_2}{N}}\odot s_{\tilde{b}}\oplus\cdots\oplus s_{\frac{w_n}{N}}\odot s_{\tilde{b}}\\ =&s_{\left(\frac{w_1+w_2+\cdots+w_n}{N}\right)\odot b}=s_{s_{\tilde{b}}}\end{aligned}$$

因此可得

$$s_{\tilde{a}} \leqslant \Phi_{\text{FPLIOWA}}((u_1, s_{\tilde{\alpha}_1}),(u_2, s_{\tilde{\alpha}_2}),\cdots,(u_n, s_{\tilde{\alpha}_n})) \leqslant s_{\tilde{b}}$$

在 FPLIOWA 算子中，当诱导变量 $u_1 > u_2 > \cdots > u_n$ 时，FPLIOWA 算子退化为 FPLOWA 算子。其定义如下。

定义 3.23[18]　设 $s_w = (s_{w_1}, s_{w_2}, \cdots, s_{w_n})$ 为语言尺度集表示的权重向量，$N = w_1 + w_2 + \cdots + w_n$，$(s_{\tilde{\alpha}_1}, s_{\tilde{\alpha}_2}, \cdots, s_{\tilde{\alpha}_n})$ 为模糊语言变量集，其中 w_i 为非负整数，$\tilde{\alpha}_i$ 为三角模糊数，$i \in (1,2,\cdots,n)$。若

$$\Phi_{\text{FPLOWA}}(s_{\tilde{\alpha}_1}, s_{\tilde{\alpha}_2}, \cdots, s_{\tilde{\alpha}_n}) = s_{\frac{w_1}{N}} \odot s_{\tilde{\beta}_1} \oplus s_{\frac{w_2}{N}} \odot s_{\tilde{\beta}_2} \oplus \cdots \oplus s_{\frac{w_n}{N}} \odot s_{\tilde{\beta}_n} \tag{3.36}$$

其中，$s_{\frac{w}{N}} = \left(s_{\frac{w_1}{N}}, s_{\frac{w_2}{N}}, \cdots, s_{\frac{w_n}{N}} \right)$ 为语言尺度集 $s_w = (s_{w_1}, s_{w_2}, \cdots, s_{w_n})$ 归一化的结果；$s_{\tilde{\beta}_i}$ 为模糊语言变量集 $(s_{\tilde{\alpha}_1}, s_{\tilde{\alpha}_2}, \cdots, s_{\tilde{\alpha}_n})$ 中第 i 大的元素，则称 FPLOWA 为模糊纯语言有序加权平均算子。

类似地，FPLOWA 算子具有以下基本性质[18]。

定理 3.9（置换性）　设 $(s_{\tilde{\alpha}_1^*}, s_{\tilde{\alpha}_2^*}, \cdots, s_{\tilde{\alpha}_n^*})$ 为模糊语言变量集 $(s_{\tilde{\alpha}_1}, s_{\tilde{\alpha}_2}, \cdots, s_{\tilde{\alpha}_n})$ 的任一置换，则

$$\Phi_{\text{FPLOWA}}(s_{\tilde{\alpha}_1^*}, s_{\tilde{\alpha}_2^*}, \cdots, s_{\tilde{\alpha}_n^*}) = \Phi_{\text{FPLOWA}}(s_{\tilde{\alpha}_1}, s_{\tilde{\alpha}_2}, \cdots, s_{\tilde{\alpha}_n}) \tag{3.37}$$

定理 3.10（幂等性）　对于任意 $i \in (1,2,\cdots,n)$，若 $\tilde{\alpha}_i = \tilde{\alpha}$，则

$$\Phi_{\text{FPLOWA}}(s_{\tilde{\alpha}_1}, s_{\tilde{\alpha}_2}, \cdots, s_{\tilde{\alpha}_n}) = s_{\tilde{\alpha}} \tag{3.38}$$

定理 3.11（单调性）　设两个模糊语言变量集 $(s_{\tilde{\alpha}_1}, s_{\tilde{\alpha}_2}, \cdots, s_{\tilde{\alpha}_n})$ 和 $(s_{\tilde{\alpha}_1^*}, s_{\tilde{\alpha}_2^*}, \cdots, s_{\tilde{\alpha}_n^*})$ 对任意 $i \in (1,2,\cdots,n)$，$\tilde{\alpha} \leqslant \tilde{\alpha}^*$，则

$$\Phi_{\text{FPLOWA}}(s_{\tilde{\alpha}_1}, s_{\tilde{\alpha}_2}, \cdots, s_{\tilde{\alpha}_n}) \leqslant \Phi_{\text{FPLOWA}}(s_{\tilde{\alpha}_1^*}, s_{\tilde{\alpha}_2^*}, \cdots, s_{\tilde{\alpha}_n^*}) \tag{3.39}$$

定理 3.12（有界性）　设 $s_{\tilde{a}} = \underset{i}{\text{Min}}\left\{s_{\tilde{\alpha}_1}, s_{\tilde{\alpha}_2}, \cdots, s_{\tilde{\alpha}_n}\right\}$，$s_{\tilde{b}} = \underset{i}{\text{Max}}\left\{s_{\tilde{\alpha}_1}, s_{\tilde{\alpha}_2}, \cdots, s_{\tilde{\alpha}_n}\right\}$，则

$$s_{\tilde{a}} \leqslant \Phi_{\text{FPLOWA}}(s_{\tilde{\alpha}_1}, s_{\tilde{\alpha}_2}, \cdots, s_{\tilde{\alpha}_n}) \leqslant s_{\tilde{b}} \tag{3.40}$$

3.2.3　决策算法与案例分析

接下来介绍基于 FPLIOWA 算子的模糊纯语言多属性群决策方法。首先需要给出一个语言尺度集作为决策者的参考准则：$\tilde{S} = \{s_{\tilde{9}} =$ 极好$, s_{\tilde{8}} =$ 很好$, s_{\tilde{7}} =$ 好$, s_{\tilde{6}} =$ 较好$, s_{\tilde{5}} =$ 一般$, s_{\tilde{4}} =$ 较差$, s_{\tilde{3}} =$ 差$, s_{\tilde{2}} =$ 很差$, s_{\tilde{1}} =$ 极差$\}$，其对应的三角模糊数表达形式为

极好$= s_{(0.8,0.9,1)}$，　很好$= s_{(0.7,0.8,0.9)}$，　好$= s_{(0.6,0.7,0.8)}$

较好$= s_{(0.5,0.6,0.7)}$，　一般$= s_{(0.4,0.5,0.6)}$，　较差$= s_{(0.3,0.4,0.5)}$

差$= s_{(0.2,0.3,0.4)}$，　很差$= s_{(0.1,0.2,0.3)}$，　极差$= s_{(0,0.1,0.2)}$

第一步：设 X 为方案集，C 为属性集, D 为决策者集，$U=(u_1,u_2,\cdots,u_m)$ 为诱导变量集合。构建决策矩阵 $\tilde{R}_k=(\tilde{r}_{ij}^{(k)})_{n\times m}\in S$，其中 $\tilde{r}_{ij}^{(k)}\in S$ 是决策者 $d_k\in D$ $(k=1,2,3,\cdots,t)$ 给出的方案 $x_i\in X$ $(i=1,2,\cdots,n)$ 在其属性 $c_j\in C$ $(j=1,2,\cdots,m)$ 下的语言评估值，$u_v\in U(v=1,2,\cdots,m)$ 为诱导变量。

第二步：利用 FPLIOWA 算子对决策矩阵 $\tilde{R}_k$ 中的第 i 行语言评估信息进行集成，得到决策者 d_k 对方案 x_i 的综合属性评估值 $z_i^{(k)}(W)$：

$$z_i^{(k)}(W)=\varPhi_{\text{FPLIOWA}}((u_1,\tilde{r}_{i1}^{(k)}),(u_2,\tilde{r}_{i2}^{(k)}),\cdots,(u_m,\tilde{r}_{im}^{(k)}))$$

其中，$z_i^{(k)}(W)\in S$，$W=(w_1,w_2,\cdots,w_m)^{\mathrm{T}}$ 为对方案 x_i 中按照诱导变量大小排序后的属性值加权向量。

第三步：利用 FPLIOWA 算子对每位决策者给出的方案 x_i 的综合属性评估值 $z_i^{(k)}(W)$ 进行集成，得到方案 x_i 的群体综合属性评估值 $z_i(W')$ $(i=1,2,\cdots,n)$：

$$z_i(W')=\varPhi_{\text{FPLIOWA}}((u_1',z_i^{(1)}(W)),(u_2',z_i^{(2)}(W)),\cdots,(u_t',z_i^{(t)}(W)))$$

其中，$z_i^{(k)}(W)\in S$，$W=(w_1,w_2,\cdots,w_m)^{\mathrm{T}}$ 是各位决策者的加权向量；$(u_1,u_2,\cdots,u_n)$ 是针对各位决策者的诱导变量。

第四步：利用 $z_i(W')$ 对各方案进行择优排序。

第五步：结束。

接下来用投资问题进行说明。

例 3.2　现有三位决策者：决策者 d_1 为领导干部出身，比较看重企业的管理能力（c_1）；决策者 d_2 是技术出身，比较看重企业的技术能力（c_4）；决策者 d_3 是财务出身，比较看重企业的资金能力（c_5）。令 (No.1, No.2, No.3, No.4, No.5) 为诱导变量集，其中 No.1 > No.2 > No.3 > No.4 > No.5。三位决策者给出的决策矩阵列在表 3.1～表 3.3 中。

表 3.1　决策者 d_1 给出的决策矩阵 $\tilde{R}_1$

备选企业	c_1	c_2	c_3	c_4	c_5
x_1	(No.3，较好)	(No.1，很好)	(No.4，很好)	(No.2，一般)	(No.5，较好)
x_2	(No.3，很好)	(No.1，好)	(No.4，一般)	(No.2，好)	(No.5，很好)
x_3	(No.3，好)	(No.1，好)	(No.4，很好)	(No.2，较好)	(No.5，极好)
x_4	(No.3，好)	(No.1，好)	(No.4，很好)	(No.2，较好)	(No.5，很好)

表 3.2　决策者 d_2 给出的决策矩阵 $\tilde{R}_2$

备选企业	c_1	c_2	c_3	c_4	c_5
x_1	(No.4，较好)	(No.2，好)	(No.5，很好)	(No.1，一般)	(No.3，好)
x_2	(No.4，一般)	(No.2，较好)	(No.5，一般)	(No.1，较好)	(No.3，好)

续表

备选企业	c_1	c_2	c_3	c_4	c_5
x_3	(No.4，很好)	(No.2，较好)	(No.5，好)	(No.1，好)	(No.3，极好)
x_4	(No.4，一般)	(No.2，较好)	(No.5，一般)	(No.1，较好)	(No.3，一般)

表 3.3　决策者 d_3 给出的决策矩阵 $\tilde{R}_3$

备选企业	c_1	c_2	c_3	c_4	c_5
x_1	(No.4，一般)	(No.2，好)	(No.5，好)	(No.3，较好)	(No.1，很好)
x_2	(No.4，好)	(No.2，较好)	(No.5，极好)	(No.3，好)	(No.1，一般)
x_3	(No.4，好)	(No.2，较好)	(No.5，好)	(No.3，好)	(No.1，好)
x_4	(No.4，一般)	(No.2，较好)	(No.5，较差)	(No.3，较好)	(No.1，一般)

下面利用本节介绍的决策方法来确定最佳企业。

第一步：设 $W=(s_7,s_8,s_4,s_6,s_5)$，先求出决策者 d_1 对各方案的综合属性评估信息值。对 $\tilde{r}_{1j}^{(1)}$ 按照诱导变量的大小进行排序，排序结果为

$$(\text{No.1,很好})>(\text{No.2,一般})>(\text{No.3,较好})>(\text{No.4,很好})>(\text{No.5,较好})$$

由本节所给的语言尺度可知：与 $\tilde{r}_{1j}^{(1)}(j=1,2,3,4,5)$ 对应的三角模糊数表达形式分别为 $\tilde{r}_{11}^{(1)}=s_{(0.5,0.6,0.7)}$，$\tilde{r}_{12}^{(1)}=s_{(0.7,0.8,0.9)}$，$\tilde{r}_{13}^{(1)}=s_{(0.7,0.8,0.9)}$，$\tilde{r}_{14}^{(1)}=s_{(0.4,0.5,0.6)}$，$\tilde{r}_{15}^{(1)}=\ s_{(0.5,0.6,0.7)}$，因此利用 FPLIOWA 算子，可得决策者 d_1 对方案 x_1 的综合属性评估值为 $z_1^{(1)}(W)$：$z_1^{(1)}(W)=\Phi_{\text{FPLIOWA}}((u_1,\tilde{r}_{11}^{(1)}),(u_2,\tilde{r}_{12}^{(1)}),\cdots,(u_5,\tilde{r}_{15}^{(1)}))=s_{(0.56,0.66,0.76)}$。

类似地，可得 $z_2^{(1)}(W)=s_{(0.61,071,081)},z_3^{(1)}(W)=s_{(0.63,073,0.83)},z_4^{(1)}(W)=s_{(0.56,0.66,076)}$。

对于决策者 d_2 和 d_3，有

$$z_1^{(2)}(W)=s_{(0.55,0.65,0.75)},\quad z_2^{(2)}(W)=s_{(0.44,0.54,0.64)},\quad z_3^{(2)}(W)=s_{(0.62,0.72,0.82)}$$
$$z_4^{(2)}(W)=s_{(0.45,0.55,0.65)},\quad z_1^{(3)}(W)=s_{(0.57,0.67,0.77)},\quad z_2^{(3)}(W)=s_{(0.56,0.66,0.76)}$$
$$z_3^{(3)}(W)=s_{(0.57,0.67,0.77)},\quad z_4^{(3)}(W)=s_{(0.42,0.52,0.62)}$$

第二步：假设 $W'=(s_3,s_5,s_2)$，利用 FPLIOWA 算子把 3 个决策者所得到的方案 x_i 的综合属性评估值 $z_i^{(k)}(W)$ 进行集成，可得到方案 x_i 的群体综合属性评估值 $z_i(W')(i=1,2,3,4)$：

$$z_1(W')=\Phi_{\text{FPLIOWA}}(z_i^{(1)}(W),z_i^{(2)}(W),z_i^{(3)}(W))=s_{(0.56,0.66,0.76)}$$
$$z_2(W')=\Phi_{\text{FPLIOWA}}(z_i^{(1)}(W),z_i^{(2)}(W),z_i^{(3)}(W))=s_{(0.58,0.68,0.78)}$$
$$z_3(W')=\Phi_{\text{FPLIOWA}}(z_i^{(1)}(W),z_i^{(2)}(W),z_i^{(3)}(W))=s_{(0.62,0.72,0.82)}$$
$$z_4(W')=\Phi_{\text{FPLIOWA}}(z_i^{(1)}(W),z_i^{(2)}(W),z_i^{(3)}(W))=s_{(0.48,0.58,0.68)}$$

第三步：利用 $z_i(W')(i=1,2,3,4)$ 对所有备选方案进行排序，得

$$x_3 > x_2 > x_1 > x_4$$

第四步： 结束。

将决策矩阵中的偏好信息去除，用基于 FPLOWA 算子的模糊纯语言多属性群决策方法得到方案排序如下：

$$x_3 > x_2 > x_1 > x_4$$

通过以上例子可以看出，FPLIOWA 算子可以得到较好的排序结果。相对于 EOWA 算子、FLOWA 算子和 FPLOWA 算子而言，FPLIOWA 算子加入了诱导变量，扩展了应用范围。

3.3　直觉模糊语言信息集成方法

在某些决策问题中，语言信息不能用确定的语言或模糊语言描述，应用直觉模糊语言变量比单纯的语言变量表示不确定信息更具优势[8,19,20]。为了减少语言或者模糊语言的局限性，我们引入了直觉模糊语言变量，然后提出了直觉模糊语言诱导有序加权平均(Intuitionistic Fuzzy Language Induced Ordered Weighted Average，IFLIOWA)算子和直觉模糊语言诱导有序加权几何平均(Intuitionistic Fuzzy Language Induced Ordered Weighted Geometric Average，IFLIOWGA)算子。

3.3.1　IFLIOWA 算子与 IFLIOWGA 算子

尽管模糊语言方法适用于处理单一或简单的模糊语言决策信息，决策问题的非定性使得专家意见的表述存在一定的模糊性，所以不确定性仍然存在。例如，由于决策环境的复杂性，迫于时间压力，对相关领域缺乏足够的数据和知识，决策者可能对备选对象的某一属性不完全了解。这时，相比模糊语言变量，使用直觉模糊语言变量描述不确定信息更具有优势。在廖虎昌[21]研究成果的启发下，Xian 等[22]提出 IFLIOWA 算子和 IFLIOWGA 算子。

不失一般性，我们以 IFLIOWA 算子集成直觉三角模糊语言变量为例。

定义 3.24[22]　设 $\hat{S}$ 是直觉模糊语言变量集，$\tilde{s}_i=([s_{\alpha_i},s_{\beta_i},s_{\gamma_i}];\mu_{s_i},\nu_{s_i})\in\hat{S}$ $(i=1,2,\cdots,n)$，$\varPhi_{\text{IFLIOWA}}:\hat{S}^n\times R^n\to\hat{S}$，其加权向量为 $W=(w_1,w_2,\cdots,w_n)^{\mathrm{T}}$，$w_i\in[0,1]$ $(i=1,2,\cdots,n)$，$\sum_{i=1}^{n}w_i=1$，若

$$\varPhi_{\text{IFLIOWA}}((u_1,\tilde{s}_1),(u_2,\tilde{s}_2),\cdots,(u_n,\tilde{s}_n))={}_{\text{IF}}\bigoplus_{i=1}^{n}(w_i\odot\tilde{s}_{\sigma(i)}) \tag{3.41}$$

其中，$\sigma:(1,2,\cdots,n)\to(1,2,\cdots,n)$ 是一个使 $u_{\sigma(i)}\geqslant u_{\sigma(i+1)}(i=1,2,\cdots,n-1)$ 恒成立的转置，

也就是说，$\sigma(i)$ 是集合 $\{u_1,u_2,\cdots,u_n\}$ 中第 i 大元素所对应的下标，则称 Φ_{IFLIOWA} 为 IFLIOWA 算子。

接下来，介绍 IFLIOWA 算子的重要结论[22]。

定理 3.13 设 $(u_i,\tilde{s}_i)(i=1,2,\cdots,n)$ 是一组 IFLIOWA 对，$\tilde{s}_i=([s_{\alpha_i},s_{\beta_i},s_{\gamma_i}];\mu_{s_i},\nu_{s_i})$ 是 ITFLV，那么 Φ_{IFLIOWA} 的集成结果仍为 ITFLV：

$$\begin{aligned}&\Phi_{\text{IFLIOWA}}\left((u_1,\tilde{s}_1),(u_2,\tilde{s}_2),\cdots,(u_n,\tilde{s}_n)\right)\\&=_{\text{IF}}\mathop{\oplus}_{i=1}^{n}\left(w_i\odot\tilde{s}_{\sigma(i)}\right)\\&=_{\text{IF}}\left(\left[s_{\sum_{i=1}^{n}w_i\alpha_{\sigma(i)}},s_{\sum_{i=1}^{n}w_i\beta_{\sigma(i)}},s_{\sum_{i=1}^{n}w_i\gamma_{\sigma(i)}}\right];1-\prod_{i=1}^{n}(1-\mu_{s_{\sigma(i)}})^{w_i},\prod_{i=1}^{n}\nu_{s_{\sigma(i)}}^{w_i}\right)\end{aligned}\tag{3.42}$$

其中，$\tilde{s}_{\sigma(i)}=([s_{\alpha_{\sigma(i)}},s_{\beta_{\sigma(i)}},s_{\gamma_{\sigma(i)}}];\mu_{s_{\sigma(i)}},\nu_{s_{\sigma(i)}})$。

证明 采用数学归纳法证明如下。

当 $n=2$ 时，因为 $\tilde{s}_1=([s_{\alpha_1},s_{\beta_1},s_{\gamma_1}];\mu_{s_1},\nu_{s_1})$，$\tilde{s}_2=([s_{\alpha_2},s_{\beta_2},s_{\gamma_2}];\mu_{s_2},\nu_{s_2})$，所以

$$w_1\odot\tilde{s}_1\oplus w_2\odot\tilde{s}_2=_{\text{IF}}\left([s_{w_1\alpha_1+w_2\alpha_2},s_{w_1\beta_1+w_2\beta_2},s_{w_1\gamma_1+w_2\gamma_2}];1-\prod_{i=1}^{2}(1-\mu_{s_{\sigma(i)}})^{w_i},\prod_{i=1}^{2}\nu_{s_{\sigma(i)}}^{w_i}\right)$$

假设当 $n=k(k\in N)$ 时式(3.41)成立，也就是

$$\sum_{i=1}^{k}w_i\odot\tilde{s}_i=_{\text{IF}}\left(\left[s_{\sum_{i=1}^{k}w_i\alpha_{\sigma(i)}},s_{\sum_{i=1}^{k}w_i\beta_{\sigma(i)}},s_{\sum_{i=1}^{k}w_i\gamma_{\sigma(i)}}\right];1-\prod_{i=1}^{k}(1-\mu_{s_{\sigma(i)}})^{w_i},\prod_{i=1}^{k}\nu_{s_{\sigma(i)}}^{w_i}\right)$$

当 $n=k+1$ 时，根据定义 3.24 中的运算法则，得

$$\begin{aligned}\sum_{i=1}^{k+1}w_i\odot\tilde{s}_i&=_{\text{IF}}\left(\left[s_{\sum_{i=1}^{k}w_i\alpha_{\sigma(i)}},s_{\sum_{i=1}^{k}w_i\beta_{\sigma(i)}},s_{\sum_{i=1}^{k}w_i\gamma_{\sigma(i)}}\right];1-\prod_{i=1}^{k}(1-\mu_{s_{\sigma(i)}})^{w_i},\prod_{i=1}^{k}\nu_{s_{\sigma(i)}}^{w_i}\right)\\&\quad\oplus\left([s_{w_{k+1}\alpha_{k+1}},s_{w_{k+1}\beta_{k+1}},s_{w_{k+1}\gamma_{k+1}}];1-(1-\mu_{s_{\sigma(k+1)}})^{w_{k+1}},\nu_{s_{\sigma(k+1)}}^{w_{k+1}}\right)\\&=_{\text{IF}}\left(\left[s_{\sum_{i=1}^{k+1}w_i\alpha_{\sigma(i)}},s_{\sum_{i=1}^{k+1}w_i\beta_{\sigma(i)}},s_{\sum_{i=1}^{k+1}w_i\gamma_{\sigma(i)}}\right];1-\prod_{i=1}^{k+1}(1-\mu_{s_{\sigma(i)}})^{w_i},\prod_{i=1}^{k+1}\nu_{s_{\sigma(i)}}^{w_i}\right)\end{aligned}$$

即当 $n=k+1$ 时，式(3.42)成立。

下面给出一个集成 IFLIOWA 算子的例子。

例 3.3 设一组 IFLIOWA 对为 $(u_1,\tilde{s}_1)=(0.2,([s_2,s_4,s_5];0.6,0.3))$，$(u_2,\tilde{s}_2)=(0.5,$

$([s_0,s_2,s_3];0.8,0.1))$, $(u_3,\tilde{s}_3)=(0.7,([s_4,s_6,s_8];0.7,0.2))$, $(u_4,\tilde{s}_4)=(0.3,([s_5,s_6,s_8];0.5,0.4))$, $(u_5,\tilde{s}_5)=(0.8,([s_3,s_5,s_6];0.3,0.6))$，其加权向量$W=(0.10,0.25,0.30,0.25,0.10)^{\mathrm{T}}$，得

$$\begin{aligned}&\Phi_{\text{IFLIOWA}}((u_1,\tilde{s}_1),(u_2,\tilde{s}_2),\cdots,(u_5,\tilde{s}_5))\\&=_{\text{IF}}0.1\odot\tilde{s}_5\oplus0.25\odot\tilde{s}_3\oplus0.3\odot\tilde{s}_2\oplus0.25\odot\tilde{s}_4\oplus0.1\odot\tilde{s}_1\\&=_{\text{IF}}\left(\left[s_{\sum_{i=1}^{5}w_i\alpha_{\sigma(i)}},s_{\sum_{i=1}^{5}w_i\beta_{\sigma(i)}},s_{\sum_{i=1}^{5}w_i\gamma_{\sigma(i)}}\right];1-\prod_{i=1}^{5}(1-\mu_{s_{\sigma(i)}})^{w_i},\prod_{i=1}^{5}\nu_{s_{\sigma(i)}}^{w_i}\right)\\&=_{\text{IF}}([s_{2.75},s_{4.5},s_6];0.6720,0.2169)\end{aligned}$$

IFLIOWA 算子具有以下性质[22]。

定理 3.14（交换性）　若$((u_1^*,\tilde{s}_1^*),(u_2^*,\tilde{s}_2^*),\cdots,(u_n^*,\tilde{s}_n^*))$是直觉模糊语言向量$((u_1,\tilde{s}_1),(u_2,\tilde{s}_2),\cdots,(u_n,\tilde{s}_n))$的任意转置，那么

$$\Phi_{\text{IFLIOWA}}((u_1^*,\tilde{s}_1^*),(u_2^*,\tilde{s}_2^*),\cdots,(u_n^*,\tilde{s}_n^*))=_{\text{IF}}\Phi_{\text{IFLIOWA}}((u_1,\tilde{s}_1),(u_2,\tilde{s}_2),\cdots,(u_n,\tilde{s}_n))\tag{3.43}$$

证明　因为

$$\Phi_{\text{IFLIOWA}}((u_1^*,\tilde{s}_1^*),(u_2^*,\tilde{s}_2^*),\cdots,(u_n^*,\tilde{s}_n^*))=_{\text{IF}}\bigoplus_{i=1}^{n}(w_i\odot\tilde{s}_{\sigma(i)}^*)$$

$$\Phi_{\text{IFLIOWA}}((u_1,\tilde{s}_1),(u_2,\tilde{s}_2),\cdots,(u_n,\tilde{s}_n))=_{\text{IF}}\bigoplus_{i=1}^{n}(w_i\odot\tilde{s}_{\sigma(i)})$$

且$((u_1^*,\tilde{s}_1^*),(u_2^*,\tilde{s}_2^*),\cdots,(u_n^*,\tilde{s}_n^*))$是直觉模糊语言向量$((u_1,\tilde{s}_1),(u_2,\tilde{s}_2),\cdots,(u_n,\tilde{s}_n))$的任意转置，故对任意的$i$, $\tilde{s}_{\sigma(i)}^*=_{\text{IF}}\tilde{s}_{\sigma(i)}$，所以

$$\Phi_{\text{IFLIOWA}}((u_1^*,\tilde{s}_1^*),(u_2^*,\tilde{s}_2^*),\cdots,(u_n^*,\tilde{s}_n^*))=_{\text{IF}}\Phi_{\text{IFLIOWA}}((u_1,\tilde{s}_1),(u_2,\tilde{s}_2),\cdots,(u_n,\tilde{s}_n))$$

定理 3.15（幂等性）　若$\tilde{s}_i,\tilde{s}\in\tilde{S}$, 且对任意的$i$, $\tilde{s}_i=\tilde{s}(i=1,2,\cdots,n)$恒成立，其中$\tilde{s}=([s_\alpha,s_\beta,s_\gamma];\mu_s,\nu_s)$, 那么

$$\Phi_{\text{IFLIOWA}}((u_1,\tilde{s}_1),(u_2,\tilde{s}_2),\cdots,(u_n,\tilde{s}_n))=_{\text{IF}}\tilde{s}\tag{3.44}$$

证明　已知对任意的i, $\tilde{s}_i=\tilde{s}(i=1,2,\cdots,n)$，有

$$\begin{aligned}\Phi_{\text{IFLIOWA}}((u_1,\tilde{s}_1),(u_2,\tilde{s}_2),\cdots,(u_n,\tilde{s}_n))&=_{\text{IF}}w_1\odot\tilde{s}_1\oplus w_2\odot\tilde{s}_2\oplus\cdots\oplus w_n\odot\tilde{s}_n\\&=_{\text{IF}}w_1\odot\tilde{s}\oplus w_2\odot\tilde{s}\oplus\cdots\oplus w_n\odot\tilde{s}\\&=_{\text{IF}}(w_1+w_2+\cdots+w_n)\odot\tilde{s}\end{aligned}$$

通过定理 3.13 和$\sum_{i=1}^{n}w_i=1$，得

$$(w_1+w_2+\cdots+w_n)\odot\tilde{s}=_{\mathrm{IF}}\left(\left[s_{\sum_{i=1}^{n}w_i\alpha},s_{\sum_{i=1}^{n}w_i\beta},s_{\sum_{i=1}^{n}w_i\gamma}\right];1-\prod_{i=1}^{n}(1-\mu_s)^{w_i},\prod_{i=1}^{n}\nu_s^{w_i}\right)$$

$$=_{\mathrm{IF}}\left(\left[s_\alpha,s_\beta,s_\gamma\right];1-(1-\mu_s)^{\sum_{i=1}^{n}w_i},\nu_s^{\sum_{i=1}^{n}w_i}\right)$$

$$=_{\mathrm{IF}}\left(\left[s_\alpha,s_\beta,s_\gamma\right];\mu_s,\nu_s\right)=_{\mathrm{IF}}\tilde{s}$$

综上，$\Phi_{\mathrm{IFLIOWA}}\left((u_1,\tilde{s}_1),(u_2,\tilde{s}_2),\cdots,(u_n,\tilde{s}_n)\right)=_{\mathrm{IF}}\tilde{s}$ 成立。

定理 3.16（单调性） 设 $((u_1^*,\tilde{s}_1^*),(u_2^*,\tilde{s}_2^*),\cdots,(u_n^*,\tilde{s}_n^*))$ 和 $((u_1,\tilde{s}_1),(u_2,\tilde{s}_2),\cdots,(u_n,\tilde{s}_n))$ 是任意两组直觉模糊语言变量，如果对任意的 i, $\tilde{s}_i^*\prec\tilde{s}_i\,(i=1,2,\cdots,n)$ 恒成立，那么

$$\Phi_{\mathrm{IFLIOWA}}((u_1^*,\tilde{s}_1^*),(u_2^*,\tilde{s}_2^*),\cdots,(u_n^*,\tilde{s}_n^*))\prec\Phi_{\mathrm{IFLIOWA}}((u_1,\tilde{s}_1),(u_2,\tilde{s}_2),\cdots,(u_n,\tilde{s}_n))\tag{3.45}$$

证明 已知

$$\Phi_{\mathrm{IFLIOWA}}((u_1^*,\tilde{s}_1^*),(u_2^*,\tilde{s}_2^*),\cdots,(u_n^*,\tilde{s}_n^*))=_{\mathrm{IF}}\bigoplus_{i=1}^{n}(w_i\odot\tilde{s}_{\sigma(i)}^*)$$

$$\Phi_{\mathrm{IFLIOWA}}((u_1,\tilde{s}_1),(u_2,\tilde{s}_2),\cdots,(u_n,\tilde{s}_n))=_{\mathrm{IF}}\bigoplus_{i=1}^{n}(w_i\odot\tilde{s}_{\sigma(i)})$$

且对任意的 i, $\tilde{s}_i^*\prec\tilde{s}_i\,(i=1,2,\cdots,n)$，所以

$$\Phi_{\mathrm{IFLIOWA}}((u_1^*,\tilde{s}_1^*),(u_2^*,\tilde{s}_2^*),\cdots,(u_n^*,\tilde{s}_n^*))\prec\Phi_{\mathrm{IFLIOWA}}((u_1,\tilde{s}_1),(u_2,\tilde{s}_2),\cdots,(u_n,\tilde{s}_n))$$

定理 3.17（有界性） 设 $\tilde{s}_m=_{\mathrm{IF}}\mathrm{Min}\{\tilde{s}_1,\tilde{s}_2,\cdots,\tilde{s}_n\}$，$\tilde{s}_M=_{\mathrm{IF}}\mathrm{Max}\{\tilde{s}_1,\tilde{s}_2,\cdots,\tilde{s}_n\}$，那么

$$\tilde{s}_m\prec\Phi_{\mathrm{IFLIOWA}}((u_1,\tilde{s}_1),(u_2,\tilde{s}_2),\cdots,(u_n,\tilde{s}_n))\prec\tilde{s}_M\tag{3.46}$$

证明 已知对任意的 i, $\tilde{s}_m\prec\tilde{s}_i\prec\tilde{s}_M$，且 $\sum_{i=1}^{n}w_i=1$，由定理 3.13～定理 3.16 得

$$\begin{aligned}\Phi_{\mathrm{IFLIOWA}}((u_1,\tilde{s}_1),(u_2,\tilde{s}_2),\cdots,(u_n,\tilde{s}_n))&=_{\mathrm{IF}}w_1\odot\tilde{s}_{\sigma(1)}\oplus w_2\odot\tilde{s}_{\sigma(2)}\oplus\cdots\oplus w_n\odot\tilde{s}_{\sigma(n)}\\&\succ w_1\odot\tilde{s}_m\oplus w_2\odot\tilde{s}_m\oplus\cdots\oplus w_n\odot\tilde{s}_m\\&=_{\mathrm{IF}}(w_1+w_2+\cdots+w_n)\odot\tilde{s}_m\\&=_{\mathrm{IF}}\tilde{s}_m\end{aligned}$$

$$\begin{aligned}\Phi_{\mathrm{IFLIOWA}}((u_1,\tilde{s}_1),(u_2,\tilde{s}_2),\cdots,(u_n,\tilde{s}_n))&=_{\mathrm{IF}}w_1\odot\tilde{s}_{\sigma(1)}\oplus w_2\odot\tilde{s}_{\sigma(2)}\oplus\cdots\oplus w_n\odot\tilde{s}_{\sigma(n)}\\&\prec w_1\odot\tilde{s}_M\oplus w_2\odot\tilde{s}_M\oplus\cdots\oplus w_n\odot\tilde{s}_M\\&=_{\mathrm{IF}}(w_1+w_2+\cdots+w_n)\odot\tilde{s}_M\\&=_{\mathrm{IF}}\tilde{s}_M\end{aligned}$$

所以，$\tilde{s}_m\prec\Phi_{\mathrm{IFLIOWA}}((u_1,\tilde{s}_1),(u_2,\tilde{s}_2),\cdots,(u_n,\tilde{s}_n))\prec\tilde{s}_M$ 成立。

推论 3.3　如果加权向量 $W=(w_1,w_2,\cdots,w_n)^{\mathrm{T}}=\left(\frac{1}{n},\frac{1}{n},\cdots,\frac{1}{n}\right)^{\mathrm{T}}$，那么 IFLIOWA 算子退化为 IFLA 算子如下：

$$\Phi_{\text{IFLIOWA}}((u_1,\tilde{s}_1),(u_2,\tilde{s}_2),\cdots,(u_n,\tilde{s}_n))=_{\text{IF}}\bigoplus_{i=1}^{n}\left(\frac{1}{n}\odot\tilde{s}_{\sigma(i)}\right)=_{\text{IF}}\tilde{s}_{\sum_{i=1}^{n}\frac{i}{n}} \tag{3.47}$$

推论 3.4　如果对于任意的 $i(i=1,2,\cdots,n)$, $\mu_{s_i}+\nu_{s_i}=1$ 成立，那么 IFLIOWA 算子退化为 FLOWA 算子[8]。

推论 3.5　如果对于任意的 i，$u_i>u_{i+1}$ 成立，即诱导变量 u_i 的大小顺序与 $\tilde{s}_i$ 的顺序一致，那么 IFLIOWA 算子退化为 IFLOWA 算子如下：

$$\Phi_{\text{IFLIOWA}}\left((u_1,\tilde{s}_1),(u_2,\tilde{s}_2),\cdots,(u_n,\tilde{s}_n)\right)=_{\text{IF}}\bigoplus_{i=1}^{n}(w_i\odot\tilde{s}_i) \tag{3.48}$$

推论 3.6　如果对于任意的 i，$s_{\alpha_i}=s_{\beta_i}=s_{\gamma_i},\mu_{s_i}=1,\nu_{s_i}=0$ 成立，即 $\tilde{s}_i=s_i$，那么 IFLIOWA 算子退化为扩展的 OWA (EOWA) 算子[23]。

把权重作为变量次方集成信息的有序加权几何平均 (Ordered Weighted Geometric Average，OWGA) 算子是 OWA 算子的推广。本节提出了 IFLIOWA 算子的推广——IFLIOWGA 算子如下。

定义 3.25[22]　设 $\hat{S}$ 是直觉三角模糊语言变量集，$\tilde{s}_i=([s_{\alpha_i},s_{\beta_i},s_{\gamma_i}];\mu_{s_i},\nu_{s_i})\in\hat{S}$，$i=1,2,\cdots,n$，$\Phi_{\text{IFLIOWGA}}:\hat{S}^n\times R^n\to\hat{S}$，其加权向量为 $W=(w_1,w_2,\cdots,w_n)^{\mathrm{T}}$，$w_i\in[0,1]$，$i=1,2,\cdots,n$，$\sum_{i=1}^{n}w_i=1$，若

$$\Phi_{\text{IFLIOWGA}}((u_1,\tilde{s}_1),(u_2,\tilde{s}_2),\cdots,(u_n,\tilde{s}_n))=_{\text{IF}}\bigotimes_{i=1}^{n}\tilde{s}_{\sigma(i)}^{w_i} \tag{3.49}$$

其中，$\sigma:(1,2,\cdots,n)\to(1,2,\cdots,n)$ 是一个使 $u_{\sigma(i)}\geqslant u_{\sigma(i+1)}(i=1,2,\cdots,n-1)$ 恒成立的转置，也就是说，$\sigma(i)$ 是集合 $\{u_1,u_2,\cdots,u_n\}$ 中第 i 大元素所对应的下标，则称 Φ_{IFLIOWGA} 为 IFLIOWGA 算子。

接下来介绍 IFLIOWGA 算子的重要结论。

定理 3.18　设 $(u_i,\tilde{s}_i)(i=1,2,\cdots,n)$ 是一组 IFLIOWGA 对，$\tilde{s}_i=([s_{\alpha_i},s_{\beta_i},s_{\gamma_i}];\mu_{s_i},\nu_{s_i})$ 是直觉三角模糊语言变量，那么 Φ_{IFLIOWGA} 的集成结果仍为直觉三角模糊语言变量，具体如下：

$$\begin{aligned}&\Phi_{\text{IFLIOWGA}}((u_1,\tilde{s}_1),(u_2,\tilde{s}_2),\cdots,(u_n,\tilde{s}_n))\\&=_{\text{IF}}\bigotimes_{i=1}^{n}\tilde{s}_{\sigma(i)}^{w_i}=_{\text{IF}}\left(\left[s_{\prod_{i=1}^{n}\alpha_{\sigma(i)}^{w_i}},s_{\prod_{i=1}^{n}\beta_{\sigma(i)}^{w_i}},s_{\prod_{i=1}^{n}\gamma_{\sigma(i)}^{w_i}}\right];\prod_{i=1}^{n}\mu_{s_{\sigma(i)}}^{w_i},1-\prod_{i=1}^{n}(1-\nu_{s_{\sigma(i)}})^{w_i}\right)\end{aligned} \tag{3.50}$$

其中，$\tilde{s}_{\sigma(i)}=([s_{\alpha_{\sigma(i)}},s_{\beta_{\sigma(i)}},s_{\gamma_{\sigma(i)}}];\mu_{s_{\sigma(i)}},\nu_{s_{\sigma(i)}})$。

例 3.4 设一组 IFLIOWGA 对为 $(u_1,\tilde{s}_1)=(13,([s_2,s_4,s_5];0.6,0.3))$, $(u_2,\tilde{s}_2)=(17,([s_1,s_2,s_3];0.8,0.1))$，$(u_3,\tilde{s}_3)=(28,([s_4,s_6,s_8];0.7,0.2))$, $(u_4,\tilde{s}_4)=(15,([s_5,s_6,s_8];0.5,0.4))$, $(u_5,\tilde{s}_5)=(30,([s_3,s_5,s_6];0.3,0.6))$，其加权向量 $W=(0.10,0.25,0.30,0.25,0.10)^{\mathrm{T}}$，得到

$$\begin{aligned}&\Phi_{\mathrm{IFLIOWGA}}\left((u_1,\tilde{s}_1),(u_2,\tilde{s}_2),\cdots,(u_5,\tilde{s}_5)\right)\\&=_{\mathrm{IF}}\tilde{s}_5^{0.1}\otimes\tilde{s}_3^{0.25}\otimes\tilde{s}_2^{0.3}\otimes\tilde{s}_4^{0.25}\otimes\tilde{s}_1^{0.1}\\&=_{\mathrm{IF}}\left(\left[s_{\prod_{i=1}^{5}\alpha_{\sigma(i)}^{w_i}},s_{\prod_{i=1}^{5}\beta_{\sigma(i)}^{w_i}},s_{\prod_{i=1}^{5}\gamma_{\sigma(i)}^{w_i}}\right];\prod_{i=1}^{5}\mu_{s_{\sigma(i)}}^{w_i},1-\prod_{i=1}^{5}(1-\nu_{s_{\sigma(i)}})^{w_i}\right)\\&=_{\mathrm{IF}}([s_{2.53},s_{4.07},s_{5.53}];0.61,0.29)\end{aligned}$$

下面介绍 IFLIOWGA 算子的性质，由于这些性质的证明过程与 IFLIOWA 算子的性质[22]类似，故不予证明。

定理 3.19（幂等性） 若 $\tilde{s}_i,\tilde{s}\in\tilde{S}$, 且对任意的 $i\ (i=1,2,\cdots,n),\tilde{s}_i=_{\mathrm{IF}}\tilde{s}$ 恒成立，其中 $\tilde{s}=\left([s_\alpha,s_\beta,s_\gamma];\mu_s,\nu_s\right)$, 那么

$$\Phi_{\mathrm{IFLIOWGA}}\left((u_1,\tilde{s}_1),(u_2,\tilde{s}_2),\cdots,(u_n,\tilde{s}_n)\right)=_{\mathrm{IF}}\tilde{s}\tag{3.51}$$

定理 3.20（有界性） 设 $\tilde{s}_m=_{\mathrm{IF}}\mathrm{Min}\{\tilde{s}_1,\tilde{s}_2,\cdots,\tilde{s}_n\},\tilde{s}_M=_{\mathrm{IF}}\mathrm{Max}\{\tilde{s}_1,\tilde{s}_2,\cdots,\tilde{s}_n\}$, 那么

$$\tilde{s}_m\prec\Phi_{\mathrm{IFLIOWGA}}\left((u_1,\tilde{s}_1),(u_2,\tilde{s}_2),\cdots,(u_n,\tilde{s}_n)\right)\prec\tilde{s}_M\tag{3.52}$$

定理 3.21（交换性） 设 $\left((u_1^*,\tilde{s}_1^*),(u_2^*,\tilde{s}_2^*),\cdots,(u_n^*,\tilde{s}_n^*)\right)$ 是直觉模糊语言向量 $((u_1,\tilde{s}_1),(u_2,\tilde{s}_2),\cdots,(u_n,\tilde{s}_n))$ 的任意转置，那么

$$\Phi_{\mathrm{IFLIOWGA}}\left((u_1^*,\tilde{s}_1^*),(u_2^*,\tilde{s}_2^*),\cdots,(u_n^*,\tilde{s}_n^*)\right)=_{\mathrm{IF}}\Phi_{\mathrm{IFLIOWGA}}\left((u_1,\tilde{s}_1),(u_2,\tilde{s}_2),\cdots,(u_n,\tilde{s}_n)\right)\tag{3.53}$$

定理 3.22（单调性） 设 $((u_1^*,\tilde{s}_1^*),(u_2^*,\tilde{s}_2^*),\cdots,(u_n^*,\tilde{s}_n^*))$ 和 $((u_1,\tilde{s}_1),(u_2,\tilde{s}_2),\cdots,(u_n,\tilde{s}_n))$ 是任意两组直觉模糊语言变量，如果对任意的 $i\ (i=1,2,\cdots,n),\tilde{s}_i^*\prec\tilde{s}_i$ 恒成立，那么

$$\Phi_{\mathrm{IFLIOWGA}}((u_1^*,\tilde{s}_1^*),(u_2^*,\tilde{s}_2^*),\cdots,(u_n^*,\tilde{s}_n^*))\prec\Phi_{\mathrm{IFLIOWGA}}((u_1,\tilde{s}_1),(u_2,\tilde{s}_2),\cdots,(u_n,\tilde{s}_n))\tag{3.54}$$

推论 3.7 如果加权向量 $W=(w_1,w_2,\cdots,w_n)^{\mathrm{T}}=\left(\dfrac{1}{n},\dfrac{1}{n},\cdots,\dfrac{1}{n}\right)^{\mathrm{T}}$, 那么 IFLIOWGA 算子退化为 IFLGA 算子如下：

$$\Phi_{\mathrm{IFLIOWGA}}((u_1,\tilde{s}_1),(u_2,\tilde{s}_2),\cdots,(u_n,\tilde{s}_n))=_{\mathrm{IF}}\mathop{\otimes}_{i=1}^{n}\tilde{s}_{\sigma(i)}^{\frac{1}{n}}=_{\mathrm{IF}}\mathop{\otimes}_{i=1}^{n}\tilde{s}_i^{\frac{1}{n}}\tag{3.55}$$

推论 3.8 如果对于任意的 $i(i=1,2,\cdots,n)$, $\mu_{s_i}+\nu_{s_i}=1$ 成立，那么 IFLIOWGA 算

子退化为 FLOWGA 算子。

推论 3.9　如果对于任意的 $i\,(i=1,2,\cdots,n), u_i > u_{i+1}$ 成立，即诱导变量 u_i 的大小顺序与 $\tilde{s}_i$ 的顺序一致，那么 IFLIOWGA 算子退化为 IFLOWGA 算子如下：

$$\Phi_{\text{IFLIOWGA}}((u_1,\tilde{s}_1),(u_2,\tilde{s}_2),\cdots,(u_n,\tilde{s}_n)) =_{\text{IF}} \bigotimes_{i=1}^{n} \tilde{s}_i^{w_i} \tag{3.56}$$

推论 3.10　如果加权向量 $W=(w_1, w_2,\cdots,w_n)^{\mathrm{T}}=(1,0,\cdots,0)^{\mathrm{T}}$，那么 IFLIOWGA 算子退化为直觉模糊诱导最大值(Max)几何平均算子。

如果 $W=(w_1,w_2,\cdots,w_n)^{\mathrm{T}}=(0,0,\cdots,1)^{\mathrm{T}}$，那么 IFLIOWGA 算子退化为直觉模糊诱导最小值(Min)几何平均算子。

如果 $W^*=(w_1^*,w_2^*,\cdots,w_i^*,\cdots,w_n^*)^{\mathrm{T}}=(0,0,\cdots,1,\cdots,0)^{\mathrm{T}}$，那么 IFLIOWGA 算子退化为直觉模糊诱导最 j 大值几何平均算子。

3.3.2　决策算法与案例分析

接下来首先介绍 IFLIOWA 算子解决直觉模糊群决策的算法。然后，通过一个投资决策的案例验证 IFLIOWA 算子和 IFLIOWGA 算子的实用性和有效性。

设 $A=\{A_1,A_2,\cdots,A_m\}$ 是一个有限的备选方案集，$C=\{c_1,c_2,\cdots,c_n\}$ 是一个有限的属性集，属性信息由直觉三角模糊语言变量表示，W 是专家给出的属性的加权向量，$W=(w_1,w_2,\cdots,w_n)^{\mathrm{T}}$，$w_j\in[0,1]\ (j=1,2,\cdots,n)$，$\sum_{j=1}^{n} w_j=1$。$D=\{d_1,d_2,\cdots,d_p\}$ 是 p 个决策者的集合，$\bar{w}=(\bar{w}_1,\bar{w}_2,\cdots,\bar{w}_p)^{\mathrm{T}}$ 是 p 个决策者分别对应的权重，满足 $\bar{w}_k\in[0,1]$ $(k=1,2,\cdots,p)$，$\sum_{k=1}^{p}\bar{w}_k=1$。假设 $\tilde{s}_{ij}^{(k)}=([s_{\alpha_{ij}}^{(k)},s_{\beta_{ij}}^{(k)},s_{\gamma_{ij}}^{(k)}];\mu_{s_{ij}^{(k)}},\nu_{s_{ij}^{(k)}})\in\hat{S}$ 代表第 k 个决策者给出的对第 i 个方案，第 j 个属性的直觉模糊语言评价值，构造决策矩阵 $\tilde{R}^{(k)}=(\tilde{s}_{ij}^{(k)})_{m\times n}$。接下来，用 IFLIOWA 算子解决该投资决策问题，步骤如下。

第一步： 确定所有决策者给出的备选方案 A_i 的决策信息 $\tilde{s}_i^{(k)}$ $(i=1,2,\cdots,m,\ k=1,2,\cdots,p)$，每个属性的诱导变量为 $U=\{u_1,u_2,\cdots,u_n\}$，利用 IFLIOWA 算子集成决策矩阵 $\tilde{R}^{(k)}$ 如下：

$$\begin{aligned}\tilde{s}_{ij}^{(k)} &= ([s_{\alpha_{ij}}^{(k)},s_{\beta_{ij}}^{(k)},s_{\gamma_{ij}}^{(k)}];\mu_{s_{ij}^{(k)}},\nu_{s_{ij}^{(k)}})\\ &=_{\text{IF}} \Phi_{\text{IFLIOWA}}((u_1,\tilde{s}_{i1}^{(k)}),(u_2,\tilde{s}_{i2}^{(k)}),\cdots,(u_n,\tilde{s}_{in}^{(k)}))\end{aligned}$$

又有，$W=(w_1,w_2,\cdots,w_n)^{\mathrm{T}}$，$w_j\in[0,1]\ (j=1,2,\cdots,n)$，$\sum_{j=1}^{n}w_j=1$。

第二步： 利用 IFLIOWA 算子：

$$\tilde{s}_i = ([s_{\alpha_i}, s_{\beta_i}, s_{\gamma_i}]; \mu_{s_i}, \nu_{s_i}) =_{\text{IF}} \Phi_{\text{IFLIOWA}}(\tilde{s}_i^{(1)}, \tilde{s}_i^{(2)}, \cdots, \tilde{s}_i^{(p)}) =_{\text{IF}} \bigoplus_{k=1}^{p} \overline{w}_k \tilde{s}_i^{\sigma(k)}$$

集成所有专家对备选方案 A_i 的直觉三角模糊语言变量信息 $\tilde{s}_i$，其中 $\overline{w} = (\overline{w}_1, \overline{w}_2, \cdots, \overline{w}_p)$ 是每个决策者的权重，$\tilde{s}_i^{\sigma(k)}$ 是 $\tilde{s}_i^{(k)}$ 中第 k 大的变量。

第三步： 计算每个 $\tilde{s}_i$ 的 $V(\tilde{s}_i), A(\tilde{s}_i), G(\tilde{s}_i)$ 值。

第四步： 对所有备选方案排序，并从中选出最佳方案。

第五步： 结束。

IFLIOWGA 算子在 MAGDM 中的算法与 IFLIOWA 算子的算法类似，本章不作详细介绍。

假设一家在欧洲和北美经营的投资公司决定在来年的投资计划中选取最佳的投资方案，决策信息由 IFN 表示。经过决策专家的深思熟虑，他们给出影响市场未来发展的五种重要属性(属性加权向量为 $W = (0.2, 0.1, 0.25, 0.3, 0.15)^{\mathrm{T}}$)如下：

(1) c_1：风险分析；

(2) c_2：业务资金增长分析；

(3) c_3：社会及政治上的影响分析；

(4) c_4：环境影响分析；

(5) c_5：其他影响因素分析。

三位决策者(其决策权重向量为 $\overline{w} = (0.35, 0.40, 0.25)^{\mathrm{T}}$)给出五种备选方案 $A_1, A_2, \cdots, A_5$，直觉模糊语言信息构建的决策矩阵为 $\tilde{R}^{(k)} = (\tilde{s}_{ij}^{(k)})_{5\times5} (k = 1, 2, 3)$，如表 3.4～表 3.6 所示。

表 3.4　第一个决策者给出的所有备选方案各个属性的信息 $\tilde{R}^{(1)}$

方案	$c_1(u_1, \tilde{s}_{i1}^{(1)})$	$c_2(u_2, \tilde{s}_{i2}^{(1)})$	$c_3(u_3, \tilde{s}_{i3}^{(1)})$
A_1	$(15, ([s_6, s_7, s_8]; 0.5, 0.4))$	$(12, ([s_2, s_3, s_4]; 0.6, 0.3))$	$(17, ([s_6, s_8, s_9]; 0.3, 0.6))$
A_2	$(17, ([s_7, s_8, s_9]; 0.7, 0.3))$	$(20, ([s_5, s_6, s_7]; 0.7, 0.2))$	$(15, ([s_5, s_7, s_8]; 0.7, 0.2))$
A_3	$(11, ([s_2, s_4, s_5]; 0.6, 0.4))$	$(14, ([s_3, s_5, s_6]; 0.5, 0.4))$	$(12, ([s_6, s_7, s_8]; 0.5, 0.3))$
A_4	$(10, ([s_4, s_5, s_6]; 0.8, 0.1))$	$(19, ([s_3, s_4, s_5]; 0.6, 0.3))$	$(17, ([s_3, s_5, s_7]; 0.3, 0.4))$
A_5	$(12, ([s_3, s_4, s_5]; 0.6, 0.2))$	$(14, ([s_4, s_5, s_6]; 0.4, 0.3))$	$(16, ([s_3, s_4, s_5]; 0.7, 0.1))$
方案	$c_4(u_4, \tilde{s}_{i4}^{(1)})$	$c_5(u_5, \tilde{s}_{i5}^{(1)})$	
A_1	$(13, ([s_5, s_6, s_7]; 0.2, 0.7))$	$(10, ([s_1, s_2, s_3]; 0.3, 0.6))$	
A_2	$(14, ([s_6, s_7, s_9]; 0.4, 0.5))$	$(16, ([s_6, s_7, s_8]; 0.7, 0.3))$	
A_3	$(18, ([s_5, s_7, s_9]; 0.2, 0.4))$	$(13, ([s_3, s_5, s_7]; 0.2, 0.3))$	
A_4	$(15, ([s_7, s_8, s_9]; 0.2, 0.6))$	$(13, ([s_6, s_7, s_8]; 0.4, 0.5))$	
A_5	$(17, ([s_6, s_7, s_8]; 0.1, 0.4))$	$(11, ([s_2, s_3, s_4]; 0.6, 0.2))$	

表 3.5　第二个决策者给出的所有备选方案各个属性的信息 $\tilde{R}^{(2)}$

方案	$c_1(u_1,\tilde{s}_{i1}^{(2)})$	$c_2(u_2,\tilde{s}_{i2}^{(2)})$	$c_3(u_3,\tilde{s}_{i3}^{(2)})$
A_1	$(12,([s_5,s_6,s_7];0.4,0.3))$	$(15,([s_2,s_3,s_4];0.5,0.2))$	$(11,([s_5,s_7,s_8];0.2,0.5))$
A_2	$(15,([s_6,s_7,s_8];0.6,0.3))$	$(13,([s_5,s_6,s_7];0.6,0.1))$	$(18,([s_4,s_6,s_7];0.6,0.2))$
A_3	$(11,([s_2,s_3,s_4];0.5,0.3))$	$(16,([s_2,s_4,s_5];0.4,0.3))$	$(17,([s_5,s_6,s_7];0.4,0.2))$
A_4	$(18,([s_3,s_4,s_5];0.7,0.1))$	$(14,([s_2,s_3,s_5];0.5,0.4))$	$(13,([s_2,s_4,s_6];0.2,0.3))$
A_5	$(10,([s_2,s_3,s_4];0.5,0.1))$	$(17,([s_3,s_4,s_5];0.3,0.2))$	$(16,([s_1,s_2,s_3];0.6,0.2))$
方案	$c_4(u_4,\tilde{s}_{i4}^{(2)})$	$c_5(u_5,\tilde{s}_{i5}^{(2)})$	
A_1	$(17,([s_5,s_6,s_7];0.6,0.1))$	$(13,([s_4,s_5,s_6];0.5,0.2))$	
A_2	$(12,([s_4,s_5,s_6];0.3,0.4))$	$(10,([s_3,s_4,s_6];0.5,0.4))$	
A_3	$(12,([s_4,s_6,s_8];0.3,0.4))$	$(15,([s_5,s_6,s_8];0.4,0.1))$	
A_4	$(16,([s_6,s_7,s_8];0.1,0.5))$	$(12,([s_4,s_5,s_7];0.5,0.5))$	
A_5	$(13,([s_5,s_6,s_7];0.4,0.2))$	$(12,([s_4,s_6,s_7];0.7,0.2))$	

表 3.6　第三个决策者给出的所有备选方案各个属性的信息 $\tilde{R}^{(3)}$

方案	$c_1(u_1,\tilde{s}_{i1}^{(3)})$	$c_2(u_2,\tilde{s}_{i2}^{(3)})$	$c_3(u_3,\tilde{s}_{i3}^{(3)})$
A_1	$(16,([s_7,s_8,s_9];0.4,0.5))$	$(13,([s_3,s_4,s_5];0.5,0.4))$	$(18,([s_7,s_9,s_{10}];0.2,0.7))$
A_2	$(13,([s_8,s_9,s_9];0.6,0.4))$	$(16,([s_7,s_8,s_9];0.6,0.3))$	$(15,([s_6,s_8,s_9];0.6,0.3))$
A_3	$(12,([s_3,s_5,s_6];0.5,0.5))$	$(15,([s_4,s_6,s_7];0.4,0.5))$	$(13,([s_6,s_7,s_8];0.4,0.4))$
A_4	$(15,([s_4,s_5,s_6];0.7,0.2))$	$(11,([s_2,s_4,s_5];0.5,0.4))$	$(18,([s_7,s_8,s_9];0.4,0.4))$
A_5	$(13,([s_3,s_4,s_5];0.5,0.3))$	$(12,([s_4,s_5,s_6];0.3,0.4))$	$(15,([s_3,s_4,s_5];0.6,0.2))$
方案	$c_4(u_4,\tilde{s}_{i4}^{(3)})$	$c_5(u_5,\tilde{s}_{i5}^{(3)})$	
A_1	$(15,([s_7,s_8,s_9];0.3,0.6))$	$(12,([s_6,s_7,s_8];0.5,0.2))$	
A_2	$(12,([s_6,s_7,s_8];0.1,0.8))$	$(10,([s_5,s_6,s_7];0.5,0.1))$	
A_3	$(19,([s_7,s_8,s_9];0.1,0.7))$	$(16,([s_6,s_7,s_8];0.7,0.3))$	
A_4	$(13,([s_7,s_8,s_9];0.1,0.7))$	$(16,([s_8,s_9,s_9];0.3,0.6))$	
A_5	$(16,([s_6,s_7,s_8];0.4,0.4))$	$(17,([s_7,s_8,s_9];0.6,0.2))$	

第一步：利用 IFLIOWA 算子集成三个决策者给出的备选方案 A_i 的决策信息 $\tilde{s}_i^{(k)}$ 如下：

$$\tilde{s}_1^{(1)} = s_{([0.38,0.5,0.6];0.4083,0.4863)}$$

$$\tilde{s}_2^{(1)} = s_{([0.56,0.69,0.805];0.6671,0.2644)}$$

$$\tilde{s}_3^{(1)} = s_{([0.415,0.585,0.73];0.4025,0.3414)}$$

$$\tilde{s}_4^{(1)} = s_{([0.505,0.615,0.725];0.4879,0.3629)}$$

$$\tilde{s}_5^{(1)} = s_{([0.37,0.47,0.57];0.4941,0.2372)}$$

$$\tilde{s}_1^{(2)} = s_{([0.335,0.44,0.53];0.4580,0.2256)}$$

$$\tilde{s}_2^{(2)} = s_{([0.43,0.55,0.665];0.5107,0.1943)}$$

$$\tilde{s}_3^{(2)} = s_{([0.375,0.525,0.68];0.3885,0.2386)}$$

$$\tilde{s}_4^{(2)} = s_{([0.31,0.425,0.592];0.4573,0.2879)}$$

$$\tilde{s}_5^{(2)} = s_{([0.345,0.475,0.575];0.5303,0.1802)}$$

$$\tilde{s}_1^{(3)} = s_{([0.58,0.67,0.845];0.3915,0.4562)}$$

$$\tilde{s}_2^{(3)} = s_{([0.655,0.765,0.865];0.4724,0.3669)}$$

$$\tilde{s}_3^{(3)} = s_{([0.525,0.665,0.785];0.4382,0.4608)}$$

$$\tilde{s}_4^{(3)} = s_{([0.56,0.675,0.775];0.4369,0.4143)}$$

$$\tilde{s}_5^{(3)} = s_{([0.425,0.525,0.625];0.5058,0.2686)}$$

第二步：利用 IFLIOWA 算子，集成备选方案的分值 $\tilde{s}_i$，结果如下：

$$\tilde{s}_1 =_{\text{IF}} \varPhi_{\text{IFLIOWA}}(\tilde{s}_1^{(1)},\tilde{s}_1^{(2)},\tilde{s}_1^{(3)}) = s_{([0.432,0.5355,0.6577];0.4231,0.3497)}$$

$$\tilde{s}_2 =_{\text{IF}} \varPhi_{\text{IFLIOWA}}(\tilde{s}_2^{(1)},\tilde{s}_2^{(2)},\tilde{s}_2^{(3)}) = s_{([0.5655,0.685,0.794];0.5593,0.2791)}$$

$$\tilde{s}_3 =_{\text{IF}} \varPhi_{\text{IFLIOWA}}(\tilde{s}_3^{(1)},\tilde{s}_3^{(2)},\tilde{s}_3^{(3)}) = s_{([0.4435,0.598,0.7367];0.4119,0.3467)}$$

$$\tilde{s}_4 =_{\text{IF}} \varPhi_{\text{IFLIOWA}}(\tilde{s}_4^{(1)},\tilde{s}_4^{(2)},\tilde{s}_4^{(3)}) = s_{([0.4755,0.5885,0.71];0.4629,0.3587)}$$

$$\tilde{s}_5 =_{\text{IF}} \varPhi_{\text{IFLIOWA}}(\tilde{s}_5^{(1)},\tilde{s}_5^{(2)},\tilde{s}_5^{(3)}) = s_{([0.383,0.4905,0.5905];0.5074,0.2313)}$$

第三步：计算 $\tilde{s}_i$ 的 $V(\tilde{s}_i),A(\tilde{s}_i),G(\tilde{s}_i)$ 值如下：

$$V(\tilde{s}_1)=0.2890,\quad A(\tilde{s}_1)=0.0403,\quad G(\tilde{s}_1)=0.2487$$

$$V(\tilde{s}_2)=0.4373,\quad A(\tilde{s}_2)=0.0487,\quad G(\tilde{s}_2)=0.3886$$

$$V(\tilde{s}_3)=0.3170,\quad A(\tilde{s}_3)=0.0520,\quad G(\tilde{s}_3)=0.2650$$

$$V(\tilde{s}_4)=0.3256,\quad A(\tilde{s}_4)=0.0431,\quad G(\tilde{s}_4)=0.2825$$

$$V(\tilde{s}_5)=0.3121,\quad A(\tilde{s}_5)=0.0441,\quad G(\tilde{s}_5)=0.2680$$

第四步：对方案 $A_1,A_2,\cdots,A_5$ 进行排序：

$$A_2 \succ A_4 \succ A_5 \succ A_3 \succ A_1$$

综上所述，最佳备选方案为 A_2。

通过表 3.7 可以看出，IFLIOWA 算子、IFLIOWGA 算子和 FLIOWA 算子选出的最佳备选方案都为 A_2，但是各个方案的排序有较大差异，说明 IFLIOWA 算子在处理直觉模糊语言信息时具有较强的灵敏性。

表 3.7　备选方案的排序

算子	排序
IFLIOWA	$A_2 \succ A_4 \succ A_5 \succ A_3 \succ A_1$
IFLIOWGA	$A_2 \succ A_5 \succ A_3 \succ A_4 \succ A_1$
FLIOWA	$A_2 \succ A_3 \succ A_4 \succ A_1 \succ A_5$

在本节中，我们提出了集成直觉模糊语言信息的 IFLIOWA 算子，并研究了它的一些重要性质，如单调性、幂等性、交换性和有界性。此外，还提出了一种把 IFLIOWA 算子应用于直觉模糊语言群决策中的算法，并举例验证了该算子的合理性。IFLIOWA 算子丰富了现存的 MAGDM 理论与方法，在医疗诊断、人工智能和机器识别等领域有着良好的应用前景。

3.3.3　直觉模糊语言混合集成算子

在本节中将介绍由 Xian 等[24]提出的一个新的直觉模糊语言有序加权平均(New Intuitionistic Fuzzy Language Ordered Weighted Average，NIFLOWA)算子。

定义 3.26[24]　n 维 NIFLOWA 算子是一个函数映射，NIFLOWA: $S^n \to S$，其加权向量为 W，$w_j \in [0,1]$ 且 $\sum_{j=1}^{n} w_j = 1$。那么称

$$\text{NIFLOWA}_W(\tilde{s}_{a_1}, \tilde{s}_{a_2}, \cdots, \tilde{s}_{a_n}) = \oplus_{j=1}^{n} w_j \odot \tilde{s}_{b_j} = \tilde{s}_b \tag{3.57}$$

为新的直觉模糊语言有序加权平均算子。其中，$b = \sum_{j=1}^{n} w_j b_j$，$(\tilde{s}_{b_1}, \tilde{s}_{b_2}, \cdots, \tilde{s}_{b_n}) \to (\tilde{s}_{a_1}, \tilde{s}_{a_2}, \cdots, \tilde{s}_{a_n})$ 的排序满足 $\tilde{s}_{b_j} \succcurlyeq \tilde{s}_{b_{j+1}}$，$\forall j = 1,2,\cdots,n-1$。也就是说，$\tilde{s}_{b_j}$ 是第 j 大的 $\tilde{s}_{a_i}\ (i = 1,2,\cdots,n)$。

定理 3.23[24]　设 $\tilde{s}_{a_i} = ([s_{\alpha_i}, s_{\beta_i}]; \mu_{\tilde{s}_{a_i}}, \nu_{\tilde{s}_{a_i}}) \in \tilde{S}(i = 1,2,\cdots,n)$ 表示一系列直觉模糊区间语言变量，那么应用 NIFLOWA 算子对其进行集成之后的值仍然是一个直觉模糊区间语言变量，并且

$$\begin{aligned}\text{NIFLOWA}_W(\tilde{s}_{a_1}, \tilde{s}_{a_2}, \cdots, \tilde{s}_{a_n}) &= \oplus_{i=1}^{n} w_i \odot \tilde{s}_{a_{\sigma(i)}} \\ &= \left(\left[s_{\sum_{i=1}^{n} w_i \alpha_{\sigma(i)}}, s_{\sum_{i=1}^{n} w_i \beta_{\sigma(i)}}\right]; 1 - \prod_{i=1}^{n}(1 - \mu_{\tilde{s}_{\sigma(i)}})^{w_i}, \prod_{i=1}^{n} \nu_{\tilde{s}_{\sigma(i)}}^{w_i}\right)\end{aligned} \tag{3.58}$$

其中，$\tilde{s}_{a_{\sigma(i)}} = ([s_{\alpha_{\sigma(i)}}, s_{\beta_{\sigma(i)}}]; \mu_{\tilde{s}_{\sigma(i)}}, \nu_{\tilde{s}_{\sigma(i)}})$，$(\tilde{s}_{a_{\sigma(1)}}, \tilde{s}_{a_{\sigma(2)}}, \cdots, \tilde{s}_{a_{\sigma(n)}}) \to (\tilde{s}_{a_1}, \tilde{s}_{a_2}, \cdots, \tilde{s}_{a_n})$ 是一个序列且满足 $\tilde{s}_{a_{\sigma(i)}} \succcurlyeq \tilde{s}_{a_{\sigma(i+1)}} (i = 1,2,\cdots,n-1)$，并且 $W = (w_1, w_2, \cdots, w_n)^{\mathrm{T}}$ 是其相关的加权向量，

满足条件 $w_i \in [0,1]$，$\sum_{i=1}^{n} w_i = 1$。

证明　为了叙述方便，我们假设对于所有的 $i \in N$，有 $\tilde{s}_{a_{\sigma(i)}} = \tilde{s}_{a_i}$。

当 $n=2$ 时，$\tilde{s}_{a_1} = ([s_{\alpha_1}, s_{\beta_1}]; \mu_{\tilde{s}_{a_1}}, \nu_{\tilde{s}_{a_1}})$，$\tilde{s}_{a_2} = ([s_{\alpha_2}, s_{\beta_2}]; \mu_{\tilde{s}_{a_2}}, \nu_{\tilde{s}_{a_2}})$，因此

$$w_1 \odot \tilde{s}_{a_1} \oplus w_2 \odot \tilde{s}_{a_2} = \left([s_{w_1\alpha_1 + w_2\alpha_2}, s_{w_1\beta_1 + w_2\beta_2}]; 1 - \prod_{i=1}^{2} (1 - \mu_{\tilde{s}_{a_i}})^{w_i}, \prod_{i=1}^{2} \nu_{\tilde{s}_{a_i}}^{w_i} \right)$$

假设当 $n = k(k \in N)$ 时，式(3.58)成立，那么下式成立：

$$w_1 \odot \tilde{s}_{a_1} \oplus w_2 \odot \tilde{s}_{a_2} \oplus \cdots \oplus w_k \odot \tilde{s}_{a_k} = \left(\left[s_{\sum_{i=1}^{k} w_i\alpha_i}, s_{\sum_{i=1}^{k} w_i\beta_i} \right]; 1 - \prod_{i=1}^{k} (1 - \mu_{\tilde{s}_{a_i}})^{w_i}, \prod_{i=1}^{k} \nu_{\tilde{s}_{a_i}}^{w_i} \right)$$

因此，当 $n = k+1$ 时，利用定义 3.24 中给出的运算规则，我们可以得出

$$\begin{aligned}
& w_1 \odot \tilde{s}_{a_1} \oplus w_2 \odot \tilde{s}_{a_2} \oplus \cdots \oplus w_k \odot \tilde{s}_{a_k} \oplus w_{k+1} \odot \tilde{s}_{a_{k+1}} \\
&= \left(\left[s_{\sum_{i=1}^{k} w_i\alpha_i}, s_{\sum_{i=1}^{k} w_i\beta_i} \right]; 1 - \prod_{i=1}^{k} (1 - \mu_{\tilde{s}_{a_i}})^{w_i}, \prod_{i=1}^{k} \nu_{\tilde{s}_{a_i}}^{w_i} \right) + \left([s_{w_{k+1}\alpha_{k+1}}, s_{w_{k+1}\beta_{k+1}}]; 1 - (1 - \mu_{\tilde{s}_{a_{k+1}}})^{w_{k+1}}, \nu_{\tilde{s}_{a_{k+1}}}^{w_{k+1}} \right) \\
&= \left(\left[s_{\sum_{i=1}^{k+1} w_i\alpha_i}, s_{\sum_{i=1}^{k+1} w_i\beta_i} \right]; 1 - \prod_{i=1}^{k+1} (1 - \mu_{\tilde{s}_{a_i}})^{w_i}, \prod_{i=1}^{k+1} \nu_{\tilde{s}_{a_i}}^{w_i} \right)
\end{aligned}$$

即当 $n = k+1$ 时，式(3.58)成立。

综上所述，对于所有的 n，式(3.58)也成立。

基于定理 3.23，我们可以推出下面的性质，由于这些性质的证明过程与 IFLIOWA 算子的性质类似，故不予证明。

定理 3.24(交换性)　设 $(\tilde{s}_{a_1}^*, \tilde{s}_{a_2}^*, \cdots, \tilde{s}_{a_n}^*)$ 是直觉模糊区间语言变量 $(\tilde{s}_{a_1}, \tilde{s}_{a_2}, \cdots, \tilde{s}_{a_n})$ 的任意置换，那么

$$\text{NIFLOWA}_W(\tilde{s}_{a_1}^*, \tilde{s}_{a_2}^*, \cdots, \tilde{s}_{a_n}^*) = \text{NIFLOWA}_W(\tilde{s}_{a_1}, \tilde{s}_{a_2}, \cdots, \tilde{s}_{a_n}) \tag{3.59}$$

定理 3.25(幂等性)　假设 $\tilde{s}_a = ([s_\alpha, s_\beta]; \mu_{\tilde{s}_a}, \nu_{\tilde{s}_a})$，$\tilde{s}_a \in \tilde{S}$。如果对于所有的 $\tilde{s}_{a_i} (i = 1, 2, \cdots, n)$，满足 $\tilde{s}_{a_i} = \tilde{s}_a$。那么

$$\text{NIFLOWA}_W(\tilde{s}_{a_1}, \tilde{s}_{a_2}, \cdots, \tilde{s}_{a_n}) = \tilde{s}_a \tag{3.60}$$

定理 3.26(单调性)　设 $(\tilde{s}_{a_1}^*, \tilde{s}_{a_2}^*, \cdots, \tilde{s}_{a_n}^*)$，$(\tilde{s}_{a_1}, \tilde{s}_{a_2}, \cdots, \tilde{s}_{a_n})$ 是两个直觉模糊区间语言集，对于所有的 $i (i = 1, 2, \cdots, n)$，如果满足 $\tilde{s}_{a_i}^* \succcurlyeq \tilde{s}_{a_i}$，那么

$$\text{NIFLOWA}_W(\tilde{s}_{a_1}^*, \tilde{s}_{a_2}^*, \cdots, \tilde{s}_{a_n}^*) \succcurlyeq \text{NIFLOWA}_W(\tilde{s}_{a_1}, \tilde{s}_{a_2}, \cdots, \tilde{s}_{a_n}) \tag{3.61}$$

定理 3.27(有界性)　设 $\tilde{s}_m=\mathop{\mathrm{Min}}\limits_i\{\tilde{s}_{a_1},\tilde{s}_{a_2},\cdots,\tilde{s}_{a_n}\}$，$\tilde{s}_M=\mathop{\mathrm{Max}}\limits_i\{\tilde{s}_{a_1},\tilde{s}_{a_2},\cdots,\tilde{s}_{a_n}\}$，那么

$$\tilde{s}_m\preccurlyeq \mathrm{NIFLOWA}_W(\tilde{s}_{a_1},\tilde{s}_{a_2},\cdots,\tilde{s}_{a_n})\preccurlyeq \tilde{s}_M \tag{3.62}$$

推论 3.11　设 $(\tilde{s}_{a_1},\tilde{s}_{a_2},\cdots,\tilde{s}_{a_n})$ 是一个直觉模糊区间语言变量集合并且 $\tilde{s}_{a_i}\succcurlyeq\tilde{s}_{a_{i+1}}$ $(i=1,2,\cdots,n-1)$。$W=(w_1,w_2,\cdots,w_n)^{\mathrm{T}}$ 是 NIFLOWA 算子的加权向量，且满足条件 $w_i\in[0,1]$，$\sum_{i=1}^{n}w_i=1$。那么我们可以得到新的直觉模糊区间语言加权平均(New Intuitionistic Fuzzy Interval Language Weighted Average，NIFILWA)算子，定义如下：

$$\mathrm{NIFILWA}_W(\tilde{s}_{a_1},\tilde{s}_{a_2},\cdots,\tilde{s}_{a_n})=\oplus_{i=1}^{n}w_i\odot\tilde{s}_{a_i}=\tilde{s}_{\sum_{i=1}^{n}w_ia_i} \tag{3.63}$$

推论 3.12　设 $(\tilde{s}_{a_1},\tilde{s}_{a_2},\cdots,\tilde{s}_{a_n})$ 是一个直觉模糊区间语言变量集合并且 $\tilde{s}_{a_i}\succcurlyeq\tilde{s}_{a_{i+1}}$ $(i=1,2,\cdots,n-1)$。$W=(w_1,w_2,\cdots,w_n)^{\mathrm{T}}$ 是 NIFLOWA 算子的加权向量，且满足条件 $w_i\in[0,1]$，$\sum_{i=1}^{n}w_i=1$。因此：

(1) 如果 $W=\left(\frac{1}{n},\frac{1}{n},\cdots,\frac{1}{n}\right)^{\mathrm{T}}$，那么 NIFLOWA 算子退化为新的直觉模糊语言平均(New Intuitionistic Fuzzy Language Average，NIFLA)算子：

$$\mathrm{NIFLA}_W(\tilde{s}_{a_1},\tilde{s}_{a_2},\cdots,\tilde{s}_{a_n})=\oplus_{i=1}^{n}\frac{1}{n}\odot\tilde{s}_{a_i}=\tilde{s}_{\frac{1}{n}\sum_{i=1}^{n}a_i} \tag{3.64}$$

(2) 如果 $W=(w_1,w_2,\cdots,w_n)^{\mathrm{T}}=(1,0,\cdots,0)^{\mathrm{T}}$，那么

$$\mathrm{NIFLOWA}_W(\tilde{s}_{a_1},\tilde{s}_{a_2},\cdots,\tilde{s}_{a_n})=\mathop{\mathrm{Max}}\limits_i\tilde{s}_{a_i} \tag{3.65}$$

(3) 如果 $W=(w_1,w_2,\cdots,w_n)^{\mathrm{T}}=(0,0,\cdots,1)^{\mathrm{T}}$，那么

$$\mathrm{NIFLOWA}_W(\tilde{s}_{a_1},\tilde{s}_{a_2},\cdots,\tilde{s}_{a_n})=\mathop{\mathrm{Min}}\limits_i\tilde{s}_{a_i} \tag{3.66}$$

(4) 如果 $w_i=1,w_j=0,i\neq j$，那么

$$\mathrm{NIFLOWA}_W(\tilde{s}_{a_1},\tilde{s}_{a_2},\cdots,\tilde{s}_{a_n})=\tilde{s}_{b_i} \tag{3.67}$$

其中，$\tilde{s}_{b_i}$ 是第 i 大的 $\tilde{s}_{a_j}$。

推论 3.13　如果对于所有的 $i(i=1,2,\cdots,n)$，$\mu_{\tilde{s}_{a_i}}=1,\nu_{\tilde{s}_{a_i}}=0$，那么我们可以得到模糊语言有序加权平均(Fuzzy Language Ordered Weighted Average，FLOWA)算子：

$$\mathrm{FLOWA}_W(\tilde{s}_{a_1},\tilde{s}_{a_2},\cdots,\tilde{s}_{a_n})=\oplus_{i=1}^{n}w_i\odot\tilde{s}_{b_i}=\tilde{s}_b \tag{3.68}$$

其中，$\tilde{s}_{b_i}=(s_{\alpha_{b_i}},s_{\beta_{b_i}})$ 表示第 i 大的模糊区间语言变量 $\tilde{s}_{a_i}$。

推论 3.14 如果对于所有的 $i(i=1,2,\cdots,n)$，$s_{\alpha_i}=s_{\beta_i}$。NIFLOWA 算子退化为 IFLOWA 算子。如果对于所有的 $i(i=1,2,\cdots,n)$，$\mu_{\tilde{s}_{a_i}}=1,\nu_{\tilde{s}_{a_i}}=0$，IFLOWA 算子退化为 LOWA 算子。

定义 3.27[24] 设 NIFLHA 算子是一个函数映射，NIFLHA：$S^n\to S$，其加权向量为 W，$w_j\in[0,1]$ 且 $\sum_{j=1}^{n}w_j=1$。那么称

$$\mathrm{NIFLHA}_{\bar{w},W}(\tilde{s}_{a_1},\tilde{s}_{a_2},\cdots,\tilde{s}_{a_n})=\oplus_{j=1}^{n}w_j\odot\dot{s}_{\dot{b}_j}=\dot{s}_{\dot{b}} \tag{3.69}$$

为新的直觉模糊语言混合集成(New Intuitionistic Fuzzy Language Hybrid Integration，NIFLHI)算子。其中，$\tilde{s}_{\dot{b}_j}$ 是第 j 大的加权直觉模糊语言变量 $\tilde{s}_{\dot{a}_i}$，且 $\tilde{s}_{\dot{a}_i}=n\bar{w}_i\tilde{s}_{a_i}(i=1,2,\cdots,n)$，$\bar{w}=(\bar{w}_1,\bar{w}_2,\cdots,\bar{w}_n)^{\mathrm{T}}$ 是 $\tilde{s}_{a_i}(i=1,2,\cdots,n)$ 的权重向量，$\bar{w}_i\in[0,1]$ 且 $\sum_{i=1}^{n}\bar{w}_i=1$，$\tilde{s}_{\dot{a}_i}=n\bar{w}_i\tilde{s}_{a_i}(i=1,2,\cdots,n)$ 中的 n 是一个平衡系数。

类似地，下面的定理也是成立的。

定理 3.28 设 $\tilde{s}_{a_i}=([s_{\alpha_i},s_{\beta_i}];\mu_{\tilde{s}_{a_i}},\nu_{\tilde{s}_{a_i}})\in\tilde{S}(i=1,2,\cdots,n)$ 是一个直觉模糊区间语言变量集合。通过 NIFLHA 算子进行集成后的值仍然是一个直觉模糊区间语言变量。并且

$$\begin{aligned}\mathrm{NIFLHA}_{\bar{w},W}(\tilde{s}_{a_1},\tilde{s}_{a_2},\cdots,\tilde{s}_{a_n})&=\oplus_{i=1}^{n}w_i\odot\tilde{s}_{a_{b_i}}\\&=\left([s_{\sum_{i=1}^{n}w_i\alpha_{b_i}},s_{\sum_{i=1}^{n}w_i\beta_{b_i}}];1-\prod_{i=1}^{n}(1-\mu_{\tilde{s}_{a_{b_i}}})^{w_i},\prod_{i=1}^{n}\nu_{\tilde{s}_{a_{b_i}}}^{w_i}\right)\end{aligned} \tag{3.70}$$

其中，$\tilde{s}_{a_{b_i}}=([s_{\alpha_{b_i}},s_{\beta_{b_i}}];\mu_{\tilde{s}_{b_i}},\nu_{\tilde{s}_{b_i}})$，$(\tilde{s}_{a_{b_1}},\tilde{s}_{a_{b_2}},\cdots,\tilde{s}_{a_{b_n}})\to(\tilde{s}_{a_{b_1}},\tilde{s}_{a_{b_2}},\cdots,\tilde{s}_{a_{b_n}})$ 是满足条件 $\tilde{s}_{a_{b_i}}\succcurlyeq\tilde{s}_{a_{b_{i+1}}}$ $(\forall i=1,2,\cdots,n-1)$ 的一个序列。其加权向量为 $W=(w_1,w_2,\cdots,w_n)^{\mathrm{T}}$，$w_i\in[0,1]$，$\sum_{i=1}^{n}w_i=1$。直觉模糊语言变量 $\tilde{s}_{a_{b_i}}=n\bar{w}_i\tilde{s}_{a_i}$，权重向量 $\bar{w}_i(i=1,2,\cdots,n)$，$\bar{w}_i\in[0,1]$ 且 $\sum_{i=1}^{n}\bar{w}_i=1$，参数 n 是一个平衡系数。

定理 3.29 设 $(\tilde{s}_{a_1},\tilde{s}_{a_2},\cdots,\tilde{s}_{a_n})$ 是一个直觉模糊区间语言变量集合。因此，有：

(1) NIFILWA 算子是 NIFLHA 算子的一个特例；

(2) NIFLOWA 算子是 NIFLHA 算子的一个特例。

证明 (1) 如果 $W=(w_1,w_2,\cdots,w_n)^{\mathrm{T}}=\left(\frac{1}{n},\frac{1}{n},\cdots,\frac{1}{n}\right)^{\mathrm{T}}$，那么 NIFLHA 算子退化为 NIFILWA 算子，即

$$\begin{aligned}\text{NIFLHA}_{\bar{w},W}(\tilde{s}_{a_1},\tilde{s}_{a_2},\cdots,\tilde{s}_{a_n}) &= \oplus_{i=1}^{n} w_i \odot \tilde{s}_{\dot{b}_i} = \frac{1}{n}(\oplus_{i=1}^{n}\tilde{s}_{\dot{b}_i}) = \oplus_{i=1}^{n}\bar{w}_i \odot \tilde{s}_{a_i} \\ &= \text{NIFILWA}_{\bar{w}}(\tilde{s}_{a_1},\tilde{s}_{a_2},\cdots,\tilde{s}_{a_n})\end{aligned}$$

(2) 如果 $\bar{w}=(\bar{w}_1,\bar{w}_2,\cdots,\bar{w}_n)^{\mathrm{T}}=\left(\frac{1}{n},\frac{1}{n},\cdots,\frac{1}{n}\right)^{\mathrm{T}}$，那么 $\tilde{s}_{a_{b_i}}=\tilde{s}_{a_i}$。因此 NIFLHA 算子退化为 NIFLOWA 算子，即

$$\begin{aligned}\text{NIFLHA}_{\bar{w},W}(\tilde{s}_{a_1},\tilde{s}_{a_2},\cdots,\tilde{s}_{a_n}) &= \oplus_{i=1}^{n} w_i \odot \tilde{s}_{\dot{b}_i} = \oplus_{i=1}^{n} w_i \odot \tilde{s}_{b_i} \\ &= \text{NIFLOWA}_{W}(\tilde{s}_{a_1},\tilde{s}_{a_2},\cdots,\tilde{s}_{a_n})\end{aligned}$$

推论 3.15　对于所有的 $i(i=1,2,\cdots,n)$，如果 $\mu_{\tilde{s}_{a_i}}=1,\nu_{\tilde{s}_{a_i}}=0$，那么我们便可以得到模糊语言混合集成(FLHA)算子，即

$$\text{NIFLHA}_{\bar{w},W}(\tilde{s}_{a_1},\tilde{s}_{a_2},\cdots,\tilde{s}_{a_n}) = \oplus_{i=1}^{n} w_i \odot \tilde{s}_{b_i} = \tilde{s}_b \tag{3.71}$$

其中，$\tilde{s}_{b_i}=(s_{\alpha_{b_i}},s_{\beta_{b_i}})$ 是第 i 大的模糊区间语言变量 $\tilde{s}_{a_i}$。

推论 3.16　对于所有的 $i(i=1,2,\cdots,n)$，如果 $\tilde{s}_{\alpha_i}=\tilde{s}_{\beta_i}$，那么 NIFLHA 算子退化为直觉模糊语言混合集成(IFLHA)算子。

推论 3.17　对于所有的 $i(i=1,2,\cdots,n)$，如果 $\tilde{s}_{\alpha_i}=\tilde{s}_{\beta_i}$ 并且 $\mu_{\tilde{s}_{a_i}}=1,\nu_{\tilde{s}_{a_i}}=0$，那么 $\tilde{s}_{a_i}=s_{a_i}$，此时 IFLHA 算子退化为 LHA 算子。

NIFLHA 算子既推广了 NIFILWA 算子和 NIFLOWA 算子，又反映了给定的直觉模糊语言变量自身以及它的有序位置的重要性。因此，它在处理直觉模糊语言信息方面更加强大也更加有效。NIFLHA 算子兼有 NIFILWA 算子和 NIFLOWA 算子的优点，同时又避开了它们的缺点。因此，相对于其他算子来讲，所提出的 NIFLHA 算子在实际的决策过程中具有更广泛的应用价值。

3.3.4　决策算法与案例分析

本节给出了利用 NIFLHA 算子解决基于直觉模糊区间语言信息的 MAGDM 问题的方法。

设 $X=\{x_1,x_2,\cdots,x_m\}$ 表示所有方案的集合，$C=\{c_1,c_2,\cdots,c_n\}$ 表示所有属性的集合，其加权向量为 $W=(w_1,w_2,\cdots,w_n)^{\mathrm{T}}$，$w_i\in[0,1]$ 且 $\sum_{i=1}^{n}w_i=1$。$D=\{d_1,d_2,\cdots,d_p\}$ 表示所有决策者的集合，$v=(v_1,v_2,\cdots,v_p)^{\mathrm{T}}$ 表示决策者的权重向量，其中，$v_j\in[0,1]$ $(j=1,2,\cdots,p)$ 且 $\sum_{j=1}^{p}v_j=1$。我们假设决策者使用直觉模糊区间语言尺度将这些方案与单一尺度进行对比，直觉模糊区间语言尺度为 $\tilde{S}=\{\tilde{s}_1\leqslant\tilde{s}_i\leqslant\tilde{s}_T,i\in[1,T]\}$，$0\leqslant\mu_{\tilde{s}_i}\leqslant1$，

$0 \leqslant \nu_{\tilde{s}_i} \leqslant 1$，且 $0 \leqslant \mu_{\tilde{s}_i} + \nu_{\tilde{s}_i} \leqslant 1$。下面给出了 10 个尺度的直觉模糊区间语言尺度 $\tilde{S}$：

$$\tilde{S} = \{([s_8, s_9]; 0.9, 0) = \mathrm{P}, ([s_7, s_8]; 0.8, 0.1) = \mathrm{EH}, ([s_6, s_7]; 0.7, 0.2) = \mathrm{VH},$$
$$([s_5, s_6]; 0.6, 0.3) = \mathrm{H}, ([s_4, s_5]; 0.5, 0.4) = \mathrm{M}, ([s_3, s_4]; 0.6, 0.3) = \mathrm{L},$$
$$([s_2, s_3]; 0.7, 0.2) = \mathrm{VL}, ([s_1, s_2]; 0.8, 0.1) = \mathrm{EL}, ([s_0, s_1]; 0.9, 0) = \mathrm{N}\}$$

第一步：分析和确定公司现有投资策略的主要特征。假设现在有多个董事会成员 $d_k(k = 1, 2, \cdots, p)$ 需要完成对一系列方案 $x_i \in X(i = 1, 2, \cdots, m)$ 的 n 个属性 $c_j \in C(j = 1, 2, \cdots, n)$ 进行评估。董事会成员更加倾向于用语言信息的方式来表达他们的评估意见，这些语言信息可以转换为定义 3.24 中提到的直觉模糊语言变量。然后，我们便可以得到一个由直觉模糊区间语言信息表示的关于董事会成员 $d_k(k = 1, 2, \cdots, p)$ 的决策矩阵：

$$\tilde{R}^k = \begin{bmatrix} \tilde{s}_{11}^k & \tilde{s}_{12}^k & \cdots & \tilde{s}_{1m}^k \\ \tilde{s}_{21}^k & \tilde{s}_{22}^k & \cdots & \tilde{s}_{2m}^k \\ \vdots & \vdots & & \vdots \\ \tilde{s}_{n1}^k & \tilde{s}_{n2}^k & \cdots & \tilde{s}_{nm}^k \end{bmatrix}$$

其中，$\tilde{s}_{ij}^k = ([s_{\alpha_{ij}}^k, s_{\beta_{ij}}^k]; \mu_{\tilde{s}_{ij}^k}, \nu_{\tilde{s}_{ij}^k})$ 是直觉模糊区间语言变量，且 $\mu_{\tilde{s}_{ij}^k} \in [0,1]$，$\nu_{\tilde{s}_{ij}^k} \in [0,1]$，$\mu_{\tilde{s}_{ij}^k} + \nu_{\tilde{s}_{ij}^k} \leqslant 1$。$\tilde{s}_{ij}^k$ 表示董事会成员 d_k 对每一个方案 $x_i \in X$ 的不同属性 $c_j \in C$ 的偏好程度。

第二步：针对所有备选的投资策略，计算每个属性的实际水平的总体偏好。因此，我们提出了一个多人的 NIFLHA（Multiperson New Intuitionistic Fuzzy Linguistic Hybrid Aggregation，MP-NIFLHA）算子，定义如下。

定义 3.28　设 $\tilde{S}$ 是一个直觉模糊区间语言变量集合，$\tilde{s}_{ij}{}^k = ([s_{\alpha_{ij}}^k, s_{\beta_{ij}}^k]; \mu_{\tilde{s}_{ij}{}^k}, \nu_{\tilde{s}_{ij}{}^k}) \in \tilde{S}$，MP-NIFLHA 算子是一个 n 维函数映射——MP-NIFLHA：$S^n \to S$。给定 m 维的权重向量 v，其中 $v_j \in [0,1]$ 且 $\sum_{j=1}^{m} v_j = 1$，p 维的权重向量 $\overline{w}_l \in [0,1]$ 且 $\sum_{l=1}^{p} \overline{w}_l = 1$，以及 n 维的权重向量 w，其中 $w_i \in [0,1]$ 且 $\sum_{i=1}^{n} w_i = 1$，若

$$\text{MP-NIFLHA}_{v,\overline{w},w}((\tilde{s}_{11}^1, \tilde{s}_{12}^1, \cdots, \tilde{s}_{1n}^1), \cdots, (\tilde{s}_{p1}^m, \tilde{s}_{p2}^m, \cdots, \tilde{s}_{pn}^m)) = \oplus_{i=1}^{n} w_i \odot \tilde{s}_{\dot{B}_i} \tag{3.72}$$

其中，$\tilde{s}_{\dot{B}_i}$ 表示第 i 大的加权直觉模糊语言变量 $p\overline{w}_k \tilde{s}_l^k (l = 1, 2, \cdots, p)$；$\tilde{s}_i^k = \sum_{j=1}^{m} v_j \tilde{s}_{ij}^k$ $(i = 1, 2, \cdots, n)$ 表示直觉模糊区间语言变量。则称 MP-NIFLHA 为多人的新的直觉模糊语言混合集成算子。特别地：

(1) 如果 $W = (w_1, w_2, \cdots, w_n)^{\mathrm{T}} = (1/n, 1/n, \cdots, 1/n)^{\mathrm{T}}$，那么 MP-NIFLHA 算子退化成

MP-NIFILWA 算子：

$$\text{MP-NIFLHA}_{v,\bar{w},W}(\tilde{s}_{a_1},\tilde{s}_{a_2},\cdots,\tilde{s}_{a_n})=\text{MP-NIFILWA}_{v,\bar{w}}(\tilde{s}_{a_1},\tilde{s}_{a_2},\cdots,\tilde{s}_{a_n}) \qquad (3.73)$$

(2) 如果 $\bar{w}=(\bar{w}_1,\bar{w}_2,\cdots,\bar{w}_p)^{\mathrm{T}}=(1/p,1/p,\cdots,1/p)^{\mathrm{T}}$，那么 $\tilde{s}_{a_{b_i}}=\tilde{s}_{a_i}$，因此 MP-NIFLHA 算子退化为 MP-NIFLOWA 算子：

$$\text{MP-NIFLHA}_{v,\bar{w},W}(\tilde{s}_{a_1},\tilde{s}_{a_2},\cdots,\tilde{s}_{a_n})=\text{MP-NIFLOWA}_{v,W}(\tilde{s}_{a_1},\tilde{s}_{a_2},\cdots,\tilde{s}_{a_n}) \qquad (3.74)$$

第三步：通过 MP-NIFLHA、MP-NIFILWA、MP-NIFLOWA 算子来对比投资策略的不同排序结果。这个步骤的目的是对投资策略的不同方案之间的差异进行数字化表示。

第四步：对于所有的直觉模糊区间语言变量 $\tilde{s}_i(i=1,2,\cdots,n)$，计算 $V(\tilde{s}_i)$，$A(\tilde{s}_i)$ 以及 G 值 $G(\tilde{s}_i)$。对所有的方案 $x_i(i=1,2,\cdots,n)$ 进行排序，得到最优的投资策略。

接下来解决一个实际直觉模糊区间语言 MAGDM 的问题。

例 3.5 假设一个在欧洲和北美洲经营的投资公司正在分析其明年的总方针并且想要制定最好的投资策略。针对五个备选策略，该投资公司主要考虑以下五个重要指标：

(1) c_1：风险分析；

(2) c_2：增长分析；

(3) c_3：社会政治影响分析；

(4) c_4：环境影响分析；

(5) c_5：其他分析。

三个决策者（其加权向量 $W=(0.35,0.40,0.25)^{\mathrm{T}}$）使用直觉模糊区间语言变量分别对五个备选方案的 $x_i(i=1,2,\cdots,5)$ 的五个属性（其权重向量为 $v=(0.2,0.1,0.25,0.3,0.15)^{\mathrm{T}}$，$\bar{w}=(0.3,0.3,0.4)^{\mathrm{T}}$）进行评估，并且建立了如下的直觉模糊区间语言决策矩阵 $\tilde{R}^k=(\tilde{s}_{ij}^k)_{5\times5}(k=1,2,3)$：

$$\tilde{R}^1=$$

$$\begin{bmatrix}
([s_6,s_8];0.5,0.4) & ([s_2,s_4];0.6,0.3) & ([s_6,s_9];0.3,0.6) & ([s_5,s_7];0.2,0.7) & ([s_1,s_3];0.3,0.6)\\
([s_7,s_9];0.7,0.3) & ([s_5,s_7];0.7,0.2) & ([s_5,s_8];0.7,0.2) & ([s_6,s_9];0.4,0.5) & ([s_6,s_8];0.7,0.3)\\
([s_2,s_5];0.6,0.4) & ([s_3,s_6];0.5,0.4) & ([s_6,s_8];0.5,0.3) & ([s_5,s_9];0.2,0.4) & ([s_3,s_7];0.2,0.3)\\
([s_4,s_6];0.8,0.1) & ([s_3,s_5];0.6,0.3) & ([s_3,s_7];0.3,0.4) & ([s_7,s_9];0.2,0.6) & ([s_6,s_8];0.4,0.5)\\
([s_3,s_5];0.6,0.2) & ([s_4,s_6];0.4,0.3) & ([s_3,s_5];0.7,0.1) & ([s_6,s_8];0.1,0.4) & ([s_2,s_4];0.6,0.2)
\end{bmatrix}$$

$$\tilde{R}^2=$$

$$\begin{bmatrix}
([s_5,s_7];0.4,0.3) & ([s_2,s_4];0.5,0.2) & ([s_5,s_8];0.2,0.5) & ([s_5,s_7];0.6,0.1) & ([s_4,s_6];0.5,0.2)\\
([s_6,s_8];0.6,0.3) & ([s_5,s_7];0.6,0.1) & ([s_4,s_7];0.6,0.2) & ([s_4,s_6];0.3,0.2) & ([s_3,s_6];0.5,0.4)\\
([s_2,s_4];0.5,0.3) & ([s_2,s_5];0.4,0.3) & ([s_5,s_7];0.4,0.2) & ([s_4,s_8];0.3,0.4) & ([s_5,s_8];0.4,0.1)\\
([s_3,s_5];0.7,0.1) & ([s_2,s_5];0.5,0.4) & ([s_2,s_6];0.2,0.3) & ([s_6,s_8];0.1,0.5) & ([s_4,s_7];0.5,0.5)\\
([s_2,s_4];0.5,0.1) & ([s_3,s_5];0.3,0.2) & ([s_1,s_3];0.6,0.2) & ([s_5,s_7];0.4,0.2) & ([s_4,s_7];0.7,0.2)
\end{bmatrix}$$

$\tilde{R}^3 =$

$$\begin{bmatrix} ([s_7,s_9];0.4,0.5) & ([s_3,s_5];0.5,0.4) & ([s_7,s_9];0.2,0.7) & (s_7,s_9];0.3,0.6) & ([s_6,s_8];0.5,0.2) \\ ([s_8,s_9];0.6,0.4) & ([s_7,s_9];0.6,0.3) & ([s_6,s_9];0.6,0.3) & ([s_6,s_8];0.1,0.8) & ([s_5,s_7];0.5,0.1) \\ ([s_3,s_6];0.5,0.5) & ([s_4,s_7];0.4,0.5) & ([s_6,s_8];0.4,0.4) & ([s_6,s_8];0.1,0.8) & ([s_5,s_7];0.5,0.1) \\ ([s_4,s_6];0.7,0.2) & ([s_2,s_5];0.5,0.4) & ([s_7,s_9];0.4,0.4) & ([s_7,s_9];0.1,0.7) & ([s_8,s_9];0.3,0.6) \\ ([s_3,s_5];0.5,0.3) & ([s_4,s_6];0.3,0.4) & ([s_3,s_5];0.6,0.2) & ([s_6,s_8];0.4,0.4) & ([s_7,s_9];0.6,0.2) \end{bmatrix}$$

(1) 针对每个决策者 $d_k(k=1,2,3)$，利用决策矩阵 $\tilde{R}^k(k=1,2,3)$ 中的决策信息和 IFLWA 算子，计算每个投资策略 $x_i(i=1,2,\cdots,5)$ 的总体偏好值 $\tilde{s}_{ij}^k$，即计算 $\tilde{s}_i^k=\sum_{j=1}^{5} v_j \tilde{s}_{ij}^k (i=1,2,\cdots,5)$ 的值。其结果如下。

决策者 d_1：

$$\tilde{s}_1^1=([s_{3.95},s_{6.05}];0.41,0.49),\quad \tilde{s}_2^1=([s_{5.65},s_{8.10}];0.67,0.26)$$

$$\tilde{s}_3^1=([s_{3.65},s_{6.85}];0.42,0.35),\quad \tilde{s}_4^1=([s_{4.50},s_{6.80}];0.53,0.34)$$

$$\tilde{s}_5^1=([s_{3.85},s_{5.85}];0.50,0.22)$$

决策者 d_2：

$$\tilde{s}_1^2=([s_{4.30},s_{6.60}];0.44,0.24),\quad \tilde{s}_2^2=([s_{4.40},s_{6.75}];0.51,0.22)$$

$$\tilde{s}_3^2=([s_{3.40},s_{6.25}];0.41,0.25),\quad \tilde{s}_4^2=([s_{3.10},s_{6.10}];0.41,0.29)$$

$$\tilde{s}_5^2=([s_{2.80},s_{5.00}];0.52,0.16)$$

决策者 d_3：

$$\tilde{s}_1^3=([s_{5.10},s_{7.05}];0.52,0.33),\quad \tilde{s}_2^3=([s_{4.00},s_{6.25}];0.47,0.39)$$

$$\tilde{s}_3^3=([s_{5.50},s_{7.70}];0.49,0.33),\quad \tilde{s}_4^3=([s_{6.40},s_{8.35}];0.19,0.49)$$

$$\tilde{s}_5^3=([s_{6.00},s_{7.80}];0.50,0.16)$$

(2) 应用 NIFLHA 算子计算每个投资策略 $x_i(i=1,2,\cdots,5)$ 的总体偏好值 $\tilde{s}_i(i=1,2,\cdots,5)$，即计算 $\tilde{s}_i=\oplus_{k=1}^3 w_k \odot \tilde{s}_{\dot{B}_k}$，其中 $\tilde{s}_{\dot{B}_k}$ 是第 k 大的加权的直觉模糊语言变量 $n\overline{w}_k \tilde{s}_l^k(l=1,2,\cdots,5)$。最后，应用 MP-NIFLHA 算子来集成直觉模糊区间语言变量值。结果如下：

$$\tilde{s}_1=\text{NIFLHA}_{\overline{w},W}(\tilde{s}_1^1,\tilde{s}_1^2,\tilde{s}_1^3)=([s_{4.60},s_{6.70}];0.47,0.32)$$

$$\tilde{s}_2=\text{NIFLHA}_{\overline{w},W}(\tilde{s}_2^1,\tilde{s}_2^2,\tilde{s}_2^3)=([s_{4.50},s_{6.86}];0.45,0.38)$$

$$\tilde{s}_3=\text{NIFLHA}_{\overline{w},W}(\tilde{s}_3^1,\tilde{s}_3^2,\tilde{s}_3^3)=([s_{4.40},s_{7.03}];0.45,0.30)$$

$$\tilde{s}_4 = \text{NIFLHA}_{\bar{w},W}(\tilde{s}_4^1, \tilde{s}_4^2, \tilde{s}_4^3) = ([s_{5.00}, s_{7.32}]; 0.38, 0.38)$$

$$\tilde{s}_5 = \text{NIFLHA}_{\bar{w},W}(\tilde{s}_5^1, \tilde{s}_5^2, \tilde{s}_5^3) = ([s_{4.50}, s_{6.51}]; 0.50, 0.16)$$

(3) 同样地，应用 MP-NIFILWA 算子和 MP-NIFLOWA 算子计算各投资策略 $x_i (i=1,2,\cdots,5)$ 的总体偏好值。因此，我们应用 MP-NIFLHA 算子、MP-NIFILWA 算子以及 MP-NIFLOWA 算子的集成结果如表 3.8 所示。

表 3.8　MP-NIFLHA、MP-NIFILWA 和 MP-NIFLOWA 算子的集成结果

方案	MP-NIFLHA	MP-NIFILWA	MP-NIFLOWA
$x_1(\tilde{s}_1)$	$([s_{4.60}, s_{6.70}]; 0.47, 0.32)$	$([s_{4.01}, s_{5.91}]; 0.43, 0.49)$	$([s_{4.50}, s_{6.62}]; 0.46, 0.40)$
$x_2(\tilde{s}_2)$	$([s_{4.50}, s_{6.86}]; 0.45, 0.38)$	$([s_{4.60}, s_{6.96}]; 0.42, 0.43)$	$([s_{4.70}, s_{7.10}]; 0.49, 0.34)$
$x_3(\tilde{s}_3)$	$([s_{4.40}, s_{7.03}]; 0.45, 0.30)$	$([s_{4.32}, s_{7.01}]; 0.44, 0.31)$	$([s_{4.20}, s_{6.91}]; 0.44, 0.30)$
$x_4(\tilde{s}_4)$	$([s_{5.00}, s_{7.33}]; 0.38, 0.38)$	$([s_{4.82}, s_{7.21}]; 0.37, 0.37)$	$([s_{4.90}, s_{7.25}]; 0.38, 0.38)$
$x_5(\tilde{s}_5)$	$([s_{4.50}, s_{6.51}]; 0.50, 0.16)$	$([s_{4.38}, s_{6.38}]; 0.50, 0.16)$	$([s_{4.30}, s_{6.32}]; 0.50, 0.18)$

表 3.9 显示了不同算子集成得到的各投资策略 $x_i (i=1,2,\cdots,5)$ 的总体偏好值。计算其价值指数 $V(\tilde{s}_i)$ 和奇异指数 $A(\tilde{s}_i)$ 以及 G 值 $G(\tilde{s}_i)$，并对方案 $x_i (i=1,2,\cdots,5)$ 进行排序，从中选出最佳投资策略。排序结果如表 3.10 所示，因为应用的算子不同，得到各投资方案 $x_i (i=1,2,\cdots,5)$ 的总体偏好值的排列顺序也有所不同。但是，应用 MP-NIFLHA 算子、MP-NIFILWA 算子和 MP-NIFLOWA 算子得出的最佳方案都是一致的，即方案 x_5。

表 3.9　直觉模糊语言变量 $\tilde{s}_i$ 的价值指数 $V(\tilde{s}_i)$、奇异指数 $A(\tilde{s}_i)$ 和 G 值 $G(\tilde{s}_i)$

指标	MP-NIFLHA	MP-NIFILWA	MP-NIFLOWA
$\tilde{s}_1(V(\tilde{s}_1), A(\tilde{s}_1), G(\tilde{s}_1))$	(3.051, 0.378, 2.673)	(2.265, 0.289, 1.976)	(2.817, 0.358, 2.459)
$\tilde{s}_2(V(\tilde{s}_2), A(\tilde{s}_2), G(\tilde{s}_2))$	(2.878, 0.399, 2.479)	(2.716, 0.370, 2.347)	(3.225, 0.437, 2.788)
$\tilde{s}_3(V(\tilde{s}_3), A(\tilde{s}_3), G(\tilde{s}_3))$	(3.048, 0.468, 2.580)	(2.965, 0.469, 2.495)	(2.926, 0.476, 2.450)
$\tilde{s}_4(V(\tilde{s}_4), A(\tilde{s}_4), G(\tilde{s}_4))$	(2.836, 0.357, 2.478)	(2.747, 0.364, 2.383)	(2.795, 0.360, 2.434)
$\tilde{s}_5(V(\tilde{s}_5), A(\tilde{s}_5), G(\tilde{s}_5))$	(3.376, 0.411, 2.965)	(3.300, 0.409, 2.891)	(3.221, 0.408, 2.813)

表 3.10　方案 x_i 的排序结果

算子	排序
MP-NIFLHA	$\tilde{s}_5 \succ \tilde{s}_1 \succ \tilde{s}_3 \succ \tilde{s}_2 \succ \tilde{s}_4$
MP-NIFILWA	$\tilde{s}_5 \succ \tilde{s}_3 \succ \tilde{s}_4 \succ \tilde{s}_2 \succ \tilde{s}_1$
MP-NIFLOWA	$\tilde{s}_5 \succ \tilde{s}_2 \succ \tilde{s}_3 \succ \tilde{s}_1 \succ \tilde{s}_4$

MP-NIFILWA 算子仅考虑了投资方案的各属性重要程度(即属性权重)，但是没有考虑到属性评估信息的排序位置。相反地，MP-NIFLOWA 算子仅考虑了属性评估

值的有序位置，但是没有考虑到各属性重要程度。然而，MP-NIFLHA 算子不但考虑了各属性的重要程度，而且考虑了各属性值评估信息的排序位置。因此，MP-NIFLHA 算子能更有效地处理直觉模糊区间语言环境下的 MAGDM 问题。

本节首先提出了 IFILV 的概念，给出了一种新的决策语言变量。基于该语言变量提出了 NIFLHA 算子，并对该算子做了进一步推广，提出了 MP-NIFLHA 算子。然后，提出了基于 NIFLHA 算子的直觉模糊语言 MAGDM 方法。最后，将该方法应用到投资策略的决策问题中并与 NIFILWA 算子和 NIFLOWA 算子进行对比分析。结果证明，NIFLHA 算子能更有效地处理直觉模糊语言环境下的 MAGDM 问题。然而，当决策者给出的决策信息的隶属度与非隶属度的和大于 1 时，我们无法再应用直觉模糊语言算子来集成决策者的偏好信息，决策过程受到了限制。因此，直觉模糊语言信息不能完全满足实际决策问题中决策者的需求，我们需要对其做进一步研究。

3.4 Pythagorean 模糊语言信息集成方法

为了能更加灵活地描述模糊语言信息，以及为了能捕捉到各输入数据相互之间的内在关系，Yager[25]提出了 Pythagorean 集，有效地拓展了直觉模糊集的应用范围，在此基础上，Xian 等[26]提出了 Pythagorean 三角模糊语言变量，以及 Pythagorean 三角模糊语言 Bonferroni 均值(Pythagorean Triangle Fuzzy Linguistic Bonferroni Mean，PTFLBM)算子和加权的 Pythagorean 三角模糊语言 Bonferroni 均值(Weighted Pythagorean Triangle Fuzzy Linguistic Bonferroni Mean，WPTFLBM)算子，并将其应用到实际决策问题中。

3.4.1 Pythagorean 三角模糊语言 Bonferroni 均值算子

定义 3.29[26] 设 $\tilde{s}=([s_\alpha,s_\beta,s_\gamma];\mu_{\tilde{s}},\nu_{\tilde{s}})$ 是一个 Pythagorean 三角模糊语言变量(Pythagorean Triangle Fuzzy Linguistic Variable，PTFLV)，其中，$s_\alpha,s_\beta,s_\gamma\in S$，$s_\alpha\leqslant s_\beta\leqslant s_\gamma$。$\mu_{\tilde{s}}$ 和 $\nu_{\tilde{s}}$ 分别代表最大的隶属度和非隶属度，并且满足条件：$0\leqslant\mu_{\tilde{s}}\leqslant1$，$0\leqslant\nu_{\tilde{s}}\leqslant1$，$0\leqslant\mu_{\tilde{s}}^2+\nu_{\tilde{s}}^2\leqslant1$。

注意 可以看出，ITFLV 和 PTFLV 的不同之处在于二者的隶属度和非隶属度的约束条件不同。ITFLV 的约束条件为 $0\leqslant\mu_{\tilde{s}}+\nu_{\tilde{s}}\leqslant1$，而 PTFLV 的约束条件为 $0\leqslant\mu_{\tilde{s}}^2+\nu_{\tilde{s}}^2\leqslant1$。

定义 3.30[26] 设 $p,q>0$，$\tilde{s}_j=([s_{\alpha_j},s_{\beta_j},s_{\gamma_j}];\mu_j,\nu_j)(j=1,2,\cdots,n)$ 表示一系列 Pythagorean 三角模糊语言数的集合。如果

$$\text{PTFLBM}^{p,q}(\tilde{s}_1,\tilde{s}_2,\tilde{s}_3,\cdots,\tilde{s}_n)=\left[\frac{1}{n(n-1)}\left(\bigoplus_{\substack{i,j=1\\i\neq j}}^{n}(\tilde{s}_i^p\otimes\tilde{s}_j^q)\right)\right]^{\frac{1}{p+q}}\tag{3.75}$$

则称 $\mathrm{PTFLBM}^{p,q}$ 为 Pythagorean 三角模糊语言 Bonferroni 均值算子。

我们可以得到下面的定理。

定理 3.30[26]　设 $p,q>0$，$\tilde{s}_j=([s_{\alpha_j},s_{\beta_j},s_{\gamma_j}];\mu_j,\nu_j)(j=1,2,\cdots,n)$ 表示一系列 Pythagorean 三角模糊语言数的集合。利用 PTFLBM 算子集成之后仍然是一个 Pythagorean 三角模糊语言数。且

$$\mathrm{PTFLBM}^{p,q}(\tilde{s}_1,\tilde{s}_2,\cdots,\tilde{s}_n)$$
$$=\left\langle [s_{[(1/n(n-1))\sum\limits_{i,j=1,i\neq j}^{n}\alpha_i^p\alpha_j^q]^{1/(p+q)}},s_{[(1/n(n-1))\sum\limits_{i,j=1,i\neq j}^{n}\beta_i^p\beta_j^q]^{1/(p+q)}},s_{[(1/n(n-1))\sum\limits_{i,j=1,i\neq j}^{n}\gamma_i^p\gamma_j^q]^{1/(p+q)}}];\right.$$
$$\left.[1-(\prod_{\substack{i,j=1\\ i\neq j}}^{n}(1-\mu_i^{2p}\mu_j^{2q}))^{\frac{1}{n(n-1)}}]^{\frac{1}{2(p+q)}},[1-(1-(\prod_{\substack{i,j=1\\ i\neq j}}^{n}(1-(1-\nu_i^2)^p\times(1-\nu_j^2)^q))^{\frac{1}{n(n-1)}})^{\frac{1}{p+q}}]^{\frac{1}{2}}\right\rangle \tag{3.76}$$

证明　定理证明分为两个步骤，首先有

$$\tilde{s}_i^p=\left\langle [s_{\alpha_i^p},s_{\beta_i^p},s_{\gamma_i^p}];\mu_i^p,\sqrt{1-(1-\nu_i^2)^p}\right\rangle$$
$$\tilde{s}_j^q=\left\langle [s_{\alpha_j^q},s_{\beta_j^q},s_{\gamma_j^q}];\mu_j^q,\sqrt{1-(1-\nu_j^2)^q}\right\rangle$$

且

$$\tilde{s}_i^p\otimes\tilde{s}_j^q$$
$$=\left\langle [s_{\alpha_i^p},s_{\beta_i^p},s_{\gamma_i^p}];\mu_i^p,\sqrt{1-(1-\nu_i^2)^p}\right\rangle\otimes\left\langle [s_{\alpha_j^q},s_{\beta_j^q},s_{\gamma_j^q}];\mu_j^q,\sqrt{1-(1-\nu_j^2)^q}\right\rangle$$
$$=\left\langle [s_{\alpha_i^p\alpha_j^q},s_{\beta_i^p\beta_j^q},s_{\gamma_i^p\gamma_j^q}];\mu_i^p\mu_j^q,\sqrt{1-(1-\nu_i^2)^p(1-\nu_j^2)^q}\right\rangle$$

现在，我们利用数学归纳法来证明下面的式子是成立的。

$$\bigoplus_{\substack{i,j=1\\ i\neq j}}^{n}(\tilde{s}_i^p\otimes\tilde{s}_j^q)=\left\langle [s_{\sum\limits_{i,j=1,i\neq j}^{n}\alpha_i^p\alpha_j^q},s_{\sum\limits_{i,j=1,i\neq j}^{n}\beta_i^p\beta_j^q},s_{\sum\limits_{i,j=1,i\neq j}^{n}\gamma_i^p\gamma_j^q}];\right.$$
$$\left.\sqrt{1-(\prod_{\substack{i,j=1\\ i\neq j}}^{n}(1-\mu_i^{2p}\mu_j^{2q}))},\sqrt{\prod_{\substack{i,j=1\\ i\neq j}}^{n}(1-(1-\nu_i^2)^p(1-\nu_j^2)^q)}\right\rangle$$

(1) 当 $n=2$ 时，有

$$\bigoplus_{\substack{i,j=1\\ i\neq j}}^{2}(\tilde{s}_i^p\otimes\tilde{s}_j^q)$$
$$=(\tilde{s}_1^p\otimes\tilde{s}_2^q)\oplus(\tilde{s}_2^p\otimes\tilde{s}_1^q)$$
$$=\left\langle [s_{\alpha_1^p\alpha_2^q},s_{\beta_1^p\beta_2^q},s_{\gamma_1^p\gamma_2^q}];\mu_1^p\mu_2^q,\sqrt{1-(1-\nu_1^2)^p(1-\nu_2^2)^q}\right\rangle$$

$$\oplus\left\langle [s_{\alpha_2^p\alpha_1^q}, s_{\beta_2^p\beta_1^q}, s_{\gamma_2^p\gamma_1^q}]; \mu_2^p\mu_1^q, \sqrt{1-(1-\nu_2^2)^p(1-\nu_1^2)^q}\right\rangle$$

$$=\left\langle [s_{\alpha_1^p\alpha_2^q+\alpha_2^p\alpha_1^q}, s_{\beta_1^p\beta_2^q+\beta_2^p\beta_1^q}, s_{\gamma_1^p\gamma_2^q+\gamma_2^p\gamma_1^q}]; \sqrt{1-(1-\mu_1^{2p}\mu_2^{2q})(1-\mu_2^{2p}\mu_1^{2q})},\right.$$

$$\left.\sqrt{(1-(1-\nu_1^2)^p(1-\nu_2^2)^q)\times(1-(1-\nu_2^2)^p(1-\nu_1^2)^q)}\right\rangle$$

$$=\left\langle [s_{\sum\limits_{i,j=1,i\neq j}^{2}\alpha_i^p\alpha_j^q}, s_{\sum\limits_{i,j=1,i\neq j}^{2}\beta_i^p\beta_j^q}, s_{\sum\limits_{i,j=1,i\neq j}^{2}\gamma_i^p\gamma_j^q}];\right.$$

$$\left.\sqrt{1-\prod_{\substack{i,j=1\\i\neq j}}^{2}(1-\mu_i^{2p}\mu_j^{2q})}, \sqrt{\prod_{\substack{i,j=1\\i\neq j}}^{2}(1-(1-\nu_i^2)^p(1-\nu_j^2)^q)}\right\rangle$$

即当 $n=2$ 时，式(3.76)是成立的。

(2)假设当 $n=k$ 时，式(3.76)也成立。那么有

$$\bigoplus_{\substack{i,j=1\\i\neq j}}^{k}(\tilde{s}_i^p\otimes\tilde{s}_j^q)=\left\langle [s_{\sum\limits_{i,j=1,i\neq j}^{k}\alpha_i^p\alpha_j^q}, s_{\sum\limits_{i,j=1,i\neq j}^{k}\beta_i^p\beta_j^q}, s_{\sum\limits_{i,j=1,i\neq j}^{k}\gamma_i^p\gamma_j^q}];\right.$$

$$\left.\sqrt{1-\prod_{\substack{i,j=1\\i\neq j}}^{k}(1-\mu_i^{2p}\mu_j^{2q})}, \sqrt{\prod_{\substack{i,j=1\\i\neq j}}^{k}(1-(1-\nu_i^2)^p(1-\nu_j^2)^q)}\right\rangle$$

因此，当 $n=k+1$ 时，有

$$\bigoplus_{\substack{i,j=1\\i\neq j}}^{k+1}(\tilde{s}_i^p\otimes\tilde{s}_j^q)=\left[\bigoplus_{\substack{i,j=1\\i\neq j}}^{k}(\tilde{s}_i^p\otimes\tilde{s}_j^q)\right]\oplus\left[\bigoplus_{i=1}^{k}(\tilde{s}_i^p\otimes\tilde{s}_{k+1}^q)\right]\oplus\left[\bigoplus_{j=1}^{k}(\tilde{s}_{k+1}^p\otimes\tilde{s}_j^q)\right]$$

我们先证明

$$\bigoplus_{i=1}^{k}(\tilde{s}_i^p\otimes\tilde{s}_{k+1}^q)=\left\langle [s_{\sum\limits_{i=1}^{k}\alpha_i^p\alpha_{k+1}^q}, s_{\sum\limits_{i=1}^{k}\beta_i^p\beta_{k+1}^q}, s_{\sum\limits_{i=1}^{k}\gamma_i^p\gamma_{k+1}^q}];\right.$$

$$\left.\sqrt{1-\prod_{i=1}^{k}(1-\mu_i^{2p}\mu_{k+1}^{2q})}, \sqrt{\prod_{i=1}^{k}(1-(1-\nu_i^2)^p(1-\nu_{k+1}^2)^q)}\right\rangle$$

利用数学归纳法：

①当 $k=2$ 时，有

$$\tilde{s}_i^p\otimes\tilde{s}_{2+1}^q=\left\langle [s_{\alpha_i^p\alpha_{2+1}^q}, s_{\beta_i^p\beta_{2+1}^q}, s_{\gamma_i^p\gamma_{2+1}^q}]; \mu_i^p\mu_{2+1}^q, \sqrt{1-(1-\nu_i^2)^p(1-\nu_{2+1}^2)^q}\right\rangle$$

那么

$$\overset{2}{\underset{i=1}{\oplus}}\tilde{s}_i^p\otimes\tilde{s}_{2+1}^q=\left\langle\left[s_{\sum_{i=1}^{2}\alpha_i^p\alpha_3^q},s_{\sum_{i=1}^{2}\beta_i^p\beta_3^q},s_{\sum_{i=1}^{2}\gamma_i^p\gamma_3^q}\right];\right.$$
$$\left.\sqrt{1-\prod_{i=1}^{2}(1-\mu_i^{2p}\mu_{2+1}^{2q})},\sqrt{\prod_{i=1}^{2}(1-(1-\nu_i^2)^p(1-\nu_{2+1}^2)^q)}\right\rangle$$

②假设当 $k=k_0$ 时，有

$$\overset{k_0}{\underset{i=1}{\oplus}}(\tilde{s}_i^p\otimes\tilde{s}_{k_0+1}^q)=\left\langle\left[s_{\sum_{i=1}^{k_0}\alpha_i^p\alpha_{k_0+1}^q},s_{\sum_{i=1}^{k_0}\beta_i^p\beta_{k_0+1}^q},s_{\sum_{i=1}^{k_0}\gamma_i^p\gamma_{k_0+1}^q}\right];\right.$$
$$\left.\sqrt{1-\prod_{i=1}^{k_0}(1-\mu_i^{2p}\mu_{k_0+1}^{2q})},\sqrt{\prod_{i=1}^{k_0}(1-(1-\nu_i^2)^p(1-\nu_{k_0+1}^2)^q)}\right\rangle$$

那么，当 $k=k_0+1$ 时，有

$$\overset{k_0+1}{\underset{i=1}{\oplus}}(\tilde{s}_i^p\otimes\tilde{s}_{k_0+2}^q)$$
$$=\overset{k_0}{\underset{i=1}{\oplus}}(\tilde{s}_i^p\otimes\tilde{s}_{k_0+2}^q)\oplus(\tilde{s}_{k_0+1}^p\otimes\tilde{s}_{k_0+2}^q)$$
$$=\left\langle\left[s_{\sum_{i=1}^{k_0}\alpha_i^p\alpha_{k_0+2}^q},s_{\sum_{i=1}^{k_0}\beta_i^p\beta_{k_0+2}^q},s_{\sum_{i=1}^{k_0}\gamma_i^p\gamma_{k_0+2}^q}\right];\sqrt{1-\prod_{i=1}^{k_0}(1-\mu_i^{2p}\mu_{k_0+2}^{2q})},\sqrt{\prod_{i=1}^{k_0}(1-(1-\nu_i^2)^p(1-\nu_{k_0+2}^2)^q)}\right\rangle$$
$$\oplus\left\langle\left[s_{\alpha_{k_0+1}^p\alpha_{k_0+2}^q},s_{\beta_{k_0+1}^p\beta_{k_0+2}^q},s_{\gamma_{k_0+1}^p\gamma_{k_0+2}^q}\right];\mu_{k_0+1}^p\mu_{k_0+2}^q,\sqrt{1-(1-\nu_{k_0+1}^2)^p(1-\nu_{k_0+2}^2)^q}\right\rangle$$
$$=\left\langle\left[s_{\sum_{i=1}^{k_0+1}\alpha_i^p\alpha_{k_0+2}^q},s_{\sum_{i=1}^{k_0+1}\beta_i^p\beta_{k_0+2}^q},s_{\sum_{i=1}^{k_0+1}\gamma_i^p\gamma_{k_0+2}^q}\right];\sqrt{1-\prod_{i=1}^{k_0+1}(1-\mu_i^{2p}\mu_{k_0+2}^{2q})},\sqrt{\prod_{i=1}^{k_0+1}(1-(1-\nu_i^2)^p(1-\nu_{k_0+2}^2)^q)}\right\rangle$$

即当 $k=k_0+1$ 时，式(3.76)成立，因此对于所有的 k，式(3.76)都是成立的。

③同样地，我们可以证明：

$$\overset{k}{\underset{j=1}{\oplus}}(\tilde{s}_{k+1}^p\otimes\tilde{s}_j^q)=\left\langle\left[s_{\sum_{j=1}^{k}\alpha_{k+1}^p\alpha_j^q},s_{\sum_{j=1}^{k}\beta_{k+1}^p\beta_j^q},s_{\sum_{j=1}^{k}\gamma_{k+1}^p\gamma_j^q}\right];\right.$$
$$\left.\sqrt{1-\prod_{j=1}^{k}(1-\mu_{k+1}^{2p}\mu_j^{2q})},\sqrt{\prod_{j=1}^{k}(1-(1-\nu_{k+1}^2)^p(1-\nu_j^2)^q)}\right\rangle$$

综上：

$$\underset{\substack{i,j=1\\i\neq j}}{\overset{k+1}{\oplus}}(\tilde{s}_i^p\otimes\tilde{s}_j^q)$$

$$=[\underset{\substack{i,j=1\\i\neq j}}{\overset{k}{\oplus}}(\tilde{s}_i^p\otimes\tilde{s}_j^q)]\oplus[\underset{i=1}{\overset{k}{\oplus}}(\tilde{s}_i^p\otimes\tilde{s}_{k+1}^q)]\oplus[\underset{j=1}{\overset{k}{\oplus}}(\tilde{s}_{k+1}^p\otimes\tilde{s}_j^q)]$$

$$=\left\langle[s_{\sum_{i,j=1,i\neq j}^{k}\alpha_i^p\alpha_j^q},s_{\sum_{i,j=1,i\neq j}^{k}\beta_i^p\beta_j^q},s_{\sum_{i,j=1,i\neq j}^{k}\gamma_i^p\gamma_j^q}];\sqrt{1-\prod_{\substack{i,j-1\\i\neq j}}^{k}(1-\mu_i^{2p}\mu_j^{2q})},\ \sqrt{\prod_{\substack{i,j=1\\i\neq j}}^{k}(1-(1-\nu_i^2)^p(1-\nu_j^2)^q)}\right\rangle$$

$$\oplus\left\langle[s_{\sum_{i=1}^{k}\alpha_i^p\alpha_{k+1}^q},s_{\sum_{i=1}^{k}\beta_i^p\beta_{k+1}^q},s_{\sum_{i=1}^{k}\gamma_i^p\gamma_{k+1}^q}];\sqrt{1-\prod_{i=1}^{k}(1-\mu_i^{2p}\mu_{k+1}^{2q})},\sqrt{\prod_{i=1}^{k}(1-(1-\nu_i^2)^p(1-\nu_{k+1}^2)^q)}\right\rangle$$

$$\oplus\left\langle[s_{\sum_{j=1}^{k}\alpha_{k+1}^p\alpha_j^q},s_{\sum_{j=1}^{k}\beta_{k+1}^p\beta_j^q},s_{\sum_{j=1}^{k}\gamma_{k+1}^p\gamma_j^q}];\sqrt{1-\prod_{j=1}^{k}(1-\mu_{k+1}^{2p}\mu_j^{2q})},\sqrt{\prod_{j=1}^{k}(1-(1-\nu_{k+1}^2)^p(1-\nu_j^2)^q)}\right\rangle$$

$$=\left\langle[s_{\sum_{i,j=1,i\neq j}^{k+1}\alpha_i^p\alpha_j^q},s_{\sum_{i,j=1,i\neq j}^{k+1}\beta_i^p\beta_j^q},s_{\sum_{i,j=1,i\neq j}^{k+1}\gamma_i^p\gamma_j^q}];\sqrt{1-\prod_{\substack{i,j=1\\i\neq j}}^{k+1}(1-\mu_i^{2p}\mu_j^{2q})},\sqrt{\prod_{\substack{i,j=1\\i\neq j}}^{k+1}(1-(1-\nu_i^2)^p(1-\nu_j^2)^q)}\right\rangle$$

因此，当$n=k+1$时，式(3.76)成立，也就是说对于所有的n，式(3.76)都成立。其次有

$$\frac{1}{n(n-1)}(\underset{\substack{i,j=1\\i\neq j}}{\overset{n}{\oplus}}(\tilde{s}_i^p\otimes\tilde{s}_j^q))$$

$$=\left\langle[s_{[1/n(n-1)]\sum_{i,j=1,i\neq j}^{n}\alpha_i^p\alpha_j^q},s_{[1/n(n-1)]\sum_{i,j=1,i\neq j}^{n}\beta_i^p\beta_j^q},s_{[1/n(n-1)]\sum_{i,j=1,i\neq j}^{n}\gamma_i^p\gamma_j^q}];\right.$$

$$\left.\sqrt{1-(\prod_{\substack{i,j=1\\i\neq j}}^{n}(1-\mu_i^{2p}\mu_j^{2q}))^{\frac{1}{n(n-1)}}},(\sqrt{\prod_{\substack{i,j=1\\i\neq j}}^{n}(1-(1-\nu_i^2)^p(1-\nu_j^2)^q)})^{\frac{1}{n(n-1)}}\right\rangle$$

再利用运算律，可以得出

$$\mathrm{PTFLBM}^{p,q}(\tilde{s}_1,\tilde{s}_2,\tilde{s}_3,\cdots,\tilde{s}_n)$$

$$=\left[\frac{1}{n(n-1)}(\underset{\substack{i,j=1\\i\neq j}}{\overset{n}{\oplus}}(\tilde{s}_i^p\otimes\tilde{s}_j^q))\right]^{\frac{1}{p+q}}$$

$$=\left\langle [s_{([1/n(n-1)]\sum_{i,j=1,i\neq j}^{n}\alpha_i^p\alpha_j^q)^{1/(p+q)}}, s_{([1/n(n-1)]\sum_{i,j=1,i\neq j}^{n}\beta_i^p\beta_j^q)^{1/(p+q)}}, s_{([1/n(n-1)]\sum_{i,j=1,i\neq j}^{n}\gamma_i^p\gamma_j^q)^{1/(p+q)}}];\right.$$

$$\left.(\sqrt{1-(\prod_{\substack{i,j=1\\i\neq j}}^{n}(1-\mu_i^{2p}\mu_j^{2q}))^{\frac{1}{n(n-1)}}}^{\frac{1}{p+q}}, \sqrt{1-(1-(\prod_{\substack{i,j=1\\i\neq j}}^{n}(1-(1-\nu_i^2)^p(1-\nu_j^2)^q))^{\frac{1}{n(n-1)}})^{\frac{1}{p+q}}}\right\rangle$$

$$=\left\langle [s_{([1/n(n-1)]\sum_{i,j=1,i\neq j}^{n}\alpha_i^p\alpha_j^q)^{1/(p+q)}}, s_{([1/n(n-1)]\sum_{i,j=1,i\neq j}^{n}\beta_i^p\beta_j^q)^{1/(p+q)}}, s_{([1/n(n-1)]\sum_{i,j=1,i\neq j}^{n}\gamma_i^p\gamma_j^q)^{1/(p+q)}}];\right.$$

$$\left.(1-(\prod_{\substack{i,j=1\\i\neq j}}^{n}(1-\mu_i^{2p}\mu_j^{2q}))^{\frac{1}{n(n-1)}})^{\frac{1}{2(p+q)}}, (1-(1-(\prod_{\substack{i,j=1\\i\neq j}}^{n}(1-(1-\nu_i^2)^p(1-\nu_j^2)^q))^{\frac{1}{n(n-1)}})^{\frac{1}{p+q}})^{\frac{1}{2}}\right\rangle$$

综上所述，定理 3.30 成立。

下面，我们给出 PTFLBM 算子的一些基本性质。

定理 3.31（交换性）　设 $\tilde{s}_i=([s_{\alpha_i},s_{\beta_i},s_{\gamma_i}];\mu_i,\nu_i)(i=1,2,\cdots,n)$ 表示一系列 Pythagorean 三角直觉模糊语言数，$(\dot{\tilde{s}}_1,\dot{\tilde{s}}_2,\cdots,\dot{\tilde{s}}_n)$ 是 $(\tilde{s}_1,\tilde{s}_2,\cdots,\tilde{s}_n)$ 的任意一个置换。那么

$$\text{PTFLBM}^{p,q}(\tilde{s}_1,\tilde{s}_2,\cdots,\tilde{s}_n)=\text{PTFLBM}^{p,q}(\dot{\tilde{s}}_1,\dot{\tilde{s}}_2,\cdots,\dot{\tilde{s}}_n) \tag{3.77}$$

证明　因为 $(\dot{\tilde{s}}_1,\dot{\tilde{s}}_2,\cdots,\dot{\tilde{s}}_n)$ 是 $(\tilde{s}_1,\tilde{s}_2,\cdots,\tilde{s}_n)$ 的任意一个置换，那么

$$\begin{aligned}\text{PTFLBM}^{p,q}(\tilde{s}_1,\tilde{s}_2,\cdots,\tilde{s}_n)&=\left[\frac{1}{n(n-1)}(\bigoplus_{\substack{i,j=1\\i\neq j}}^{n}(\tilde{s}_i^p\otimes\tilde{s}_j^q))\right]^{\frac{1}{p+q}}\\&=\left[\frac{1}{n(n-1)}(\bigoplus_{\substack{i,j=1\\i\neq j}}^{n}(\dot{\tilde{s}}_i^p\otimes\dot{\tilde{s}}_j^q))\right]^{\frac{1}{p+q}}\\&=\text{PTFLBM}^{p,q}(\dot{\tilde{s}}_1,\dot{\tilde{s}}_2,\cdots,\dot{\tilde{s}}_n)\end{aligned}$$

定理 3.32（幂等性）　设 $\tilde{s}_i=\tilde{s}=([s_\alpha,s_\beta,s_\gamma],\mu,\nu)(i=1,2,\cdots,n)$，那么

$$\text{PTFLBM}^{p,q}(\tilde{s}_1,\tilde{s}_2,\cdots,\tilde{s}_n)=\tilde{s} \tag{3.78}$$

证明　因为对于每一个 $i\,(i=1,2,\cdots,n)$，$\tilde{s}_i=\tilde{s}$，所以

$$\begin{aligned}&\text{PTFLBM}^{p,q}(\tilde{s}_1,\tilde{s}_2,\cdots,\tilde{s}_n)\\&=\text{PTFLBM}^{p,q}(\tilde{s},\tilde{s},\cdots,\tilde{s})\\&=\left[\frac{1}{n(n-1)}(\bigoplus_{\substack{i,j=1\\i\neq j}}^{n}(\tilde{s}_i^p\otimes\tilde{s}_j^q))\right]^{\frac{1}{p+q}}\end{aligned}$$

$$=\left\langle [s_{\left[(1/n(n-1))\sum\limits_{i,j=1,i\neq j}^{n}\alpha^p\alpha^q\right]^{1/(p+q)}}, s_{\left[(1/n(n-1))\sum\limits_{i,j=1,i\neq j}^{n}\beta^p\beta^q\right]^{1/(p+q)}}, s_{\left[(1/n(n-1))\sum\limits_{i,j=1,i\neq j}^{n}\gamma^p\gamma^q\right]^{1/(p+q)}}];\right.$$

$$\left.[1-(\prod_{\substack{i,j=1\\i\neq j}}^{n}(1-\mu^{2p}\mu^{2q}))^{\frac{1}{n(n-1)}}]^{\frac{1}{2(p+q)}}, (1-(1-(\prod_{\substack{i,j=1\\i\neq j}}^{n}(1-(1-\nu^2)^p\times(1-\nu^2)^q))^{\frac{1}{n(n-1)}})^{\frac{1}{(p+q)}})^{\frac{1}{2}}\right\rangle$$

$$=\langle[\tilde{s}_\alpha,\tilde{s}_\beta,\tilde{s}_\gamma];\mu,\nu\rangle$$

$$=\tilde{s}$$

定理 3.33(有界性) 设 $\tilde{s}_i=\tilde{s}=([s_\alpha,s_\beta,s_\gamma],\mu,\nu)(i=1,2,\cdots,n)$， $\mathrm{Min}\{\tilde{s}_1,\tilde{s}_2,\cdots,\tilde{s}_n\}$ 和 $\mathrm{Max}\{\tilde{s}_1,\tilde{s}_2,\cdots,\tilde{s}_n\}$ 分别代表最小算子和最大算子。那么

$$\mathrm{Min}\{\tilde{s}_1,\tilde{s}_2,\cdots,\tilde{s}_n\}\leqslant \mathrm{PTFLBM}^{p,q}(\tilde{s}_1,\tilde{s}_2,\cdots,\tilde{s}_n)\leqslant \mathrm{Max}\{\tilde{s}_1,\tilde{s}_2,\cdots,\tilde{s}_n\} \tag{3.79}$$

证明 假设存在 $\tilde{a}=\mathrm{Min}\{\tilde{s}_1,\tilde{s}_2,\cdots,\tilde{s}_n\}$， $\tilde{b}=\mathrm{Max}\{\tilde{s}_1,\tilde{s}_2,\cdots,\tilde{s}_n\}$。因为 $\tilde{a}\leqslant\tilde{s}_i\leqslant\tilde{b}$，那么

$$\left[\frac{1}{n(n-1)}\left(\bigoplus_{\substack{i,j=1\\i\neq j}}^{n}(\tilde{a}^p\otimes\tilde{a}^q)\right)\right]^{\frac{1}{p+q}}\leqslant\left[\frac{1}{n(n-1)}\left(\bigoplus_{\substack{i,j=1\\i\neq j}}^{n}(\tilde{s}_i^p\otimes\tilde{s}_j^q)\right)\right]^{\frac{1}{p+q}}$$

$$\leqslant\left[\frac{1}{n(n-1)}\left(\bigoplus_{\substack{i,j=1\\i\neq j}}^{n}(\tilde{b}^p\otimes\tilde{b}^q)\right)\right]^{\frac{1}{p+q}}$$

即 $\mathrm{Min}\{\tilde{s}_1,\tilde{s}_2,\cdots,\tilde{s}_n\}\leqslant \mathrm{PTFLBM}^{p,q}(\tilde{s}_1,\tilde{s}_2,\cdots,\tilde{s}_n)\leqslant \mathrm{Max}\{\tilde{s}_1,\tilde{s}_2,\cdots,\tilde{s}_n\}$。

随着参数 p,q 选择的值不同，我们可以得到下面的一些特例。

(1) 当 $q\to 0$，有

$$\lim_{q\to 0}\mathrm{PTFLBM}^{p,q}(\tilde{s}_1,\tilde{s}_2,\cdots,\tilde{s}_n)$$

$$=\left\langle [s_{\left([1/(n(n-1))]\sum\limits_{i=1}^{n}\alpha_i^p\right)^{1/p}}, s_{\left([1/(n(n-1))]\sum\limits_{i=1}^{n}\beta_i^p\right)^{1/p}}, s_{\left([1/(n(n-1))]\sum\limits_{i=1}^{n}\gamma_i^p\right)^{1/p}}];\right.$$

$$\left.[1-(\prod_{i=1}^{n}(1-\mu_i^{2p}))^{\frac{1}{n(n-1)}}]^{\frac{1}{2p}}, (1-(1-(\prod_{i=1}^{n}(1-(1-\nu_i^2)^p))^{\frac{1}{n(n-1)}})^{\frac{1}{p}})^{\frac{1}{2}}\right\rangle \tag{3.80}$$

$$=\left[\frac{1}{n(n-1)}(\bigoplus_{i=1}^{n}\tilde{s}_i^p)\right]^{\frac{1}{p}}$$

$$=\mathrm{PTFLBM}^{p,0}(\tilde{s}_1,\tilde{s}_2,\cdots,\tilde{s}_n)$$

将其称为广义 PTFLBM 算子。

(2) 当 $p=1, q\to 0$，有

$$\begin{aligned}&\lim_{q\to 0}\mathrm{PTFLBM}^{p,q}(\tilde{s}_1,\tilde{s}_2,\cdots,\tilde{s}_n)\\&=\left\langle [s_{([1/(n(n-1))]\sum_{i=1}^{n}\alpha_i)}, s_{([1/(n(n-1))]\sum_{i=1}^{n}\beta_i)}, s_{([1/(n(n-1))]\sum_{i=1}^{n}\gamma_i)}];\right.\\&\left.[1-(\prod_{i=1}^{n}(1-\mu_i^2))^{\frac{1}{n(n-1)}}]^{\frac{1}{2}}, (1-(1-(\prod_{i=1}^{n}(1-(1-\nu_i^2))))^{\frac{1}{n(n-1)}})^{\frac{1}{2}}\right\rangle\\&=\left\langle [s_{([1/(n(n-1))]\sum_{i=1}^{n}\alpha_i)}, s_{([1/(n(n-1))]\sum_{i=1}^{n}\beta_i)}, s_{([1/(n(n-1))]\sum_{i=1}^{n}\gamma_i)}];\right.\\&\left.[1-(\prod_{i=1}^{n}(1-\mu_i^2))^{\frac{1}{n(n-1)}}]^{\frac{1}{2}}, (1-(1-(\prod_{i=1}^{n}\nu_i^2)^{\frac{1}{n(n-1)}}))^{\frac{1}{2}}\right\rangle\\&=\frac{1}{n(n-1)}(\mathop{\oplus}_{i=1}^{n}\tilde{s}_i)\end{aligned}\tag{3.81}$$

将其称为 Pythagorean 三角模糊语言平均算子。

(3) 当 $p=q=1$，有

$$\begin{aligned}&\mathrm{PTFLBM}^{1,1}(\tilde{s}_1,\tilde{s}_2,\cdots,\tilde{s}_n)\\&=\left\langle [s_{\left([1/(n(n-1))]\sum_{i,j=1,i\neq j}^{n}\alpha_i\alpha_j\right)^{1/2}}, s_{\left([1/(n(n-1))]\sum_{i,j=1,i\neq j}^{n}\beta_i\beta_j\right)^{1/2}}, s_{\left([1/(n(n-1))]\sum_{i,j=1,i\neq j}^{n}\gamma_i\gamma_j\right)^{1/2}}];\right.\\&\left.[1-(\prod_{i,j=1,i\neq j}^{n}(1-\mu_i^2\mu_j^2))^{\frac{1}{n(n-1)}}]^{\frac{1}{4}}, (1-(1-(\prod_{i,j=1,i\neq j}^{n}(1-(1-\nu_i^2)\times(1-\nu_j^2)))^{\frac{1}{n(n-1)}})^{\frac{1}{2}})^{\frac{1}{2}}\right\rangle\end{aligned}\tag{3.82}$$

将其称为 Pythagorean 三角模糊语言交互均方算子。

(4) 当 $p=2, q\to 0$ 时，有

$$\begin{aligned}&\lim_{q\to 0}\mathrm{PTFLBM}^{2,q}(\tilde{s}_1,\tilde{s}_2,\cdots,\tilde{s}_n)\\&=\left\langle [s_{\left([1/(n(n-1))]\sum_{i=1}^{n}\alpha_i^2\right)^{1/2}}, s_{\left([1/(n(n-1))]\sum_{i=1}^{n}\beta_i^2\right)^{1/2}}, s_{\left([1/(n(n-1))]\sum_{i=1}^{n}\gamma_i^2\right)^{1/2}}];\right.\\&\left.[1-(\prod_{i=1}^{n}(1-\mu_i^4))^{\frac{1}{n(n-1)}}]^{\frac{1}{4}}, (1-(1-(\prod_{i=1}^{n}(1-(1-\nu_i^2)^2))^{\frac{1}{n(n-1)}})^{\frac{1}{2}})^{\frac{1}{2}}\right\rangle\end{aligned}\tag{3.83}$$

将其称为 Pythagorean 三角模糊语言均方算子。

由上述研究可知，PTFLBM 算子能够考虑到属性之间的关联性，是一种对 PTFLV 集成的新方法，但是在实际应用中，各个属性具有不同的重要程度，因此我们提出了加权的 Pythagorean 三角模糊语言 Bonferroni 均值(WPTFLBM)算子。

定义 3.31[26]　设 $p,q \geqslant 0$，$\tilde{s}_j = ([s_{\alpha_j}, s_{\beta_j}, s_{\gamma_j}]; \mu_j, \nu_j)(j=1,2,\cdots,n)$ 表示一系列 Pythagorean 三角模糊语言数，存在一个加权向量 $W=(w_1,w_2,\cdots,w_n)^{\mathrm{T}}$，且 $w_i \in [0,1]$，$\sum_{j=1}^{n} w_j = 1$。若

$$\mathrm{WPTFLBM}^{p,q}(\tilde{s}_1,\tilde{s}_2,\tilde{s}_3,\cdots,\tilde{s}_n) = [\frac{1}{n(n-1)}(\bigoplus_{\substack{i,j=1\\ i\neq j}}^{n}((w_i\tilde{s}_i)^p \otimes (w_j\tilde{s}_j)^q))]^{\frac{1}{p+q}} \tag{3.84}$$

则称 $\mathrm{WPTFLBM}^{p,q}$ 算子为加权的 Pythagorean 三角模糊语言 Bonferroni 均值算子。

类似地，存在下面的定理。

定理 3.34[26]　设 $p,q \geqslant 0$，$\tilde{s}_j = ([s_{\alpha_j}, s_{\beta_j}, s_{\gamma_j}]; \mu_j, \nu_j)(j=1,2,\cdots,n)$ 表示一系列 Pythagorean 三角模糊语言数，其加权向量为 $W=(w_1,w_2,\cdots,w_n)^{\mathrm{T}}$，且 $w_i \in [0,1]$，$\sum_{j=1}^{n} w_j = 1$。通过 WPTFLBM 算子集成一系列 Pythagorean 三角模糊语言数 $\tilde{s}_j = ([s_{\alpha_j}, s_{\beta_j}, s_{\gamma_j}]; \mu_j, \nu_j)(j=1,2,\cdots,n)$ 后，其结果仍然是一个 Pythagorean 三角模糊语言数，即

$$\begin{aligned}
&\mathrm{WPTFLBM}_W^{p,q}(\tilde{s}_1,\tilde{s}_2,\cdots,\tilde{s}_n)\\
&=\Bigg\langle s_{[\frac{1}{n(n-1)}\sum_{i,j=1,i\neq j}^{n} w_i^p w_j^q \alpha_i^p \alpha_j^q]^{1/(p+q)}}, s_{[\frac{1}{n(n-1)}\sum_{i,j=1,i\neq j}^{n} w_i^p w_j^q \beta_i^p \beta_j^q]^{1/(p+q)}}, s_{[\frac{1}{n(n-1)}\sum_{i,j=1,i\neq j}^{n} w_i^p w_j^q \gamma_i^p \gamma_j^q]^{1/(p+q)}}];\\
&[1-(\prod_{i,j=1,i\neq j}^{n}(1-(1-(1-\mu_i^2)^{w_i})^p \times (1-(1-\mu_j^2)^{w_j})^q))^{\frac{1}{n(n-1)}}]^{\frac{1}{2(p+q)}},\\
&[1-(1-\prod_{i,j=1,i\neq j}^{n}(1-(1-\nu_i^{2w_i})^p \times (1-\nu_j^{2w_j})^q)^{\frac{1}{n(n-1)}})^{\frac{1}{p+1}}]^{\frac{1}{2}}\Bigg\rangle
\end{aligned} \tag{3.85}$$

3.4.2　决策算法与案例分析

本节提出基于 WPTFLBM 算子的新方法来处理模糊语言多属性决策问题。在这种情况下，属性评估值采用 Pythagorean 三角模糊语言的形式，属性权重采用实数的形式。设 $A=\{A_1,A_2,\cdots,A_m\}$ 是一个含有 m 个备选方案的集合，$C=\{c_1,c_2,\cdots,c_n\}$ 是备选方案的 n 个属性，其加权向量是 $W=(w_1,w_2,\cdots,w_n)^{\mathrm{T}}$，$w_i \in [0,1]$ $(i=1,2,\cdots,n)$ 且 $\sum_{i=1}^{n} w_i = 1$。

第一步：分析并总结出决策问题中备选方案的主要共同特征，确定备选方案的属性。然后，决策者针对各备选方案的每个属性进行评估，给出 Pythagorean 三角模糊语言形式的属性评估值。

第二步：利用 WPTFLBM 算子集成各个备选方案的决策信息，于是我们获得了每个备选方案的综合评估值，并用 PTFLN 表示。

第三步：计算每个备选方案的价值指数、奇异指数以及 G 值。

第四步：对所有备选方案进行比较排序，并选取最佳方案。

第五步：结束。

考虑到模糊信息广泛地存在于现实社会中，PTFLBM 算子在模糊多属性决策的实际应用中具有其优良的特性，本节将应用一个具体的关于供应商选择的案例来验证 PTFLBM 算子的实用性和有效性。

例 3.6　一家汽车公司需要选择一个最理想的供应商为其提供制造过程中的一个重要组件。经过预评估后，有五家公司作为备选供应商，仍然需要作进一步评估。为了评估这些备选供应商，该汽车公司的专家主要考虑了以下四个标准：

(1) c_1：产品质量；

(2) c_2：产品相关程度；

(3) c_3：交货效率；

(4) c_4：价格。

第一步：决策者应用 Pythagorean 三角模糊语言分别对 5 个备选供应商的 4 个属性标准作出评估，其属性的加权向量为 $W=(0.3,0.25,0.2,0.25)^{\mathrm{T}}$，属性评估值见表 3.11。

表 3.11　决策矩阵

方案	c_1	c_2	c_3	c_4
A_1	$([s_6,s_7,s_8];0.7,0.6)$	$([s_5,s_7,s_8];0.7,0.2)$	$([s_4,s_6,s_7];0.6,0.3)$	$([s_7,s_8,s_9];0.8,0.3)$
A_2	$([s_7,s_8,s_9];0.5,0.8)$	$([s_3,s_5,s_7];0.6,0.3)$	$([s_3,s_4,s_5];0.5,0.4)$	$([s_5,s_6,s_7];0.5,0.4)$
A_3	$([s_3,s_4,s_5];0.8,0.1)$	$([s_6,s_8,s_9];0.3,0.6)$	$([s_4,s_5,s_6];0.8,0.5)$	$([s_4,s_5,s_6];0.6,0.4)$
A_4	$([s_3,s_4,s_5];0.8,0.1)$	$([s_2,s_4,s_5];0.7,0.5)$	$([s_5,s_7,s_8];0.7,0.4)$	$([s_2,s_5,s_6];0.7,0.2)$
A_5	$([s_5,s_6,s_7];0.7,0.6)$	$([s_7,s_8,s_9];0.6,0.4)$	$([s_1,s_2,s_3];0.4,0.5)$	$([s_6,s_7,s_8];0.8,0.1)$

第二步：利用 WPTFLBM 算子集成各备选供应商的决策信息(此处参数取值为 $p=1$，$q=1$)，获得各备选供应商的综合评估值。其结果如下：

$$\mathrm{WPTFLBM}_W^{1,1}(A_1)=([s_{1.3801},s_{1.7510},s_{2.0004}];0.3995,0.7679)$$

$$\mathrm{WPTFLBM}_W^{1,1}(A_2)=([s_{1.1253},s_{1.4489},s_{1.7660}];0.2787,0.8322)$$

$$\mathrm{WPTFLBM}_W^{1,1}(A_3)=([s_{1.1150},s_{1.4216},s_{1.6726}];0.3236,0.8297)$$

$$\mathrm{WPTFLBM}_W^{1,1}(A_4)=([s_{0.7130},s_{1.2097},s_{1.4606}];0.4152,0.7278)$$

$$\mathrm{WPTFLBM}_W^{1,1}(A_5)=([s_{1.1867},s_{1.4416},s_{1.6948}];0.3615,0.7880)$$

第三步：针对每个备选供应商 $A_i(i=1,2,\cdots,5)$ 的整体偏好值 $\text{WPTFLBM}^{1,1}(A_i)$，计算它们的价值指数 $V(\tilde{s}_i)$、奇异指数 $A(\tilde{s}_i)$ 和 $G(\tilde{s}_i)$，其结果如表 3.12 所示。

表 3.12　供应商的 $G(\tilde{s}_i)$、$V(\tilde{s}_i)$ 和 $A(\tilde{s}_i)$

指标	A_1	A_2	A_3	A_4	A_5
$V(\tilde{s}_i)$	0.5466	0.3232	0.3488	0.4017	0.4133
$A(\tilde{s}_i)$	0.0653	0.0477	0.0459	0.0857	0.0486
$G(\tilde{s}_i)$	0.4813	0.2755	0.3029	0.3160	0.3648

第四步：根据表 3.12 中的数据，对各备选的供应商 $A_i(i=1,2,\cdots,5)$ 的总体偏好进行排序。结果如下：

$$A_1 \succ A_5 \succ A_4 \succ A_3 \succ A_2$$

因此，A_1 是最佳的供应商。

与 $\text{WPTFLBM}_W^{1,1}$ 算子的结果相比较，利用 $\text{WPTFLBM}_W^{5,1}$ 算子获得的排序结果为 $A_1 \succ A_5 \succ A_4 \succ A_2 \succ A_3$。虽然最佳供应商仍然是 A_1，但是排序结果中 A_2 和 A_3 的顺序发生了变化。因此，我们可以观察到，采用不同的参数值会得到不同的排序结果，具体如表 3.13 所示。此外，从 PTFLBM 算子的定义可以看出，参数 p,q 的值越大，该算子的运算量就越大。例如，我们参数取值为 $p=10,q=5$，那么我们在集成过程中需要更多的计算次数。值得注意的是，当参数 p 和 q 任何一个取值为 0，或者 p 和 q 的值都为 0 时，该 PTFLBM 算子便无法捕捉到各元素间的相互关系。因此，在实际应用中，参数 p,q 的取值很重要。综合考虑 PTFLBM 算子的特征以及集成过程中的运算量，我们一般将这对参数 p,q 的值设置为 1。这样不但考虑到了各元素相互之间的内部关系，保持了 PTFLBM 算子的良好的特征，而且简化了运算过程，省掉了不必要的计算。

表 3.13　不同 p、q 值的排序情况

p、q	排序
$p=1,q=0$	$A_1 \succ A_5 \succ A_4 \succ A_3 \succ A_2$
$p=1,q=1$	$A_1 \succ A_5 \succ A_4 \succ A_3 \succ A_2$
$p=2,q=1$	$A_1 \succ A_5 \succ A_4 \succ A_3 \succ A_2$
$p=2,q=2$	$A_1 \succ A_5 \succ A_4 \succ A_3 \succ A_2$
$p=5,q=1$	$A_1 \succ A_5 \succ A_4 \succ A_2 \succ A_3$
$p=5,q=5$	$A_1 \succ A_5 \succ A_4 \succ A_3 \succ A_2$
$p=6,q=1$	$A_1 \succ A_5 \succ A_2 \succ A_4 \succ A_3$
$p=10,q=1$	$A_5 \succ A_1 \succ A_2 \succ A_4 \succ A_3$
$p=10,q=5$	$A_1 \succ A_5 \succ A_2 \succ A_4 \succ A_3$

我们可以看出，在描述模糊信息时 Pythagorean 模糊集较直觉模糊集具有更大的

空间。在上述汽车供应商选择的例子中，我们利用 WPTFLBM 算子来集成决策者对各供应商的评估值。WPTFLBM 算子的优点是它不仅可以集成 Pythagorean 三角模糊语言信息，而且能很好地反映元素之间的相互关系以及各个属性的重要程度。该方法很好地解决了汽车公司的供应商选择问题，为该公司提供了有效的决策支持。同时，该方法也适合应用在其他领域的模糊语言多属性决策问题中。

在本节的研究内容中，我们主要提出了基于 PTFLBM 算子的多属性决策方法。该方法不仅在决策信息的表达形式上更为灵活，而且在集成过程中能充分捕捉到决策信息之间的相互关系，在很大程度上提高了决策的适用性和有效性。决策信息为 Pythagorean 模糊语言变量的多属性群决策方法的研究目前还不完善，本章研究在 ITFLV 的基础上提出的 PTFLV 是一个新的语言变量，我们在 PTFLV 的基础上仅研究了基于集成算子的决策方法，对于其他形式的决策方法尚未涉及。因此，目前的研究缺乏有效的决策方法与之进行对比分析，我们将基于该语言变量的决策方法作为进一步的研究内容。

3.5　小　结

本章主要介绍了模糊语言、直觉模糊语言与 Pythagorean 模糊语言三类具有模糊性的智能语言信息集成方法，重点介绍了不同赋权情况下三类智能语言集成算子及其性质，在给出相应的决策方法的基础上，用实例验证不同赋权决策中的效果。

参 考 文 献

[1] Yager R R. On ordered weighted averaging aggregation operators in multi-criteria decision making. IEEE Transactions on Systems, Man, and Cybernetics, 1988, 18: 183-190.

[2] 徐泽水. 基于 FOWA 算子的三角模糊数互补判断矩阵排序法. 系统工程理论与实践, 2003, 23(10): 86-89.

[3] Yager R R, Filev D P. Induced ordered weighted averaging operators. IEEE Transactions on Systems, Man, and Cybernetics Part B, 1999, 29: 141-150.

[4] Yager R R. Generalized OWA aggregation operators. Fuzzy Optimization and Decision Making, 2004, 3(1): 93-107.

[5] Xu Z S, Da Q L. The ordered weighted geometric averaging operators. International Journal of Intelligent Systems, 2002, 17(7): 709-716.

[6] 徐泽水. 不确定多属性决策方法及应用. 北京：清华大学出版社, 2004.

[7] Xu Z S. A practical procedure to group decision making under incomplete multiplicative linguistic preference relations. Group Decision and Negotiation, 2006, 15(6): 581-591.

[8] Xian S D. Fuzzy linguistic induced ordered weighted averaging operator and its application. Journal of Applied Mathematicsl, 2012, (9): 853-862.

[9] Xu Z S. Intuitionistic fuzzy aggregation operators. IEEE Transactions on Fuzzy Systems, 2007, 15(6): 1179-1187.

[10] Xu Z S, Yager R R. Some geometric aggregation operators based on intuitionistic fuzzy sets. International Journal of General Systems, 2006, 35(4): 417-433.

[11] Xu Z S, Chen J. An approach to group decision making based on interval-valued intuitionistic judgment matrices. System Engineering Theory and Practice, 2007, 27(4): 126-133.

[12] Zhang J L, Qi X W. Induced interval-valued intuitionistic fuzzy hybrid aggregation operators with TOPSIS order-inducing variables. Journal of Applied Mathematics, 2012, (2): 331-353.

[13] Merigó J M, Casanovas M. A new Minkowski distance based on induced aggregation operators. International Journal of Computational Intelligence Systems, 2012, 4(2): 123-133.

[14] Merigó J M, Casanovas M. Induced aggregation operators in the Euclidean distance and its application in financial decision making. Expert Systems with Applications, 2011, 38: 7603-7608.

[15] Xian S D, Sun W J. Fuzzy linguistic induced euclidean OWA distance operator and its application in group linguistic decision making. International Journal of Intelligent Systems, 2014, 29(5): 478-491.

[16] Xian S D, Sun W J, Xu S H, et al. Fuzzy linguistic induced OWA Minkowski distance operator and its application in group decision making. Pattern Analysis and Applications, 2016, 19(2): 325-335.

[17] 徐泽水. 纯语言多属性群决策方法研究. 控制与决策, 2004, 19(7): 778-781.

[18] Wei G W. Induced pure linguistic OWGA operator and its application to group decision making. Fuzzy Systems and Mathematics, 2007, 27(6): 115-122.

[19] Chang S S L, Zadeh L A. On fuzzy mapping and control. IEEE Transactions on Systems Man and Cybernetics, 1972, 2(1): 30-34.

[20] Xu Z S. Group decision making with triangular fuzzy linguistic variables//Proceedings of the 8th International Conference on Intelligent Data Engineering and Automated Learning. Birmingham: Springer-Verlag Press, 2007: 17-26.

[21] 廖虎昌. 复杂模糊多属性决策理论与方法. 北京:科学出版社, 2016.

[22] Xian S D, Xue W T, Zhang J F, et al. Intuitionistic fuzzy linguistic induced ordered weighted averaging operator for group decision making. International Journal of Uncertainty, Fuzziness and Knowledge-Based Systems, 2015, 23(4): 627-648.

[23] Marichal J L, Roubens M. Characterization of the ordered weighted averaging operators. IEEE Transactions on Fuzzy Systems, 1995, 3(2): 236-240.

[24] Xian S D, Jing N, Xue W T, et al. A new intuitionistic fuzzy linguistic hybrid aggregation operator and its application for linguistic group decision making. International Journal of Intelligent Systems, 2017, 32(12): 1332-1352.

[25] Yager R R. Pythagorean membership grades in multicriteria decision making. IEEE Transactions on Fuzzy Systems, 2014, 22(4): 958-965.

[26] Jing N, Xian S D, Xiao Y. Pythagorean triangular fuzzy linguistic bonferroni mean operators and their application for multi-attribute decision making// Proceedings of the 2nd IEEE International Conference on Computational Intelligence and Applications (ICCIA), Beijing, 2017: 435-439.

第 4 章 智能语言信息集成方法

本章主要介绍具有犹豫度、随机性以及同时具有两种特性的智能语言信息集成方法，主要包括犹豫模糊语言信息集成方法、概率语言信息集成方法、Z-语言信息集成方法等。

4.1 犹豫模糊语言信息集成方法

4.1.1 犹豫模糊语言集成算子

由于决策问题的复杂性以及人们知识的局限性，专家们不能准确地表达他们的想法，甚至在很多实际情况下，专家们不能用定量的形式评估备选方案，而只能用定性形式来表达。针对这种情况，有学者提出了模糊语言方法来处理这样的情形。然而，如果专家在不同的语言术语中意见有动摇，并想利用一种更复杂的语言充分表达自己的想法，模糊语言的方法就不再有效。在此情况下，Rodríguez 等[1]提出了犹豫模糊语言术语集。为了克服非对称的语言评估尺度等问题，Liao 等[2]重新定义了犹豫模糊语言术语集。Bonferroni[3]首先提出了 Bonferroni 平均(Bonferroni Mean，BM)算子，它可以用于 Max 算子和 Min 算子之间，以及逻辑“or”和“and”算子之间的集成，也可以用来描述属性之间的相关关系。

定义 4.1[3] 设 $p,q \geqslant 0$，且 $a_i(i=1,2,\cdots,n)$ 为一组非负实数，若

$$B^{p,q}\left(a_1,a_2,\cdots,a_n\right)=\left(\frac{1}{n(n-1)}\sum_{\substack{i,j=1\\ i\neq j}}^{n}a_i^p a_j^q\right)^{\frac{1}{p+q}} \tag{4.1}$$

则 $B^{p,q}$ 为 Bonferroni 平均算子。

显然，BM 算子具有下列性质：

(1) $B^{p,q}(0,0,\cdots,0)=0$；

(2) $B^{p,q}(a,a,\cdots,a)=a$，若对任意 i，有 $a_i=a$；

(3) $B^{p,q}(a_1,a_2,\cdots,a_n)\geqslant B^{p,q}(d_1,d_2,\cdots,d_n)$，即 $B^{p,q}$ 是单调的，若对任意 i，有 $a_i \geqslant d_i$；

(4) $\mathrm{Min}\{a_i\}\leqslant B^{p,q}(a_1,a_2,\cdots,a_n)\leqslant \mathrm{Max}\{a_i\}$。

考虑到 BM 算子可以捕获参数之间的相互关系，被广泛应用于不同的情况下的

多准则决策问题。为了将 BM 算子拓展到犹豫模糊语言环境，Gou 等[4]提出了犹豫模糊语言 BM 算子。

定义 4.2[1]　设 $S=\{s_0,s_1,\cdots,s_{g-1}\}$ 为有限并且全有序离散语言术语集，$h_S=\{s_\alpha\,|\,\alpha\in[0,g-1]\}$ 是一个犹豫模糊语言元素，$H=\{\gamma\,|\,\gamma\in[0,1]\}$ 为犹豫模糊集。通过函数 f，语言术语 s_α 与隶属度 γ 的转换关系为

$$f:[0,g-1]\to[0,1],\quad f(s_\alpha)=\frac{\alpha}{g-1}=\gamma \tag{4.2}$$

类似地，通过函数 f^{-1}，隶属度 γ 与语言术语之间的转换关系为

$$f^{-1}:[0,1]\to[0,g-1],\quad f^{-1}(\gamma)=s_\gamma\times(g-1)=s_\alpha \tag{4.3}$$

接下来，主要讨论下标对称的加性语言术语集，记为 $S=\{s_t\,|\,t=-\tau,\cdots,-1,0,1,\cdots,\tau\}$，与完全有序离散语言术语集不同。随后定义两个新的关于犹豫模糊语言术语集和犹豫模糊集的转换函数。

定义 4.3[1]　设 $S=\{s_t\,|\,t=-\tau,\cdots,-1,0,1,\cdots,\tau\}$ 为有限并且全有序离散语言术语集，$h_S=\{s_t\,|\,t\in[-\tau,\tau]\}$ 为犹豫模糊语言元素，$H=\{\gamma\,|\,\gamma\in[0,1]\}$ 为犹豫模糊集。通过函数 g，语言术语 s_t 与隶属度 γ 的转换函数为

$$g:[-\tau,\tau]\to[0,1],\quad g(s_t)=\frac{t}{2\tau}+\frac{1}{2}=\gamma \tag{4.4}$$

另外，我们可以得到下面的函数：

$$g:[-\tau,\tau]\to[0,1],\quad g(h_S)=\left\{g(s_t)=\frac{t}{2\tau}+\frac{1}{2}\,|\,t\in[-\tau,\tau]\right\}=h_\gamma$$

通过函数 g^{-1}，语言术语 s_t 与隶属度 γ 的转换函数为

$$g^{-1}:[0,1]\to[-\tau,\tau],\quad g^{-1}(\gamma)=s_{(2\gamma-1)\tau}=s_t \tag{4.5}$$

类似地，我们得到

$$g^{-1}:[0,1]\to[-\tau,\tau],\quad g^{-1}(h_\gamma)=\{g^{-1}(\gamma)=s_{(2\gamma-1)\tau}\,|\,\gamma\in[0,1]\}=h_S \tag{4.6}$$

为了比较两个犹豫模糊语言元素的大小，基于上述的转换函数，定义了相应的得分函数。

定义 4.4　设 $h_S=\{s_t\,|\,t\in[-\tau,\tau]\}$ 为犹豫模糊语言元素，称

$$s(h_S)=\frac{1}{l}\sum_{i=1}^{l}g(s_i),\ s_i\in h_S \tag{4.7}$$

为 h_S 的得分函数，其中 l 为 h_S 元素的个数。那么有：如果 $s(h_{S_1})<s(h_{S_2})$，则 h_{S_1} 小于 h_{S_2}，记为 $h_{S_1}\prec h_{S_2}$；如果 $s(h_{S_1})>s(h_{S_2})$，则 h_{S_1} 大于 h_{S_2}，记为 $h_{S_1}\succ h_{S_2}$。

如果 $s(h_{S_1})=s(h_{S_2})$，则 h_{S_1} 等于 h_{S_2}，记为 $h_{S_1}=h_{S_2}$。

定义 4.5[4]　设 $h_{S_i}(i=1,2,\cdots,n)$ 为犹豫模糊语言元素的集合，对任意 $p,q>0$，如果

$$\mathrm{HFLBM}^{p,q}(h_{S_1},h_{S_2},\cdots,h_{S_n})=g^{-1}\left(\left(\frac{1}{n(n-1)}\left(\bigoplus_{\substack{i,j=1\\ i\neq j}}((g(h_{S_i}))^p\otimes(g(h_{S_j}))^q)\right)\right)^{\frac{1}{p+q}}\right)\tag{4.8}$$

则称 $\mathrm{HFLBM}^{p,q}$ 为犹豫模糊语言 Bonferroni 平均(Hesitant Fuzzy Linguistic Bonferroni Mean，HFLBM)算子。

很明显，基于定义 4.2 中的等价函数 g,h_{S_i} 和 h_{S_j} 可以转换为两个犹豫模糊元素 h_i 和 h_j：

$$\mathrm{HFLBM}^{p,q}(h_{S_1},h_{S_2},\cdots,h_{S_n})=g^{-1}\left(\left(\frac{1}{n(n-1)}\left(\bigoplus_{\substack{i,j=1\\ i\neq j}}(h_i)^p\otimes(h_j)^q\right)\right)^{\frac{1}{p+q}}\right)\tag{4.9}$$

而 $\left(\frac{1}{n(n-1)}\left(\bigoplus_{\substack{i,j=1\\ i\neq j}}(h_i)^p\otimes(h_j)^q\right)\right)^{\frac{1}{p+q}}$ 是犹豫模糊 Bonferroni 平均算子，按照 HFBM 算子，其运算结果为犹豫模糊元素。用另外一个等价转换函数 g^{-1} 将犹豫模糊元素转换为犹豫模糊语言元素。因此，HFLBM 算子的集成结果是一个犹豫模糊语言元素。

定理 4.1[4]　令 $p,q>0$，$h_{S_i}(i=1,2,\cdots,n)$ 为犹豫模糊语言元素的集合，通过 HFLBM 算子的集成结果是一个犹豫模糊语言元素，即

$$\mathrm{HFLBM}^{p,q}(h_{S_1},h_{S_2},\cdots,h_{S_n})=\bigcup_{\xi_{i,j}\in\sigma_{i,j},i\neq j}\left\{g^{-1}\left(\left(1-\prod_{\substack{i,j=1\\ i\neq j}}^{n}(1-\xi_{i,j})^{\frac{1}{n(n-1)}}\right)^{\frac{1}{p+q}}\right)\right\}\tag{4.10}$$

其中，$\sigma_{i,j}=(h_i)^p\otimes(h_j)^q$ 反映了 h_{S_i} 和 $h_{S_j}(i,j=1,2,\cdots,n;i\neq j)$ 之间的相互关系。

证明　首先，通过定义 4.2，我们进行犹豫模糊语言元素 $h_{S_i}(i=1,2,\cdots,n)$ 和犹豫模糊元素 $h_i(i=1,2,\cdots,n)$ 之间的等价转换：

$$\sigma_{i,j}=(h_i)^p\otimes(h_j)^q=\bigcup_{\xi_{i,j}\in\sigma_{i,j}}\{\xi_{i,j}\}=\bigcup_{\substack{\gamma_i\in h_i\\ \gamma_j\in h_j}}\{\gamma_i^p\gamma_j^q\}$$

因此，可以得到

$$\mathrm{HFLBM}^{p,q}\left(h_{S_1},h_{S_2},\cdots,h_{S_n}\right)$$
$$=g^{-1}\left(\left(\frac{1}{n(n-1)}\left(\bigoplus_{\substack{i,j=1\\i\neq j}}^{n}\sigma_{i,j}\right)\right)^{\frac{1}{p+q}}\right)$$
$$=g^{-1}\left(\left(\bigoplus_{\substack{i,j=1\\i\neq j}}^{n}\left(\frac{1}{n(n-1)}\sigma_{i,j}\right)\right)^{\frac{1}{p+q}}\right)$$

定理证毕。

下面给出例子可以展示 HFLBM 算子的计算过程。

例 4.1　设 $S=\{s_t\mid t=-\tau,\cdots,-1,0,1,\cdots,\tau\}$ 是一个下标对称加性语言术语集，$\tau=3,h_{S_1}=\{s_{-1},s_0\}$ 和 $h_{S_2}=\{s_0,s_1,s_2\}$ 为两个犹豫模糊语言元素，可以用 HFLBM 算子将两者集成。

如果 $p=1,q=0$，则

$$h_1=g(h_{S_1})=\left\{g\left(s_t\right)=\frac{t}{2\times 3}+\frac{1}{2}\mid t\in[-3,3]\right\}=\left\{\frac{-1}{2\times 3}+\frac{1}{2},\frac{0}{2\times 3}+\frac{1}{2}\right\}=\left\{\frac{1}{3},\frac{1}{2}\right\}$$

$$h_2=g(h_{S_2})=\left\{g\left(s_t\right)=\frac{t}{2\times 3}+\frac{1}{2}\mid t\in[-3,3]\right\}=\left\{\frac{0}{2\times 3}+\frac{1}{2},\frac{1}{2\times 3}+\frac{1}{2},\frac{2}{2\times 3}+\frac{1}{2}\right\}=\left\{\frac{1}{2},\frac{2}{3},\frac{5}{6}\right\}$$

$$\sigma_{1,2}=(h_1)^1\otimes(h_2)^0=\bigcup_{\gamma_j\in h_j}\{\gamma_i^p\gamma_j^q\}=\left\{\frac{1}{3},\frac{1}{2}\right\}$$

$$\sigma_{2,1}=(h_2)^1\otimes(h_1)^0=\bigcup_{\substack{\tau_j\in h_j\\ \tau_j\in h_j}}\{\gamma_i^p\gamma_j^q\}=\left\{\frac{1}{2},\frac{2}{3},\frac{5}{6}\right\}$$

$$\mathrm{HFLBM}^{1,0}(h_{S_1},h_{S_2})=\bigcup_{\xi_{u,j}\in\sigma_{i,j,i\neq j}}\left\{g^{-1}\left(1-\prod_{\substack{i,j=1\\i\neq j}}^{2}(1-\xi_{i,j})^{\frac{1}{n(n-1)}}\right)\right\}$$
$$=g^{-1}\left(1-(1-\sigma_{1,2})^{\frac{1}{2}}(1-\sigma_{2,1})^{\frac{1}{2}}\right)$$
$$=g^{-1}(\{0.4226,0.5,0.5286,0.5918,0.6667,0.713\})$$
$$=\{s_{-0.46},s_0,s_{0.17},s_{0.55},s_1,s_{1.27}\}$$

在此算子中，可以根据实际情况选取 p 和 q 的值，继续探究 HFLBM 算子的一些性质。

定理 4.2[4]（单调性）　设 $h_{S_a}=\{h_{S_{a_1}},h_{S_{a_2}},\cdots,h_{S_{a_n}}\}$ 和 $h_{S_b}=\{h_{S_{b_1}},h_{S_{b_2}},\cdots,h_{S_{b_n}}\}$ 为两个犹

豫模糊语言元素的集合。如果对于任意 $s_{t_{a_i}} \in h_{S_{a_i}}$ 和 $s_{t_{ab}} \in h_{S_{b_i}}$，以及任意 i，可得 $s_{t_{a_i}} < s_{t_{b_i}}$，则

$$\mathrm{HFLBM}^{p,q}(h_{S_{a_1}}, h_{S_{a_2}}, \cdots, h_{S_{a_n}}) \leqslant \mathrm{HFLBM}^{p,q}(h_{S_{b_1}}, h_{S_{b_2}}, \cdots, h_{S_{b_n}}) \tag{4.11}$$

证明 基于语言尺度函数，我们将所有犹豫模糊语言元素转换为犹豫模糊元素：

$$g:[\ \tau,\tau]\ \rangle [0,1],\quad g(s_{t_{\theta_i}}) = \frac{t_{\theta_i}}{2\tau} + \frac{1}{2} = \gamma_{\theta_i}$$

$$g:[-\tau,\tau] \to [0,1],\quad g\left(h_{S_{\theta_i}}\right) = \left\{ g\left(s_{t_{\theta_i}}\right) = \frac{t_{\theta_i}}{2\tau} + \frac{1}{2} \mid t_{\theta_i} \in [-\tau,\tau] \right\} = h_{\theta_i}$$

其中，$i = 1,2,\cdots,n; \theta = a$ 和 b。则对于任意 $\gamma_{\theta_i} \in \gamma_{\theta_i}$，可得 $\gamma_{a_i} \in \gamma_{b_i}$，因此有

$$\begin{aligned}\mathrm{HFLBM}^{p,q}(h_{S_{a_1}}, h_{S_{a_2}}, \cdots, h_{S_{a_n}}) &= g^{-1}(\mathrm{HFBM}^{p,q}(h_{a_1}, h_{a_2}, \cdots, h_{a_n})) \\ &\leqslant \mathrm{HFLBM}^{p,q}(h_{S_{b_1}}, h_{S_{b_2}}, \cdots, h_{S_{b_n}}) \\ &= g^{-1}(\mathrm{HFBM}^{p,q}(h_{b_1}, h_{b_2}, \cdots, h_{b_n}))\end{aligned}$$

同样地，对于任意 $\gamma_{a_i} \in h_{\gamma_{a_i}}$ 和 $\gamma_{b_i} \in h_{\gamma_{b_i}} (i \neq j)$，我们有 $\gamma_{a_i}\gamma_{a_j} \leqslant \gamma_{b_i}\gamma_{b_j}$。因此，对于任意 $\xi_{a_{i,j}} \in \sigma_{a_{i,j}}$ 和 $\xi_{b_{i,j}} \in \sigma_{b_{i,j}} (i \neq j)$，我们可以得到 $\xi_{a_{i,j}} = \gamma_{a_i}^p \gamma_{a_i}^q \leqslant \xi_{b_{i,j}} = \gamma_{b_i}^p \gamma_{b_i}^q$，因此有

$$\left(1 - \prod_{\substack{i,j=1 \\ i \neq j}}^{n} (1 - \xi_{a_{i,j}})\right)^{\frac{1}{p+q}} \leqslant \left(1 - \prod_{\substack{i,j=1 \\ i \neq j}}^{n} (1 - \xi_{b_{i,j}})^{\frac{1}{n(n-1)}}\right)^{\frac{1}{p+q}}$$

可以得到

$$\begin{aligned}\mathrm{HFLBM}^{p,q}(h_{S_{a_1}}, h_{S_{a_2}}, \cdots, h_{S_{a_n}}) &= g^{-1}(\mathrm{HFBM}^{p,q}(h_{a_1}, h_{a_2}, \cdots, h_{a_n})) \\ &= g^{-1}\left(\left(\frac{1}{n(n-1)}\left(\bigoplus_{\substack{i,j=1 \\ i \neq j}}^{n}\right)\right)^{\frac{1}{n(n-1)}}\right) \\ &= \bigcup_{\xi_{a_{i,j}} \in \sigma_{a_{i,j}}, i \neq j} \left\{ g^{-1}\left(\left(1 - \prod_{\substack{i,j=1 \\ i \neq j}}^{n} (1 - \xi_{a_{i,j}})^{\frac{1}{n(n-1)}}\right)^{\frac{1}{p+q}}\right) \right\}\end{aligned}$$

$$\leqslant \underset{\xi_{b_{i,j}} \in \sigma_{b_{i,j}}, i\neq j}{U}\left\{g^{-1}\left(1-\prod_{\substack{i,j=1\\ i\neq j}}^{n}(1-\xi_{b_{ij}})^{\frac{1}{n(n-1)}}\right)^{\frac{1}{p+q}}\right\}$$

$$=g^{-1}\left(\left(\frac{1}{n(n-1)}\left(\bigoplus_{\substack{i,j=1\\ i\neq j}}^{n}\right)\right)^{\frac{1}{n(n-1)}}\right)$$

$$=g^{-1}(\text{HFBM}^{p,q}(h_{b_1},h_{b_2},\cdots,h_{b_n}))$$

$$=\text{HFLBM}^{p,q}(h_{S_{b_1}},h_{S_{b_2}},\cdots,h_{S_{b_n}})$$

定理证毕。

定理 4.3[4] (有界性)　$h_{S_i}(i=1,2,\cdots,n)$ 为犹豫模糊语言元素的集合，$h_{S_i}^{+}=\bigcup_{s_i\in h_{S_i}}\text{Max}\{s_i\}$，$h_{\overline{S}_i}=\bigcup_{s_i\in h_{S_i}}\text{Min}\{s_i\}, s_i^{+}\in h_{S_i}^{+}, s_i^{-}\in h_{S_i}^{-}$，且

$$h_{S_i}\leqslant \text{HFLBM}^{p,q}(h_{S_1},h_{S_2},\cdots,h_{S_n})\leqslant h_{S_i}^{+} \tag{4.12}$$

证明　我们首先将所有犹豫模糊语言元素转换为犹豫模糊元素，即

$$g:[-\tau,\tau]\to[0,1],\quad g(s_i)=\frac{i}{2\tau}+\frac{1}{2}=\gamma_i$$

以及

$$g:[-\tau,\tau]\to[0,1],\quad g(h_{S_i})=\left\{g\left(s_i\right)=\frac{i}{2\tau}+\frac{1}{2}\,|\,i\in[-\tau,\tau]\right\}=h_i$$

其中，$\gamma_i\in h_i(i=1,2,\cdots,n)$。因此，对于 $i,\gamma_i^{+}\in h_i^{+},\gamma_i^{-}\in h_i^{-}$ 以及 $\gamma_i^{-}\leqslant\gamma_i\leqslant\gamma_i^{+}$，有

$$(\gamma_i^{-})^{p+q}\leqslant\gamma_i^{p}\gamma_j^{q}\leqslant(\gamma_i^{+})^{p+q}$$

此外，$\sigma_{i,j}=(h_i^{p}\otimes h_j^{q})=\bigcup_{\xi_{i,j}\in\sigma_{i,j}}\{\xi_{i,j}\}=\bigcup_{\substack{\gamma_i\in h_i\\ \gamma_j\in h_j}}\{\gamma_i^{p}\gamma_j^{q}\}$，故

$$\left(\prod_{\substack{i,j=1\\ i\neq j}}^{n}(1-\xi_{i,j})\right)^{\frac{1}{n(n-1)}}\geqslant\left(\prod_{\substack{i,j=1\\ i\neq j}}^{n}\left(1-(\gamma_i^{+})^{p+q}\right)\right)^{\frac{1}{n(n-1)}}=1-(\gamma_i^{+})^{p+q}$$

$$\left(\prod_{\substack{i,j=1\\ i\neq j}}^{n}(1-\xi_{i,j})\right)^{\frac{1}{n(n-1)}}\leqslant\left(\prod_{\substack{i,j=1\\ i\neq j}}^{n}\left(1-(\gamma_i^{-})^{p+q}\right)\right)^{\frac{1}{n(n-1)}}=1-(\gamma_i^{-})^{p+q}$$

因此有

$$\left(1-\left(\prod_{\substack{i,j=1\\i\neq j}}^{n}(1-\xi_{i,j})\right)^{\frac{1}{n(n-1)}}\right)^{\frac{1}{p+q}} \geqslant (1-(1-(\gamma_i^{+})^{p+q}))^{\frac{1}{p+q}}=\gamma_i^{+}$$

$$\left(1-\left(\prod_{\substack{i,j=1\\i\neq j}}^{n}(1-\xi_{i,j})\right)^{\frac{1}{n(n-1)}}\right)^{\frac{1}{p+q}} \leqslant (1-(1-(\gamma_i^{-})^{p+q}))^{\frac{1}{p+q}}=\gamma_i^{-}$$

另外，基于前面的定义，可得

$$\begin{aligned}
\mathrm{HFLBM}^{p,q}(h_{S_1},h_{S_2},\cdots,h_{S_n}) &= g^{-1}(\mathrm{HFBM}^{p,q}(h_1,h_2,\cdots,h_n))\\
&= \bigcup_{\xi_{i,j}\in\sigma_{i,j},i\neq j}\left\{g^{-1}\left(\left(1-\prod_{\substack{i,j=1\\i\neq j}}^{n}(1-\xi_{i,j})^{\frac{1}{n(n-1)}}\right)^{\frac{1}{p+q}}\right)\right\}\\
&\geqslant \bigcup_{\xi_{i,j}\in\sigma_{i,j}}\left\{g^{-1}\left((1-(1-\xi_{i,j}^{-}))^{\frac{1}{p+q}}\right)\right\}\\
&= \bigcup_{\xi_{i,j}\in\sigma_{i,j}}\left\{g^{-1}\left((\xi_{i,j}^{-})^{\frac{1}{p+q}}\right)\right\}\\
&= \bigcup_{\gamma_i^{-}\in h_i^{-}}\{g^{-1}(\gamma_i^{-})\}=h_{S_i}^{-}
\end{aligned}$$

$$\begin{aligned}
\mathrm{HFLBM}^{p,q}(h_{S_1},h_{S_2},\cdots,h_{S_n}) &= g^{-1}(\mathrm{HFBM}^{p,q}(h_1,h_2,\cdots,h_n))\\
&= \bigcup_{\xi_{i,j}\in\sigma_{i,j,i}\neq j}\left\{g^{-1}\left(\left(1-\prod_{\substack{i,j=1\\i\neq j}}^{n}(1-\xi_{i,j})^{\frac{1}{n(n-1)}}\right)^{\frac{1}{p+q}}\right)\right\}\\
&\leqslant \bigcup_{\xi_{i,j}^{+}\in\sigma_{i,j}^{+}}\left\{g^{-1}(1-(1-\xi_{i,j}^{+}))^{\frac{1}{p+q}}\right\}
\end{aligned}$$

$$=\bigcup_{\xi_{i,j}^+\in\sigma_{i,j}^+}\left\{g^{-1}\left((\xi_{i,j}^+)^{\frac{1}{p+q}}\right)\right\}$$

$$=\bigcup_{\gamma_i^+\in h_i^+}\{g^{-1}(\gamma_i^+)\}=h_{S_i}^+$$

于是 $h_{S_i}^-\leqslant \text{HFLBM}^{p,q}(h_{S_1},h_{S_2},\cdots,h_{S_n})\leqslant h_{S_i}^+$。定理证毕。

定理 4.4[4]（交换律）　设 $h_{S_i}(i=1,2,\cdots,n)$ 为犹豫模糊语言元素的集合，$(\ddot{h}_{S_1},\ddot{h}_{S_2},\cdots,\ddot{h}_{S_n})$ 为 $(h_{S_1},h_{S_2},\cdots,h_{S_n})$ 的任意排列，则

$$\text{HFLBM}^{p,q}(h_{S_1},h_{S_2},\cdots,h_{S_n})=\text{HFLBM}^{p,q}(\ddot{h}_{S_1},\ddot{h}_{S_2},\cdots,\ddot{h}_{S_n}) \tag{4.13}$$

证明　首先将犹豫模糊语言元素 $h_{S_i}(i=1,2,\cdots,n)$ 等价转换为犹豫模糊元素 $h_i(i=1,2,\cdots,n)$，则

$$\text{HFLBM}^{p,q}(h_{S_1},h_{S_2},\cdots,h_{S_n})=g^{-1}(\text{HFBM}^{p,q}(h_1,h_2,\cdots,h_n))$$

$$=g^{-1}\left(\left(\frac{1}{n(n-1)}\left(\bigoplus_{\substack{i,j=1\\i\neq j}}^{n}\sigma_{i,j}\right)\right)^{\frac{1}{p+q}}\right)$$

$$\text{HFLBM}^{p,q}(\ddot{h}_{S_1},\ddot{h}_{S_2},\cdots,\ddot{h}_{S_n})=g^{-1}(\text{HFBM}^{p,q}(\ddot{h}_1,\ddot{h}_2,\cdots,\ddot{h}_n))$$

$$=g^{-1}\left(\left(\frac{1}{n(n-1)}\left(\bigoplus_{\substack{i,j=1\\i\neq j}}^{n}\ddot{\sigma}_{i,j}\right)\right)^{\frac{1}{p+q}}\right)$$

其中，$\sigma_{i,j}=h_i^p\otimes h_j^q$ 和 $\ddot{\sigma}_{i,j}=\ddot{h}_i^p\otimes\ddot{h}_j^q(i,j=1,2,\cdots,n;i\neq j)$。正如我们所知，当改变 $h_i(i=1,2,\cdots,n)$ 的位置时，$\sigma_{i,j}$ 和 $\ddot{\sigma}_{i,j}$ 是等价的。因此，可以得到

$$\text{HFLBM}^{p,q}(h_{S_1},h_{S_2},\cdots,h_{S_n})=g^{-1}\left(\left(\frac{1}{n(n-1)}\left(\bigoplus_{\substack{i=1\\i\neq j}}^{n}\sigma_{i,j}\right)\right)^{\frac{1}{p+q}}\right)$$

$$=\text{HFLBM}^{p,q}(\ddot{h}_{S_1},\ddot{h}_{S_2},\cdots,\ddot{h}_{S_n})$$

$$=g^{-1}\left(\left(\frac{1}{n(n-1)}\left(\bigoplus_{\substack{i=1\\i\neq j}}^{n}\ddot{\sigma}_{i,j}\right)\right)^{\frac{1}{p+q}}\right)$$

定理证毕。

前面定义的 HFLBM 算子有一个显著特点：可以考虑犹豫模糊语言元素之间的相互关系，Zhu 等[5]为了进一步研究任意两个犹豫模糊语言元素之间的关系，首先介绍一个关于犹豫模糊集“结合满意度”因子的概念。

定义 4.6[5] 令 $p,q \geqslant 0, h_i (i=1,2,\cdots,n)$ 为犹豫模糊语言元素的集合，作为一个计算单位，称

$$\tau_{i,j} = (h_i^p \otimes h_j^q) \oplus (h_j^p \otimes h_i^q) \tag{4.14}$$

为“结合满意度”因子，它可以捕捉 h_i 和 h_j 之间的关系，$i,j=1,2,\cdots,n, i \neq j$。

类似地，定义犹豫模糊语言元素之间的“结合满意度”因子。对于任意两个犹豫模糊语言元素 h_{S_i} 和 h_{S_j}，令 $p,q>0$，则

$$\vartheta_{i,j} = ((g(h_{S_i}))^p \otimes (g(h_{S_j}))^q) \oplus ((g(h_{S_j}))^p \otimes (g(h_{S_i}))^q) \tag{4.15}$$

称为犹豫模糊语言元素“结合满意度”因子。

采用这个犹豫模糊语言元素“结合满意度”因子，可以得到

$$\mathrm{HFLBM}^{p,q}(h_{S_1}, h_{S_2}, \cdots, h_{S_n}) = g^{-1}\left(\left(\frac{1}{n(n-1)}\left(\mathop{\oplus}_{\substack{i,j=1 \\ i\neq j}}^{n} \vartheta_{i,j}\right)\right)^{\frac{1}{p+q}}\right) \tag{4.16}$$

其中，$\vartheta_{i,j} = ((g(h_{S_i}))^p \otimes (g(h_{S_j}))^q) \oplus ((g(h_{S_j}))^p \otimes (g(h_{S_i}))^q)$。

如上所述，$g(h_{S_i})$ 和 $g(h_{S_j})$ 分别为犹豫模糊元素 h_i 和 h_j。故可以得到

$$\mathrm{HFLBM}^{p,q}(h_{S_1}, h_{S_2}, \cdots, h_{S_n}) = \bigcup_{\kappa_{i,j} \in \vartheta_{i,j}, i\neq j}\left\{g^{-1}\left(\left(1-\prod_{\substack{i,j=1 \\ i\neq j}}^{n}(1-\kappa_{i,j})^{\frac{1}{n(n-1)}}\right)^{\frac{1}{p+q}}\right)\right\} \tag{4.17}$$

其中，$\vartheta_{i,j} = (h_i^p \otimes h_j^q) \oplus (h_j^p \otimes h_i^q)(i,j=1,2,\cdots,n; i\neq j)$。

接下来对于 HFLBM 算子，基于 p 和 q 的不同取值，讨论算子的一些特殊情况。

如果 $q \to 0$，公式可以简化为

$$\mathrm{HFLBM}^{p,q}(h_{S_1}, h_{S_2}, \cdots, h_{S_n}) = g^{-1}\left(\left(\frac{1}{n}\left(\mathop{\oplus}_{i=1}^{n}(g(h_{S_i}))^p\right)\right)^{\frac{1}{p}}\right) = \bigcup_{\gamma_i \in h_i}\left\{g^{-1}\left(\left(1-\prod_{i=1}^{n}(1-\gamma_i)^{\frac{1}{n}}\right)^{\frac{1}{p}}\right)\right\} \tag{4.18}$$

其中，$h_i (i=1,2,\cdots,n)$ 是从犹豫模糊语言元素 $h_{S_i} (i=1,2,\cdots,n)$ 转换而来的犹豫模糊元素，称为广义犹豫模糊语言平均(General Hesitant Fuzzy Linguistic Mean，GHFLM)算子。

如果 $p=q=1$，则式(4.17)转换为

$$\mathrm{HFLBM}^{1,1}(h_{S_1},h_{S_2},\cdots,h_{S_n})=g^{-1}\left(\left(\frac{1}{n(n-1)}\left(\mathop{\oplus}_{\substack{i,j=1\\i\neq j}}^{n} g(h_{S_i})\otimes g(h_{S_j})\right)\right)^{\frac{1}{2}}\right)$$

$$=\bigcup_{\xi_{i,j}\in\sigma_{b_{i,j}},i\neq j}\left\{g^{-1}\left(\left(1-\prod_{\substack{i,j=1\\i\neq j}}^{n}(1-\xi_{b_{i,j}})^{\frac{1}{n(n-1)}}\right)^{\frac{1}{2}}\right)\right\} \tag{4.19}$$

$$=\bigcup_{\kappa_{i,j}\in\vartheta_{i,j},i\neq j}\left\{g^{-1}\left(\left(1-\prod_{\substack{i,j=1\\i\neq j}}^{n}(1-\kappa_{i,j})^{\frac{1}{n(n-1)}}\right)^{\frac{1}{2}}\right)\right\}$$

其中，$\xi_{b_{i,j}}=h_i^p\otimes h_j^q$ 和 $\vartheta_{i,j}=(h_i^p\otimes h_j^q)\oplus(h_j^p\otimes h_i^q)(i,j=1,2,\cdots,n;i\neq j)$。上述公式被称为犹豫模糊语言相关平方算子。

如果 $p=1$ 和 $q\to 0$，则式(4.17)转换为

$$\mathrm{HFLBM}^{1,0}(h_{S_1},h_{S_2},\cdots,h_{S_n})=g^{-1}\left(\frac{1}{n}\left(\mathop{\oplus}_{i=1}^{n} g(h_{S_i})\right)\right)=\bigcup_{\gamma_i\in h_i}\left\{g^{-1}\left(1-\prod_{i=1}^{n}(1-\gamma_i)^{\frac{1}{n}}\right)\right\} \tag{4.20}$$

如果 $p=2$ 和 $q\to 0$，则式(4.17)转换为

$$\mathrm{HFLBM}^{2,0}(h_{S_1},h_{S_2},\cdots,h_{S_n})=g^{-1}\left(\frac{1}{n}\left(\mathop{\oplus}_{i=1}^{n} g(h_{S_i})^2\right)^{\frac{1}{2}}\right)=\bigcup_{\gamma_i\in h_i}\left\{g^{-1}\left(\left(1-\prod_{i=1}^{n}(1-\gamma_i^{\,2})^{\frac{1}{n}}\right)^{\frac{1}{2}}\right)\right\} \tag{4.21}$$

当解决一些多属性决策问题时，常常需要考虑不同属性的重要性程度。因此，Xu 等[4,5]提出一个加权的犹豫模糊语言 Bonferroni 平均（Weighted Hesitant Fuzzy Linguistic Bonferroni Mean，WHFLBM）算子。

定义 4.7　令 $p,q\geqslant 0,h_S=\left\{h_{S_i}\middle|i=1,2,\cdots,n\right\}$ 为犹豫模糊语言元素的集合，令 $W=(w_1,w_2,\cdots,w_n)^{\mathrm{T}}$ 为其加权向量，其中 $w_i\in[0,1]$，$\sum_{i=1}^{n}w_i=1$。如果

$$\mathrm{WHFLBM}_W^{p,q}(h_{S_1},h_{S_2},\cdots,h_{S_n})=g^{-1}\left(\left(\frac{1}{n(n-1)}\left(\mathop{\oplus}_{\substack{i,j=1\\i\neq j}}^{n}((g(w_ih_{S_i}))^p\otimes(g(w_jh_{S_j}))^q)\right)\right)^{\frac{1}{p+q}}\right) \tag{4.22}$$

则 $\text{WHFLBM}_W^{p,q}$ 被称为加权的犹豫模糊语言 Bonferroni 平均算子。

对于 $(g(w_i h_{S_i}))^p \otimes (g(w_j h_{S_j}))^q$，令 $g(w_i h_{S_i}) = h_i^{w_i}$，则 $\sigma_{i,j}^w = (h_i^{w_i})^p \otimes (h_j^{w_i})^q$。因此可以将定义 4.7 进行拓展。

定理 4.5[4] 令 $p,q \geqslant 0, h_i (i=1,2,\cdots,n)$ 为犹豫模糊语言元素的集合，令 $W=(w_1,w_2,\cdots,w_n)^{\mathrm{T}}$ 为其加权向量，其中 $w_i \in [0,1]$，$\sum_{i-1}^{n} w_i = 1$。则 WHFLBM 算子的集成结果是一个犹豫模糊语言元素，且

$$\text{WHFLBM}_W^{p,q}(h_{S_1},h_{S_2},\cdots,h_{S_n}) = \bigcup_{\zeta_{i,j}^W \in \sigma_{i,j}^W, i\neq j} \left\{ g^{-1}\left(\left(1 - \prod_{\substack{i,j=1 \\ i\neq j}}^{n} (1-\xi_{i,j}^W)^{\frac{1}{n(n-1)}} \right)^{\frac{1}{n+q}} \right) \right\} \tag{4.23}$$

其中，$\sigma_{i,j}^W = (h_i^{w_i})^p \otimes (h_j^{w_i})^q$ 反映了 $h_i^{w_i}$ 和 $h_j^{w_j} (i,j=1,2,\cdots,n; i \neq j)$ 之间的相互关系。

4.1.2 犹豫模糊语言多属性决策算法及案例

基于犹豫模糊语言信息，利用提出的 HFLBM 算子和 WHFLBM 算子，给出了一个处理多属性决策问题的方法。其步骤如下。

步骤 1：对于一个多属性问题，令 $A=\{A_1,A_2,\cdots,A_m\}$ 为 m 个备选方案的集合，$C=\{c_1,c_2,\cdots,c_n\}$ 为 n 个属性的集合，属性的加权向量为 $W=(w_1,w_2,\cdots,w_n)^{\mathrm{T}}$，满足 $w_j > 0,\ \ j=1,2,\cdots,n$ 和 $\sum_{j=1}^{n} w_j = 1$。在决策问题中，决策者用犹豫模糊语言元素 $h_{S_{ij}} = \bigcup_{S_{ij}\in h_{S_{ij}}} \{s_{ij}\}\ (i=1,2,\cdots,m; j=1,2,\cdots,n)$ 表达他们对备选方案的评价值，所有犹豫模糊语言元素组成了犹豫模糊语言决策矩阵 $H=(h_{S_{ij}})_{m\times n}$，如表 4.1 所示。

表 4.1 犹豫模糊语言决策矩阵

方案	c_1	c_2	$\cdots$	c_n
y_1	$h_{S_{11}}$	$h_{S_{12}}$	$\cdots$	$h_{S_{1n}}$
y_2	$h_{S_{21}}$	$h_{S_{22}}$	$\cdots$	$h_{S_{2n}}$
$\vdots$	$\vdots$	$\vdots$		$\vdots$
y_m	$h_{S_{m1}}$	$h_{S_{m2}}$	$\cdots$	$h_{S_{mn}}$

步骤 2：运用 HFLBM 算子或 WHFLBM 算子集成标准的矩阵 $K=(k_{S_{ij}})_{m\times n}$，第 i 行所有犹豫模糊语言元素为 $k_{S_{ij}} (j=1,2,\cdots,n)$。

步骤 3：基于前面提出的得分函数计算每个方案的得分值，并且选出最佳方案。

接下来给出一个示例，来说明 HFLBM 算子和 WHFLBM 算子的应用。

例 4.2　当前的环境问题对中国有限的医疗卫生资源的优化配置[3]提出了新的挑战。首先，针对方案集 A_1，A_2，A_3，A_4，我们考虑如下属性指标：卫生服务环境因素，记为 c_1，其中包括医疗健康服务需求 c_{11} 和需求预测 c_{12} 两个子属性。第二个属性是个性化诊断和治疗决策优化，记为 c_2，其中包括三个子属性：疾病预防决策 c_{21}、疾病诊断预测 c_{22} 和基本的治疗决策 c_{23}。最后一个属性 c_3，包括医院内部的资源化配置 c_{31} 和机构间的协同配置 c_{32}。我们用犹豫模糊语言术语集评价这些医院的每一个属性，邀请的专家给出了他们的评价值如表 4.2 所示。

表 4.2　基于犹豫模糊语言的专家评价矩阵

方案	c_1	c_2	c_3
A_1	$\{s_0,s_1\}$	$\{s_2\}$	$\{s_{-1},s_0\}$
A_2	$\{s_1\}$	$\{s_{-1},s_0\}$	$\{s_2\}$
A_3	$\{s_1\}$	$\{s_1,s_2\}$	$\{s_2,s_3\}$
A_4	$\{s_2\}$	$\{s_0,s_1\}$	$\{s_1\}$

在这里，我们使用 HFLBM 算子和 WHFLBM 算子的方法进行决策。第一步决策矩阵已经给出，开始第二步。

步骤 2：假设 $p=1,q=1$，运用 HFLBM 算子集成矩阵 $K=(k_{S_{ij}})_{m\times n}$ 中第 i 行所有的犹豫模糊语言元素 $k_{S_{ij}}\,(j=1,2,3,4)$，得到每个备选方案 $A_i(i=1,2,\cdots,n)$ 的总体绩效值 $k_i(i=1,2,\cdots,n)$。当 $i=1$ 时，有

$$
\begin{aligned}
k_1 &= \text{HFLBM}^{1,1}(h_{S_{11}},h_{S_{12}},h_{S_{13}})\\
&= \bigcup_{\xi_{i,j}\in\sigma_{i,j},i\neq j}\left\{g^{-1}\left(\left(1-\prod_{\substack{i,j=1\\ i\neq j}}^{3}(1-\xi_{i,j})^{\frac{1}{2}}\right)\right)\right\}\\
&= g^{-1}\{0.5223,0.5262,0.0.5283,\cdots,0.6267,0.6295,0.6356\}\\
&= \{s_{0.13},s_{0.16},s_{0.17},\cdots,s_{0.76},s_{0.78},s_{0.81}\}
\end{aligned}
$$

类似地，可以计算其他情况：

$$
\begin{aligned}
k_2 &= \text{HFLBM}^{1,1}(h_{S_{21}},h_{S_{22}},h_{S_{23}})\\
&= g^{-1}\{0.6085,0.6215,0.6263,0.0.6339,0.6384,0.6430,0.6501,0.6545,0.6655\}\\
&= \{s_{0.05},s_{0.73},s_{0.76},s_{0.80},s_{0.83},s_{0.86},s_{0.90},s_{0.93},s_{0.00}\}
\end{aligned}
$$

$$k_3 = \mathrm{HFLBM}^{1,1}(h_{S_{31}}, h_{S_{32}}, h_{S_{33}})$$
$$= g^{-1}\{0.7219, 0.7339, 0.7373, \cdots, 0.8284, 0.8334, 0.8419\}$$
$$= \{s_{1.28}, s_{1.40}, s_{1.42}, \cdots, s_{1.97}, s_{2.00}, s_{2.05}\}$$
$$k_4 = \mathrm{HFLBM}^{1,1}(h_{S_{41}}, h_{S_{42}}, h_{S_{43}})$$
$$= g^{-1}\{0.6654, 0.6779, 0.6837, 0.6897, 0.6953, 0.7008, 0.7064, 0.7116, 0.7219\}$$
$$= \{s_{0.99}, s_{1.07}, s_{1.10}, s_{1.14}, s_{1.17}, s_{1.20}, s_{1.24}, s_{1.27}, s_{1.33}\}$$

步骤 3：计算 $k_i(i=1,2,3,4)$ 的得分值，分别得到 $s(k_1)=0.5820$，$s(k_2)=0.6380$，$s(k_3)=0.7808$ 以及 $s(k_4)=0.6948$，排序结果为 $s(k_3)\succ s(k_4)\succ s(k_2)\succ s(k_1)$，所以最好的医院为 A_3。

在上面的计算过程中，我们只考虑了属性之间的相互关系，而没有考虑它们的权重，接下来我们将加权向量 $W=(0.3,0.2,0.5)^{\mathrm{T}}$ 赋予所有属性，基于前面公式得到如下结果。

步骤 2′：我们同样令 $p=1,q=1$，则

$$k_1' = \mathrm{WHFLBM}_W^{1,1}(h_{S_{11}}, h_{S_{12}}, h_{S_{13}})$$
$$= \bigcup_{\xi_{i,j}^W \in \sigma_{i,j}^W, i\neq j} \left\{ g_{-1}\left(\left(1-\prod_{\substack{i,j=1\\ i\neq j}}^{3}(1-\xi_{i,j}^W)^{\frac{1}{6}}\right)^{\frac{1}{2}}\right)\right\}$$
$$= g^{-1}\{0.4967, 0.5001, 0.5034, \cdots, 0.6138, 0.6159, 0.6193\}$$
$$= \{s_{-0.02}, s_0, s_{0.02}, \cdots, s_{0.68}, s_{0.70}, s_{0.72}\}$$
$$k_2' = \mathrm{WHFLBM}_W^{1,1}(h_{S_{21}}, h_{S_{22}}, h_{S_{23}})$$
$$= \{0.6584,\ 0.6603,\ 0.6620, \cdots, 0.7487, 0.7499,\ 0.7512\}$$
$$= \{s_{0.95}, s_{0.96}, s_{0.97}, \cdots, s_{1.49}, s_{1.50}, s_{1.51}\}$$
$$k_3' = \mathrm{WHFLBM}_W^{1,1}(h_{S_{31}}, h_{S_{32}}, h_{S_{33}})$$
$$= \{0.5824, 0.5848, 0.5856, \cdots, 0.6182, 0.6196, 0.6204\}$$
$$= \{s_{0.49}, s_{0.51}, s_{0.52}, \cdots, s_{0.71}, s_{0.72}, s_{0.722}\}$$
$$k_4' = \mathrm{WHFLBM}_W^{1,1}(h_{S_{41}}, h_{S_{42}}, h_{S_{43}})$$
$$= \{0.5608,\ 0.5635, 0.5637, \cdots, 0.5692, 0.5694, 0.5721\}$$
$$= \{s_{0.36}, s_{0.38}, s_{0.382}, \cdots, s_{0.415}, s_{0.416}, s_{0.433}\}$$

步骤 3′：计算 $k_i'(i=1,2,3,4)$ 的得分值：$s(k_1')=0.5446$，$s(k_2')=0.7065$，$s(k_3')=0.6016$ 和 $s(k_4')=0.5665$，比较 $k_i'(i=1,2,3,4)$ 的得分值，排序结果为：$s(k_2')>$

$s(k'_3) > s(k'_4) > s(k'_1)$，所以最好的医院是 A_2。

对于这两个关于多属性决策问题的集成和排序结果，可以进行以下分析。

(1) 两种集成方法的排序结果是不同的。主要原因是这两种方法使用了两个不同的集成算子，因为考虑权重的影响，第二个计算方法采用了 WHFLBM 算子，然而 HFLBM 算子没有考虑属性的权重，正如我们所知，在现实生活中每一个标准不可能都有相同的重要性程度，所以有必要给每个准则赋予权重。因此，WHFLBM 算子比 HFLBM 算子更加合理、准确。

(2) 对于这两个集成算子，都有变量 p 和 q。实际上，当改变 p 和 q 的值时，相应的基础数据的重要程度也会改变，因此。$\sigma_{i,j} = h_i^p \otimes h_j^q$ 的结果也会不同，在上述例子中，p 和 q 的值是 p=1 和 q=1。当然，也可以根据实际情况来改变 p 和 q 的值。

(3) 这两个集成算子有一个共同特征，即它们都考虑了任意两个属性之间的相互关系，因此，在决策过程中当结合任意两个属性时没有忽略任何信息。

4.2　概率语言信息集成方法

PLTS 可以看作 HFLTS 的一种推广，对于犹豫模糊语言信息的融合算子的研究已经取得了一些突破性的进展。Pang 等[6]引入了概率语言平均(Probability Linguistic Average，PLA)算子和概率语言几何(Probability Linguistic Geometric，PLG)算子。

4.2.1　概率语言术语集成算子

定义 4.8[6]　令 $L_i(p) = \{L_i^{(k)}(p_i^{(k)}) \mid k = 1,2,\cdots,\# L_i(p)\}(i = 1,2,\cdots,n)$ 为概率语言术语元素的集合。$L_i^{(k)}$ 和 $p_i^{(k)}$ 分别表示第 i 个概率语言元素的语言术语和相应概率。则

$$\begin{aligned}
&\mathrm{PLA}\left(L_1(p), L_2(p), \cdots, L_n(p)\right) \\
&= \frac{1}{n}(L_1(p) \oplus L_2(p) \oplus \cdots \oplus L_n(p)) \\
&= \frac{1}{n}(U_{L_1^{(k)} \in L_1(p), L_2^{(k)} \in L_2(p), \cdots, L_n^{(k)} \in L_n(p)} \{p_1^{(k)} L_1^{(k)} L_1^{(k)} L_2^{(k)} L_2^{(k)} \oplus \cdots \oplus p_n^{(k)} L_n^{(k)}\})
\end{aligned} \tag{4.24}$$

被称为概率语言平均算子。

定义 4.9[6]　令 $L_i(p) = \{L_i^{(k)}(p_i^{(k)}) \mid k = 1,2,\cdots,\# L_i(p)\}(i = 1,2,\cdots,n)$ 为概率语言术语元素的集合。$L_i^{(k)}$ 和 $p_i^{(k)}$ 分别表示第 i 个概率语言元素的语言术语和相应概率。则

$$\begin{aligned}
&\mathrm{PLWA}(L_1(p), L_2(p), \cdots, L_n(p)) \\
&= w_1 L_1(p) \oplus w_2 L_2(p) \oplus \cdots \oplus w_n L_n(p) \\
&= U_{L_1^{(k)} \in L_1(p)} \{w_1 p_1^{(k)} L_1^{(k)}\} \oplus U_{L_2^{(k)} \in L_2(p)} \{w_2 p_2^{(k)} L_2^{(k)}\} \oplus \cdots \oplus U_{L_n^{(k)} \in L_n(p)} \{w_n p_n^{(k)} L_n^{(k)}\}
\end{aligned} \tag{4.25}$$

被称为概率语言加权平均算子。$W=(w_1,w_2,\cdots,w_n)^{\mathrm{T}}$ 为 $L_i(p)(i=1,2,\cdots,n)$ 的加权向量，其中 $w_i\in[0,1]$，$\sum_{i=1}^{n}w_i=1$。

特别地，当 $W=(1/n,1/n,\cdots,1/n)^{\mathrm{T}}$ 时，概率语言加权平均算子退化为概率语言平均算子。

定义 4.10[6]　令 $L_i(p)=\{L_i^{(k)}(p_i^{(k)})\mid k=1,2,\cdots,\#L_i(p)\}(i=1,2,\cdots,n)$ 为概率语言术语元素的集合。$L_i^{(k)}$ 和 $p_i^{(k)}$ 分别表示第 i 个概率语言元素的语言术语和相应概率。则

$$\begin{aligned}&\mathrm{PLG}\left(L_1(p),L_2(p),\cdots,L_n(p)\right)\\&=(L_1(p)\otimes L_2(p)\otimes\cdots\otimes L_n(p))^{1/n}\\&=(U_{L_1^{(k)}\in L_1(p),L_2^{(k)}\in L_2(p),\cdots,L_n^{(k)}\in L_n(p)}\{(L_1^{(k)})^{p_1^{(k)}}\otimes(L_2^{(k)})^{p_2^{(k)}}\otimes\cdots\otimes(L_n^{(k)})^{p_n^{(k)}}\})^{1/n}\end{aligned}\tag{4.26}$$

被称为概率语言几何算子。

定义 4.11[6]　令 $L_i(p)=\{L_i^{(k)}(p_i^{(k)})\mid k=1,2,\cdots,\#L_i(p)\}(i=1,2,\cdots,n)$ 为概率语言术语元素的集合。$L_i^{(k)}$ 和 $p_i^{(k)}$ 分别表示第 i 个概率语言元素的语言术语和相应概率。则

$$\begin{aligned}&\mathrm{PLWG}(L_1(p),L_2(p),\cdots,L_n(p))\\&=(L_1(p)^{w_1}\otimes L_2(p)^{w_2}\otimes\cdots\otimes L_n(p)^{w_n})^{1/n}\\&=U_{L_1^{(k)}\in L_1(p)}\{(L_1^{(k)})^{w_1p_1^{(k)}}\}\otimes U_{L_2^{(k)}\in L_2(p)}\{(L_2^{(k)})^{w_2p_2^{(k)}}\}\otimes\cdots\otimes U_{L_n^{(k)}\in L_n(p)}\{(L_n^{(k)})^{w_np_n^{(k)}}\}\end{aligned}\tag{4.27}$$

特别地，当 $W=(1/n,1/n,\cdots,1/n)^{\mathrm{T}}$ 时，概率语言加权几何算子退化为概率语言几何算子。

4.2.2　概率语言多属性决策算法及案例

本节考虑基于概率语言加权平均（Probabilistic Linguistic Weighted Averaged，PLWA）算子和概率语言加权几何（Probabilistic Linguistic Weighted Geometry，PLWG）算子的多属性群决策（Multi-Attribute Group Decision Making，MAGDM）问题。其具体步骤如下。

步骤 1: 令 $X=\{x_1,x_2,\cdots,x_m\}$ 表示一组备选对象，$C=\{c_1,c_2,\cdots,c_n\}$ 表示一组特质，$W=(w_1,w_2,\cdots,w_n)^{\mathrm{T}}$ 是各特质在决策中所对应的加权向量，其中 $w_j\in[0,1]\ (j=1,2,\cdots,n)$，并且 $\sum_{j=1}^{n}w_j=1$。令 $D=\{d_1,d_2,\cdots,d_p\}$ 表示一组决策者，$\bar{w}=\{\bar{w}_1,\bar{w}_2,\cdots,\bar{w}_n\}$ 是各决策者在决策中所占的对应权重，其中 $\bar{w}_k\in[0,1]\ (k=1,2,\cdots,p)$，并且 $\sum_{k=1}^{p}\bar{w}_k=1$。假设决策者 d_k 将与属性 $c_j\in C$ 有关的备选对象 $x_i\in X$ 表示成概率语言变量 $P_{ij}^{(k)}$ 的形式，并构造出决策矩阵 $P^k=(p_{(ij)})_{m\times n}$。

步骤 2: 运用 PLWA 算子或 PLWG 算子集成决策矩阵，第 i 行所有犹豫模糊语

言元素为 $p_{ij}(j=1,2,\cdots,n)$。

步骤 3：基于前面提出的得分函数计算每个方案的得分值，并且选出最佳方案。

接下来，将通过取用 Parreiras 等[7]的实际示例来说明 PLTS 的实用性。

例 4.3　一个由五名成员组成的公司的董事会计划在未来五年内规划大型项目的发展(战略计划)。假设要评估三个可能的项目 $x_i(i=1,2,3)$。有必要对这些项目进行比较，以选择其中最重要的项目，并从其重要程度的角度对项目进行排序，同时要考虑以下四个属性：a_1：财务角度；a_2：客户满意度；a_3：内部业务流程视角；a_4：学习和成长的观点。假设属性的权重向量完全未知。五位决策者基于上述属性对 3 个项目进行评估，评估信息表示如表 4.3～表 4.7 所示。

表 4.3　第一个决策者评估信息

项目	a_1	a_2	a_3	a_4
x_1	s_3	s_4	s_4	s_5
x_2	s_3	s_3	s_2	s_3
x_3	s_4	s_3	—	s_4

表 4.4　第二个决策者评估信息

项目	a_1	a_2	a_3	a_4
x_1	s_4	s_2	s_4	s_5
x_2	s_3	—	s_1	s_3
x_3	s_4	s_3	s_5	s_4

表 4.5　第三个决策者评估信息

项目	a_1	a_2	a_3	a_4
x_1	s_4	s_4	s_4	s_3
x_2	s_5	s_2	—	s_4
x_3	s_3	s_3	s_4	s_6

表 4.6　第四个决策者评估信息

项目	a_1	a_2	a_3	a_4
x_1	s_4	s_4	s_4	s_3
x_2	s_3	s_4	s_3	s_3
x_3	s_3	—	s_3	s_4

表 4.7　第五个决策者评估信息

项目	a_1	a_2	a_3	a_4
x_1	s_3	s_4	s_3	s_5
x_2	s_3	s_3	s_2	s_3
x_3	s_3	s_4	—	s_4

步骤 1： 通过 PLWA 算子或 PLWG 算子构建概率语言群决策矩阵，其集成结果如表 4.8 所示。

表 4.8 集成结果

项目	a_1	a_2	a_3	a_4
x_1	$\{s_3(0.4),s_4(0.6)\}$	$\{s_2(0.2),s_4(0.8)\}$	$\{s_3(0.2),s_4(0.8)\}$	$\{s_3(0.4),s_5(0.6)\}$
x_2	$\{s_5(0.2),s_3(0.8)\}$	$\{s_2(0.2),s_3(0.4),s_4(0.2)\}$	$\{s_1(0.2),s_2(0.4),s_3(0.2)\}$	$\{s_4(0.2),s_3(0.8)\}$
x_3	$\{s_3(0.6),s_4(0.4)\}$	$\{s_3(0.6),s_4(0.2)\}$	$\{s_3(0.2),s_4(0.2),s_5(0.2)\}$	$\{s_4(0.8),s_6(0.2)\}$

步骤 2： 计算备选方案的得分值：

$$E(\tilde{Z}_1(W))=s_{1.26},\quad E(\tilde{Z}_2(W))=s_{0.89},\quad E(\tilde{Z}_3(W))=s_{1.24}$$

步骤 3： 可知道最佳的备选方案为 x_1。

4.3 Z-语言信息集成方法

本节在诱导有序加权平均(Induced Ordered Weighted Average，IOWA)算子以及 Z-number[8]的基础上，结合 Xian 等[9]提出 Z-语言术语集，提出了 Z-语言诱导有序加权平均(Z-Linguistic Induced Ordered Weighted Average，ZLIOWA)算子，并退化为 Z-语言有序加权平均聚合(Z-Linguistic Ordered Weighted Average Aggregation，ZLOWAA)算子，并证明了它们的相关性质。在此基础上将其与多属性群决策问题相结合，建立了对应的多属性群决策模型。

4.3.1 基于 Z-语言信息的集成算子

Z-number 能有效地表达信息的模糊性与随机性，在 Xian 等[10]的启发下，Xian 等[9]提出 Z-语言诱导有序加权平均算子。

定义 4.12[9] n 维映射 $\phi_{\text{ZLIOWA}}:R^n\times Z^n\to Z^n$，$Z_i=(\tilde{A}_i,\tilde{B}_i)=((a_1{}^i,a_2{}^i,a_3{}^i,a_4{}^i;w_{\tilde{A}_i}),(b_1{}^i,b_2{}^i,b_3{}^i,b_4{}^i;w_{\tilde{B}_i}))$，$W=(w_1,w_2,\cdots,w_n)^{\mathrm{T}}$，$R$ 为实数域，$w_i\in[0,1]$ 且 $\sum_{i=1}^{n}w_i=1$，则

$$\phi_{\text{ZLIOWA}}((\mu_1,Z_1),(\mu_2,Z_2),\cdots,(\mu_n,Z_n))=\sum_{i=1}^{n}w_i\cdot Z_{\sigma(i)} \tag{4.28}$$

其中，$\sigma:(1,2,\cdots,n)\to(1,2,\cdots,n)$ 是一个使 $\mu_{\sigma(i)}\geqslant\mu_{\sigma(i+1)}(i=1,2,\cdots,n-1)$ 恒成立的转置，也就是 $\sigma(i)$ 是集合 $\{\mu_1,\mu_2,\cdots,\mu_n\}$ 中第 i 大元素所对应的下标，则称 ϕ_{ZLIOWA} 为 Z-语言诱导有序加权平均算子。

定理 4.6[9] 将 $(\mu_i,Z_i)(i=1,2,\cdots,n)$ 用 ZLIOWA 算子集合起来，(μ_i,Z_i) 中的 Z_i 就是 $Z_i=(\tilde{A}_i,\tilde{B}_i)=((a_1{}^i,a_2{}^i,a_3{}^i,a_4{}^i;w_{\tilde{A}_i}),(b_1{}^i,b_2{}^i,b_3{}^i,b_4{}^i;w_{\tilde{B}_i}))$ 中的 Z 变量，它们用 ZLIOWA

算子计算出的总和依旧是一个 Z 变量，并且

$$\begin{aligned}
&\phi_{\text{ZLIOWA}}((\mu_1,Z_1),(\mu_2,Z_2),\cdots,(\mu_n,Z_n))\\
&=\sum_{i=1}^{n} w_i\cdot Z_{\sigma(i)}\\
&=\left(\begin{array}{l}\left(\sum_{i=1}^{n} w_i a_1^{\sigma(i)},\sum_{i=1}^{n} w_i a_2^{\sigma(i)},\sum_{i=1}^{n} w_i a_3^{\sigma(i)},\sum_{i=1}^{n} w_i a_4^{\sigma(i)};\ \underset{i=1,2,\cdots,n}{\text{Min}}\{w_{\tilde{A}_{\sigma(i)}}\}\right),\\[2ex]
\left(\dfrac{\sum_{i=1}^{n} b_1^{\sigma(i)}}{n},\dfrac{\sum_{i=1}^{n} b_2^{\sigma(i)}}{n},\dfrac{\sum_{i=1}^{n} b_3^{\sigma(i)}}{n},\dfrac{\sum_{i=1}^{n} b_4^{\sigma(i)}}{n};\ \underset{i=1,2,\cdots,n}{\text{Min}}\{w_{\tilde{B}_{\sigma(i)}}\}\right)\end{array}\right)
\end{aligned}\tag{4.29}$$

其中，$Z_{\sigma(i)}=((a_1^{\sigma(i)},a_2^{\sigma(i)},a_3^{\sigma(i)},a_4^{\sigma(i)};w_{\tilde{A}_{\sigma(i)}}),(b_1^{\sigma(i)},b_2^{\sigma(i)},b_3^{\sigma(i)},b_4^{\sigma(i)};w_{\tilde{B}_{\sigma(i)}}))$；$w_i$ 为 $Z_{\sigma(i)}$ 的权重，$w_i\in[0,1]$。

证明　当 $n=2$ 时有

$$\begin{aligned}
Z_{\sigma(1)}&=(\tilde{A}_{\sigma(1)},\tilde{B}_{\sigma(1)})\\
&=((a_1^{\sigma(1)},a_2^{\sigma(1)},a_3^{\sigma(1)},a_4^{\sigma(1)};w_{\tilde{A}_{\sigma(1)}}),(b_1^{\sigma(1)},b_2^{\sigma(1)},b_3^{\sigma(1)},b_4^{\sigma(1)};w_{\tilde{B}_{\sigma(1)}}))\\
Z_{\sigma(2)}&=(\tilde{A}_{\sigma(2)},\tilde{B}_{\sigma(2)})\\
&=((a_1^{\sigma(2)},a_2^{\sigma(2)},a_3^{\sigma(1)},a_4^{\sigma(1)};w_{\tilde{A}_{\sigma(1)}}),(b_1^{\sigma(2)},b_2^{\sigma(2)},b_3^{\sigma(2)},b_4^{\sigma(2)};w_{\tilde{B}_{\sigma(2)}}))
\end{aligned}$$

$$\begin{aligned}
w_1\cdot Z_{\sigma(1)}+w_2\cdot Z_{\sigma(2)}&=\left(w_1\cdot\tilde{A}_{\sigma(1)}+w_2\cdot\tilde{A}_{\sigma(2)},\frac{\tilde{B}_{\sigma(1)}+\tilde{B}_{\sigma(2)}}{2}\right)\\
&=((w_1\cdot a_1^{\sigma(1)}+w_2\cdot a_1^{\sigma(2)},w_1\cdot a_2^{\sigma(1)}+w_2\cdot a_2^{\sigma(2)},w_1\cdot a_3^{\sigma(1)}\\
&\quad+w_2\cdot a_3^{\sigma(2)},w_1\cdot a_4^{\sigma(1)}+w_2\cdot a_4^{\sigma(2)};\ \text{Min}\{w_{\tilde{A}_{\sigma(1)}},w_{\tilde{A}_{\sigma(2)}}\}),\\
&\quad(w_1\cdot b_1^{\sigma(1)}+w_2\cdot b_1^{\sigma(2)},w_1\cdot b_2^{\sigma(1)}+w_2\cdot b_2^{\sigma(2)},w_1\cdot b_3^{\sigma(1)}\\
&\quad+w_2\cdot b_3^{\sigma(2)},w_1\cdot b_4^{\sigma(1)}+w_2\cdot b_4^{\sigma(2)};\ \text{Min}\{w_{\tilde{B}_{\sigma(1)}},w_{\tilde{B}_{\sigma(2)}}\}))
\end{aligned}$$

假设上式对 $n=k(k\in N)$ 成立，则有

$$\sum_{i=1}^{k} w_i\cdot Z_{\sigma(i)}=\left(\sum_{i=1}^{k} w_i\cdot\tilde{A}_{\sigma(i)},\frac{\sum_{i=1}^{k}\tilde{B}_{\sigma(i)}}{k}\right)$$

$$=\left(\left(\sum_{i=1}^{k} w_i a_1^{\sigma(i)},\sum_{i=1}^{k} w_i a_2^{\sigma(i)},\sum_{i=1}^{k} w_i a_3^{\sigma(i)},\sum_{i=1}^{k} w_i a_4^{\sigma(i)};\ \mathrm{Min}_{i=1,2,\cdots,k}\{w_{\tilde{A}_{\sigma(i)}}\}\right),\right.$$
$$\left.\left(\frac{\sum_{i=1}^{k} b_1^{\sigma(i)}}{n},\frac{\sum_{i=1}^{k} b_2^{\sigma(i)}}{n},\frac{\sum_{i=1}^{k} b_3^{\sigma(i)}}{n},\frac{\sum_{i=1}^{k} b_4^{\sigma(i)}}{n};\ \mathrm{Min}_{i=1,2,\cdots,k}\{w_{\tilde{B}_{\sigma(i)}}\}\right)\right)$$

当 $n=k+1$ 时，根据前面介绍的运算法则，可以得出

$$w_1\cdot Z_{\sigma(1)}+w_2\cdot Z_{\sigma(2)}+\cdots+w_k\cdot Z_{\sigma(k)}+w_{k+1}\cdot Z_{\sigma(k+1)}$$
$$=\left(\sum_{i=1}^{k}\tilde{A}_{\sigma(i)},\frac{\sum_{i=1}^{k}\tilde{B}_{\sigma(i)}}{k}\right)+(\tilde{A}_{\sigma(k+1)},\tilde{B}_{\sigma(k+1)})$$
$$=\left(\left(\sum_{i=1}^{k} w_i a_1^{\sigma(i)},\sum_{i=1}^{k} w_i a_2^{\sigma(i)},\sum_{i=1}^{k} w_i a_3^{\sigma(i)},\sum_{i=1}^{k} w_i a_4^{\sigma(i)};\ \mathrm{Min}_{i=1,2,\cdots,k}\left\{w_{\tilde{A}_{\sigma(i)}}\right\}\right),\right.$$
$$\left.\left(\frac{\sum_{i=1}^{k} b_1^{\sigma(i)}}{n},\frac{\sum_{i=1}^{k} b_2^{\sigma(i)}}{n},\frac{\sum_{i=1}^{k} b_3^{\sigma(i)}}{n},\frac{\sum_{i=1}^{k} b_4^{\sigma(i)}}{n};\ \mathrm{Min}_{i=1,2,\cdots,k}\left\{w_{\tilde{B}_{\sigma(i)}}\right\}\right)\right)$$
$$+((a_1^{\sigma(k+1)},a_2^{\sigma(k+1)},a_3^{\sigma(k+1)},a_4^{\sigma(k+1)};w_{\tilde{A}_{\sigma(k+1)}}),(b_1^{\sigma(k+1)},b_2^{\sigma(k+1)},b_3^{\sigma(k+1)},b_4^{\sigma(k+1)};w_{\tilde{B}_{\sigma(k+1)}}))$$
$$=\left(\left(\sum_{i=1}^{k+1} w_i a_1^{\sigma(i)},\sum_{i=1}^{k+1} w_i a_2^{\sigma(i)},\sum_{i=1}^{k+1} w_i a_3^{\sigma(i)},\sum_{i=1}^{k+1} w_i a_4^{\sigma(i)};\ \mathrm{Min}_{i=1,2,\cdots,k+1}\left\{w_{\tilde{A}_{\sigma(i)}}\right\}\right),\right.$$
$$\left.\left(\frac{\sum_{i=1}^{k+1} b_1^{\sigma(i)}}{n},\frac{\sum_{i=1}^{k+1} b_2^{\sigma(i)}}{n},\frac{\sum_{i=1}^{k+1} b_3^{\sigma(i)}}{n},\frac{\sum_{i=1}^{k+1} b_4^{\sigma(i)}}{n};\ \mathrm{Min}_{i=1,2,\cdots,k+1}\left\{w_{\tilde{B}_{\sigma(i)}}\right\}\right)\right)$$

所以上式对所有 n 成立。

ZLIOWA 算子有如下性质。

定理 4.7（交换性）　$((\mu_1^*,Z_1^*),(\mu_2^*,Z_2^*),\cdots,(\mu_n^*,Z_n^*))$ 是 $((\mu_1,Z_1),(\mu_2,Z_2),\cdots,(\mu_n,Z_n))$ 的任意一种排列，那么

$$\phi_{\text{ZLIOWA}}((\mu_1^*,Z_1^*),(\mu_2^*,Z_2^*),\cdots,(\mu_n^*,Z_n^*))=\phi_{\text{ZLIOWA}}((\mu_1,Z_1),(\mu_2,Z_2),\cdots,(\mu_n,Z_n)) \tag{4.30}$$

证明　因为 $((\mu_1^*,Z_1^*),(\mu_2^*,Z_2^*),\cdots,(\mu_n^*,Z_n^*))$ 是 $((\mu_1,Z_1),(\mu_2,Z_2),\cdots,(\mu_n,Z_n))$ 的任意一种排列，所以对所有的 $i(i=1,2,\cdots,n)$ 都有 $Z^*_{\sigma(i)}=Z_{\sigma(i)}$，所以

$$\phi_{\text{ZLIOWA}}((\mu_1^*,Z_1^*),(\mu_2^*,Z_2^*),\cdots,(\mu_n^*,Z_n^*))=\phi_{\text{ZLIOWA}}((\mu_1,Z_1),(\mu_2,Z_2),\cdots,(\mu_n,Z_n))$$

定理 4.8（单调性）　有两个 Z 变量组 $((\mu_1^*,Z_1^*),(\mu_2^*,Z_2^*),\cdots,(\mu_n^*,Z_n^*))$，$((\mu_1,Z_1),(\mu_2,Z_2),\cdots,(\mu_n,Z_n))$，如果对 $i(i=1,2,\cdots,n)$ 有 $Z_i<Z_i^*$，那么

$$\phi_{\text{ZLIOWA}}((\mu_1,Z_1),(\mu_2,Z_2),\cdots,(\mu_n,Z_n))<\phi_{\text{ZLIOWA}}((\mu_1^*,Z_1^*),(\mu_2^*,Z_2^*),\cdots,(\mu_n^*,Z_n^*))$$

证明

$$\phi_{\text{ZLIOWA}}((\mu_1,Z_1),(\mu_2,Z_2),\cdots,(\mu_n,Z_n))=\sum_{i=1}^{n}w_i\cdot Z_{\sigma(i)}$$

$$\phi_{\text{ZLIOWA}}((\mu_1^*,Z_1^*),(\mu_2^*,Z_2^*),\cdots,(\mu_n^*,Z_n^*))=\sum_{i=1}^{n}w_i\cdot Z^*_{\sigma(i)}$$

因为对 $i(i=1,2,\cdots,n)$ 有 $Z_i<Z_i^*$，所以对 $i=1,2,\cdots,n$ 有 $Z_{\sigma(i)}<Z^*_{\sigma(i)}$，那么

$$\phi_{\text{ZLIOWA}}((\mu_1,Z_1),(\mu_2,Z_2),\cdots,(\mu_n,Z_n))<\phi_{\text{ZLIOWA}}((\mu_1^*,Z_1^*),(\mu_2^*,Z_2^*),\cdots,(\mu_n^*,Z_n^*))$$

定理 4.9（幂等性）　如果对所有的 $i(i=1,2,\cdots,n)$ 都有 $Z_i,Z\in Z^{\#}$ 并且 $Z_i=Z$（其中 $Z^{\#}$ 为正变量的集合），其中 $Z=((a_1,a_2,a_3,a_4;w_{\tilde{A}}),(b_1,b_2,b_3,b_4;w_{\tilde{B}}))$，那么

$$\phi_{\text{ZLIOWA}}((\mu_1,Z_1),(\mu_2,Z_2),\cdots,(\mu_n,Z_n))=Z \tag{4.31}$$

证明　因为对所有的 $i(i=1,2,\cdots,n)$ 都有 $Z_i=Z$，所以

$$\begin{aligned}\phi_{\text{ZLIOWA}}((\mu_1,Z_1),(\mu_2,Z_2),\cdots,(\mu_n,Z_n))&=w_1\cdot Z_1+w_2\cdot Z_2+\cdots+w_n\cdot Z_n\\&=w_1\cdot Z+w_2\cdot Z+\cdots+w_n\cdot Z\\&=(w_1+w_2+\cdots+w_n)\cdot Z\end{aligned}$$

由定义 4.12 及 $\sum_{i=1}^{n}w_i=1$ 可得

$$\begin{aligned}(w_1+w_2+\cdots+w_n)\cdot Z&=\left(\left(\sum_{i=1}^{n}w_ia_1,\sum_{i=1}^{n}w_ia_2,\sum_{i=1}^{n}w_ia_3,\sum_{i=1}^{n}w_ia_4;\ w_{\tilde{A}}\right),(b_1,b_2,b_3,b_4;w_{\tilde{B}})\right)\\&=((a_1,a_2,a_3,a_4;w_{\tilde{A}}),(b_1,b_2,b_3,b_4;w_{\tilde{B}}))=Z\end{aligned}$$

所以，$\phi_{\text{ZLIOWA}}((\mu_1,Z_1),(\mu_2,Z_2),\cdots,(\mu_n,Z_n))=Z$。

定理 4.10（有界性） 令 $Z_m = \underset{i}{\mathrm{Min}}\{Z_1, Z_2, \cdots, Z_n\}$，$Z_M = \underset{i}{\mathrm{Max}}\{Z_1, Z_2, \cdots, Z_n\}$，那么

$$Z_m \leqslant \phi_{\mathrm{ZLIOWA}}((\mu_1, Z_1), (\mu_2, Z_2), \cdots, (\mu_n, Z_n)) \leqslant Z_M \tag{4.32}$$

证明 因为对所有的 $i(i = 1, 2, \cdots, n)$ 都有 $Z_m \leqslant Z_i \leqslant Z_M$ 并且 $\sum_{i=1}^{n} w_i = 1$，通过定理 4.6～定理 4.9 可得

$$\begin{aligned}
\phi_{\mathrm{ZLIOWA}}((\mu_1, Z_1), (\mu_2, Z_2), \cdots, (\mu_n, Z_n)) &= w_1 \cdot Z_1 + w_2 \cdot Z_2 + \cdots + w_n \cdot Z_n \\
&\geqslant w_1 \cdot Z_m + w_2 \cdot Z_m + \cdots + w_n \cdot Z_m \\
&= (w_1 + w_2 + \ldots + w_n) \cdot Z_m = Z_m \\
\phi_{\mathrm{ZLIOWA}}((\mu_1, Z_1), (\mu_2, Z_2), \cdots, (\mu_n, Z_n)) &= w_1 \cdot Z_1 + w_2 \cdot Z_2 + \cdots + w_n \cdot Z_n \\
&\leqslant w_1 \cdot Z_M + w_2 \cdot Z_M + \cdots + w_n \cdot Z_M \\
&= (w_1 + w_2 + \ldots + w_n) \cdot Z_M = Z_M
\end{aligned}$$

所以 $Z_m \leqslant \phi_{\mathrm{ZLIOWA}}((\mu_1, Z_1), (\mu_2, Z_2), \cdots, (\mu_n, Z_n)) \leqslant Z_M$。

注意 如果对所有的 i 都有 $\mu_i \geqslant \mu_{i+1}$，那么 μ_i 的排列位置就是 Z_i 的排列位置，ZLIOWA 算子就变成了 Z-语言有序加权平均聚合（ZLOWAA）算子。

类似地，Xian 等[9]提出了 ZLOWAA 算子。

定义 4.13 n 维映射 $\phi_{\mathrm{ZLOWAA}}: R^n \times Z^n \to Z^n$，$Z_i = (\tilde{A}_i, \tilde{B}_i) = ((a_1{}^i, a_2{}^i, a_3{}^i, a_4{}^i; w_{\tilde{A}_i}), (b_1{}^i, b_2{}^i, b_3{}^i, b_4{}^i; w_{\tilde{B}_i}))$，$W = (w_1, w_2, \cdots, w_n)^{\mathrm{T}}$，$R$ 为实数域，$w_i \in [0,1]$ 且 $\sum_{i=1}^{n} w_i = 1$，则

$$\phi_{\mathrm{ZLOWAA}}(Z_1, Z_2, \cdots, Z_n) = \sum_{i=1}^{n} w_i \cdot Z_i \tag{4.33}$$

则称 ϕ_{ZLOWAA} 为 Z-语言有序加权平均聚合算子。

定理 4.11 Z 变量 Z_i 表示成 $Z_i = (\tilde{A}_i, \tilde{B}_i) = ((a_1{}^i, a_2{}^i, a_3{}^i, a_4{}^i; w_{\tilde{A}_i}), (b_1{}^i, b_2{}^i, b_3{}^i, b_4{}^i; w_{\tilde{B}_i}))$，用 ZLOWAA 算子算出它们的总和依旧是一个 Z 变量，并且

$$\begin{aligned}
\phi_{\mathrm{ZLOWAA}}(Z_1, Z_2, \cdots, Z_n) &= \sum_{i=1}^{n} w_i \cdot Z_i \\
&= \left(\left(\sum_{i=1}^{n} w_i a_1{}^i, \sum_{i=1}^{n} w_i a_2{}^i, \sum_{i=1}^{n} w_i a_3{}^i, \sum_{i=1}^{n} w_i a_4{}^i; \underset{i=1,2,\cdots,n}{\mathrm{Min}} \{w_{\tilde{A}_i}\} \right), \right. \\
&\qquad \left. \left(\frac{\sum_{i=1}^{n} b_1{}^i}{n}, \frac{\sum_{i=1}^{n} b_2{}^i}{n}, \frac{\sum_{i=1}^{n} b_3{}^i}{n}, \frac{\sum_{i=1}^{n} b_4{}^i}{n}; \underset{i=1,2,\cdots,n}{\mathrm{Min}} \{w_{\tilde{B}_i}\} \right) \right)
\end{aligned} \tag{4.34}$$

其中，w_i 是 Z_i 的权重，$w_i \in [0,1]$。其性质如下。

定理 4.12(单调性)　令 $(Z_1^*, Z_2^*, \cdots, Z_n^*)$ 和 $(Z_1, Z_2, \cdots, Z_n)$ 为两个 Z 变量组，如果对所有的 $i(i=1,2,\cdots,n)$ 都有 $Z_i < Z_i^*$，那么

$$\phi_{\text{ZLOWAA}}(Z_1, Z_2, \cdots, Z_n) < \phi_{\text{ZLOWAA}}(Z_1^*, Z_2^*, \cdots, Z_n^*) \tag{4.35}$$

定理 4.13(幂等性)　如果对所有的 $i(i=1,2,\cdots,n)$ 都有 $Z_i, Z \in Z^{\#}$ 并且 $Z_i = Z$，其中 $Z=((a_1,a_2,a_3,a_4;w_{\tilde{A}}),(b_1,b_2,b_3,b_4;w_{\tilde{B}}))$，那么

$$\phi_{\text{ZLOWAA}}(Z_1, Z_2, \cdots, Z_n) = Z \tag{4.36}$$

定理 4.14(有界性)　令 $Z_m = \text{Min}\{Z_1, Z_2, \cdots, Z_n\}$，$Z_M = \text{Max}\{Z_1, Z_2, \cdots, Z_n\}$，那么

$$Z_m \leqslant \phi_{\text{ZLOWAA}}(Z_1, Z_2, \cdots, Z_n) \leqslant Z_M \tag{4.37}$$

4.3.2　Z-语言多属性决策算法及案例

本节考虑基于 ZLIOWA 算子和 ZLOWAA 算子的多属性群决策 (MAGDM) 问题。令 $X=\{x_1,x_2,\cdots,x_m\}$ 表示一组备选对象，$C=\{c_1,c_2,\cdots,c_n\}$ 表示一组特质，$W=(w_1,w_2,\cdots,w_n)^{\mathrm{T}}$ 是各特质在决策中所对应的加权向量，其中 $w_j \in [0,1]$ $(j=1,2,\cdots,n)$，并且 $\sum_{j=1}^{n} w_j = 1$。令 $D=\{d_1,d_2,\cdots,d_p\}$ 表示一组决策者，$\bar{w}=\{\bar{w}_1,\bar{w}_2,\cdots,\bar{w}_n\}$ 是各决策者在决策中所占的对应权重，其中 $\bar{w}_k \in [0,1]$ $(k=1,2,\cdots,p)$，并且 $\sum_{k=1}^{p} \bar{w}_k = 1$。假设决策者 d_k 将与属性 $c_j \in C$ 有关的备选对象 $x_i \in X$ 表示成 Z-语言变量 $Z_{ij}^{(k)}$ 的形式，并构造出决策矩阵 $\mathcal{R}^k = (Z_{(ij)})_{m\times n}$，其中 Z-语言变量表示成

$$Z_{(ij)}^k = ((a_{1(ij)}^k, a_{2(ij)}^k, a_{3(ij)}^k, a_{4(ij)}^k; w_{\tilde{A}_{(ij)}^k}), (b_{1(ij)}^k, b_{2(ij)}^k, b_{3(ij)}^k, b_{4(ij)}^k; w_{\tilde{B}_{(ij)}^k}))$$

的形式。然后我们在 Z-语言信息的基础上将 ZLIOWA 算子运用到多属性群决策问题中，该方法步骤如下。

步骤 1: 通过 Z-语言决策矩阵 $\mathcal{R}^{(k)}$ 中给出的决策信息得出备选对象 x_i 的 Z-语言变量 $Z_{(i)}^k$ $(i=1,2,\cdots,m,\ k=1,2,\cdots,p)$。ZLIOWA 算子下的顺序变量为 $\mu_j \in U(j=(1,2,\cdots,n))$。

$$\begin{aligned} Z_{(i)}^k &= (\tilde{A}_{(i)}^k, \tilde{B}_{(i)}^k) = ((a_{1(i)}^k, a_{2(i)}^k, a_{3(i)}^k, a_{4(i)}^k; w_{\tilde{A}_{(i)}^k}), (b_{1(i)}^k, b_{2(i)}^k, b_{3(i)}^k, b_{4(i)}^k; w_{\tilde{B}_{(i)}^k})) \\ &= \phi_{\text{ZLIOWA}}((\mu_1, Z_{(1)}^k), (\mu_2, Z_{(2)}^k), \cdots, (\mu_n, Z_{(n)}^k)) \end{aligned}$$

步骤 2：利用 ZLIOWA 算子：

$$\begin{aligned} Z_i &= (\tilde{A}_i, \tilde{B}_i) = ((a_{1(i)}, a_{2(i)}, a_{3(i)}, a_{4(i)}; w_{\tilde{A}_{(i)}}), (b_{1(i)}, b_{2(i)}, b_{3(i)}, b_{4(i)}; w_{\tilde{B}_{(i)}})) \\ &= \phi_{\text{ZLIOWA}}((\mu_1, Z_{(1)}^1), (\mu_2, Z_{(2)}^2), \cdots, (\mu_n, Z_{(n)}^p)) = \sum_{k=1}^{p} \bar{w}_k \cdot Z_{(i)}^k \end{aligned}$$

计算出备选对象 X_i 的整体 Z 模糊语言变量 $Z_i(i=1,2,\cdots,m)$。

步骤 3：计算整体语言变量 $Z_i(i=1,2,\cdots,m)$ 的得分 $\mathrm{Score}(Z_i)$。

步骤 4：根据得分 $\mathrm{Score}(Z_i)$ 将所有备选对象 $x_i(i=1,2,\cdots,m)$ 排序并选出最优方案。

类似地，基于 ZLOWAA 算子的多属性群决策方法步骤如下。

步骤 1：通过 Z-语言决策矩阵 $\mathcal{R}^k$ 中给出的决策信息得出备选对象 x_i 的 Z-语言变量 $Z_{(i)}^k\ (i=1,2,\cdots,m,\ k=1,2,\cdots,p)$。ZLOWAA 算子下的顺序变量为 $\mu_j\in U(j=(1,2,\cdots,n))$。

$$\begin{aligned}Z_{(i)}^k&=(\tilde{A}_{(i)}^k,\tilde{B}_{(i)}^k)=((a_{1(i)}^k,a_{2(i)}^k,a_{3(i)}^k,a_{4(i)}^k;w_{\tilde{A}_{(i)}^k}),(b_{1(i)}^k,b_{2(i)}^k,b_{3(i)}^k,b_{4(i)}^k;w_{\tilde{B}_{(i)}^k}))\\&=\phi_{\mathrm{ZLOWAA}}(Z_{(1)}^k,Z_{(2)}^k,\cdots,Z_{(n)}^k)\end{aligned}$$

步骤 2：利用 ZLOWAA 算子：

$$\begin{aligned}Z_i&=(\tilde{A}_i,\tilde{B}_i)=((a_{1(i)},a_{2(i)},a_{3(i)},a_{4(i)};w_{\tilde{A}_{(i)}}),(b_{1(i)},b_{2(i)},b_{3(i)},b_{4(i)};w_{\tilde{B}_{(i)}}))\\&=\phi_{\mathrm{ZLOWAA}}(Z_{(1)}^1,Z_{(2)}^2,\cdots,Z_{(n)}^p)=\sum_{k=1}^{p}\overline{w}_k\cdot Z_{(i)}^k\end{aligned}$$

计算出备选对象 X_i 的整体 Z 模糊语言变量 $Z_i(i=1,2,\cdots,m)$。

步骤 3：计算整体语言变量 $Z_i(i=1,2,\cdots,m)$ 的得分 $\mathrm{Score}(Z_i)$。

步骤 4：根据得分 $\mathrm{Score}(Z_i)$ 将所有备选对象 $x_i(i=1,2,\cdots,m)$ 排序并选出最优方案。

例 4.4　有一家企业需要对不同的运营方案进行风险评估[11-13]，以选出一项风险最小的方案。共有三种运营方案 A_1，A_2，A_3，他们邀请了三位风险评估专家 e_1，e_2，e_3 来进行评估工作，五种主要的风险因子被考虑在内，它们是：市场风险、汇率风险、财务风险、信誉风险、政策风险。五种风险因子的加权向量为 $W=(0.2,0.25,0.3,\ 0.15,0.1)^{\mathrm{T}}$，而三位专家的意见各自所占权重为 $\overline{w}=(0.32,0.35,0.33)$。Z-number 的第二部分对最后结果所产生的影响为 $\beta=0.6$。风险评估矩阵如表 4.9～表 4.11。

表 4.9　专家 e_1 语言评估表

方案	c_1	c_2	c_3
A_1	(12,(< MB; H >,L))	(13,(< B; VH >,VL))	(17,(< F; VH >,EL))
A_2	(12,(< B; H >,EL))	(15,(< EB; VH >,VL))	(13,(< EB; VH >,L))
A_3	(13,(< EB; H >,EL))	(11,(< MB; VH >,L))	(14,(< B; VH >,L))
方案	c_4	c_5	
A_1	(14,(< EB; VH >,L))	(20,(< F; M >,U))	
A_2	(11,(< EB; VH >,L))	(16,(< EB; M >,L))	
A_3	(16,(< B;VH >,L))	(17,(< B; M >,NVL))	

表 4.10　专家 e_2 语言评估表

方案	c_1	c_2	c_3
A_1	(17,(< B;VH >,L))	(13,(< MB;VH >,EL))	(16,(< B;H >,UL))
A_2	(12,(< B;VH >,U))	(14,(< EB;VH >,EL))	(13,(< EB;H >,L))
A_3	(13,(< B;VH >,L))	(15,(< B;VH >,EL))	(12,(< MB;H >,L))
方案	c_4	c_5	
A_1	(15,(< B;VH >,NVL))	(12,(< F;MH >,U))	
A_2	(16,(< EB;VH >,U))	(20,(< MB;MH >,L))	
A_3	(17,(< EB;VH >,EL))	(16,(< B;MH >,VL))	

表 4.11　专家 e_3 语言评估表

方案	c_1	c_2	c_3
A_1	(16,(< MB;MH >,VL))	(17,(< F;VH >,L))	(11,(< B;H >,NVL))
A_2	(12,(< MB;MH >,L))	(15,(< EB;VH >,U))	(16,(< B;H >,VL))
A_3	(13,(< F;MH >,U))	(12,(< EB;VH >,L))	(15,(< EB;VH >,L))
方案	c_4	c_5	
A_1	(12,(< EB;VH >,L))	(13,(< F;MH >,U))	
A_2	(17,(< EB;VH >,EL))	(18,(< B;MH >,L))	
A_3	(16,(< MB;VH >,U))	(11,(< MB;MH >,L))	

用 ZLIOWA 算子和 ZLOWAA 算子分别计算上述风险评估实例得到各自的排列顺序，并对其进行分析。

步骤 1：参照表 4.12～表 4.14 将语言变量转换为梯形模糊数，在此基础上再转换成 Z-number 评估矩阵。

表 4.12　评估风险的语言变量

极小 (ES)	[0,0,0,1]
小 (S)	[0,1,1,3]
较小 (MS)	[1,3,3,5]
一般 (F)	[3,5,5,7]
较大 (MB)	[5,7,7,9]
大 (B)	[7,9,9,10]
极大 (EB)	[9,9,9,10]

表 4.13　自信度的语言变量

极低(EL)	[0,0,0,0.1]
低(L)	[0,0.1,0.1,0.3]

续表

较低(ML)	[0.1, 0.3, 0.3, 0.5]
中(M)	[0.3, 0.3, 0.5, 0.7]
较高(MH)	[0.5, 0.7, 0.7, 0.9]
高(H)	[0.7, 0.9, 0.9, 1.0]
极高(VH)	[0.9, 0.9, 1.0, 1.0]

表 4.14　可信度的语言变量

不可能(U)	[0, 0, 0, 0.1]
不太可能(NVL)	[0, 0.1, 0.1, 0.3]
可能(L)	[0.1, 0.3, 0.3, 0.5]
非常可能(VL)	[0.3, 0.3, 0.5, 0.7]
确定(EL)	[0.5, 0.7, 0.7, 0.9]

步骤 2: 用 ZLIOWA 算子将各风险因子进行计算，得到评估矩阵如表 4.15 所示。

表 4.15　评估矩阵表

方案	e_1
A_1	$(<[5.6, 7, 7, 8.55];[0.82, 0.84, 0.84, 0.94]>, (0.4, 0.42, 0.54, 0.68; 1))$
A_2	$(<[8.7, 9, 9, 10];[0.8, 0.83, 0.93, 0.96]>, (0.46, 0.5, 0.64, 0.8; 1))$
A_3	$(<[7.1, 8.8, 8.8, 9.9];[0.8, 0.83, 0.93, 0.96]>, (0.36, 0.38, 0.52, 0.68; 1))$
方案	e_2
A_1	$(<[6.3, 8.3, 8.3, 9.55];[0.81, 0.88, 0.95, 0.99]>, (0.24, 0.26, 0.34, 0.44; 1))$
A_2	$(<[8, 8.6, 8.6, 9.8];[0.81, 0.83, 0.93, 0.87]>, (0.3, 0.3, 0.4, 0.52; 1))$
A_3	$(<[7.2, 8.8, 8.8, 9.9];[0.86, 0.86, 0.93, 0.98]>; (0.58, 0.62, 0.74, 0.86; 1))$
方案	e_3
A_1	$(<[4.8, 6.5, 6.5, 8.25];[0.69, 0.80, 0.85, 0.95]>, (0.22, 0.28, 0.3, 0.54; 1))$
A_2	$(<[7.6, 8.8, 8.8, 9.9];[0.74, 0.85, 0.90, 0.98]>, (0.4, 0.44, 0.54, 0.68; 1))$
A_3	$(<[6, 7.2, 7.2, 8.8];[0.77, 0.83, 0.85, 0.97]>, (0.18, 0.18, 0.3, 0.46; 1))$

步骤 3: 用 ZLIOWA 算子计算出每种方案的综合评估。

$$Z_{A_1} = (<[5.56, 7.25, 7.25, 8.77];[0.59, 0, 84, 0.88, 0.96]>, (0.29, 0.32, 0.39, 0.55; 1))$$

$$Z_{A_2} = (<[8.08, 8.80, 8.80, 9.58];[0.78, 0.84, 0.92, 0.94]>, (0.39, 0.41, 0.53, 0.67; 1))$$

$$Z_{A_3} = (<[6.77, 8.27, 8.27, 9.54];[0.81, 0.84, 0.91, 0.97]>, (0.37, 0.39, 0.52, 0.67; 1))$$

步骤 4: 计算出 Z-number 的得分 $\mathrm{Score}(Z_{A_i})$ $(i=1,2,3)$，并依照 $\mathrm{Score}(Z_{A_i})$ $(i=1,2,3)$ 的大小进行排序。

$$\text{Score}(Z_{A_1})=0.22,\quad \text{Score}(Z_{A_2})=0.36,\quad \text{Score}(Z_{A_3})=0.34$$

因为

$$\text{Score}(Z_{A_2})>\text{Score}(Z_{A_3})>\text{Score}(Z_{A_1})$$

所以 $A_2 > A_3 > A_1$，风险最低的方案是 A_1。

同样用 ZLOWAA 算子计算，其与 ZLIOWA 算子结果如表 4.16 所示。

表 4.16　ZLIOWA 算子和 ZLOWAA 算子结果

方案	ZLIOWA 算子
$Z(A_1)$	$(<[5.56,7.25,7.25,8.77];[0.59,0,84,0.88,0.96]>,(0.29,0.32,0.39,0.55;1))$
$Z(A_2)$	$(<[8.08,8.80,8.80,9.58];[0.78,0.84,0.92,0.94]>,(0.39,0.41,0.53,0.67;1))$
$Z(A_3)$	$(<[6.77,8.27,8.27,9.54];[0.81,0.84,0.91,0.97]>,(0.37,0.39,0.52,0.67;1))$
方案	ZLOWAA 算子
$Z(A_1)$	$(<[6.79,8.8,8.8,9];[0.68,0.77,0.87,0.93]>,(0.45,0.48,0.6,0.74;1))$
$Z(A_2)$	$(<[7.03,8.44,8.44,9.69];[0.59,0.65,0.7,0.74]>,(0.41,0.44,0.53,0.66;1))$
$Z(A_3)$	$(<[5.25,7.86,7.86,9.25];[0.67,0.68,0.79,0.88]>,(0.27,0.3,0.4,0.63;1))$

将两种算子运算后的投资风险进行排序，如表 4.17 所示。

表 4.17　各投资方案风险排序(1)

ZLIOWA 算子	$A_2 > A_3 > A_1$
ZLOWAA 算子	$A_2 > A_1 > A_3$

由表 4.17 中 ZLIOWA 算子和 ZLOWAA 算子结果的比较可知，用不同算子计算风险投资问题时得到的风险排序是不同的，这是不同专家和因素所占权重不同造成的。

上述 Z-number 还可忽略掉专家的自信度，将二型梯形模糊数改成广义梯形模糊数的形式。类似地，将 ZIOWA 算子和 ZLOWAA 算子运算后的投资风险进行排序，如表 4.18 所示。

表 4.18　各投资方案风险排序(2)

ZIOWA 算子	$A_3 > A_2 > A_1$
ZLOWAA 算子	$A_1 > A_2 > A_3$

ZIOWA 算子和 ZLOWAA 算子结果的不同再次说明不同专家和因素所占权重的不同会导致结果的差异。同时 ZLIOWA 算子与 ZLOWAA 算子，以及 ZLOWAA 算子与 ZIOWA 算子之间的对比说明信息的全面与否能够影响最终的决策结果。

4.4　小　　结

本章主要介绍了具有犹豫度、随机性以及同时具有模糊性与随机性的智能语言集成方法，理论与案例的结果表明，同时表达几种不确定性的语言能够有效保证决策结果的可靠性。

参 考 文 献

[1] Rodríguez R M, Martinez L, Herrera F. A group decision making model dealing with comparative linguistic expressions based on hesitant fuzzy linguistic term set. Information Science, 2013, 241: 28-42.

[2] Liao H C, Xu Z S, Zeng X J. Hesitant fuzzy linguistic VIKOR method and its application in qualitative multiple criteria decision making. IEEE Transactions on Fuzzy Systems, 2015, 23: 1343-1355.

[3] Bonferroni C. Sulle medie multiple di potenze. Bolletino Matematica Italiana, 1950, 5: 267-270.

[4] Gou X J, Xu Z S, Liao H C. Multiple criteria decision making based on Bonferroni means with hesitant fuzzy linguistic information. Soft Computing, 2017, 21: 6515-6529.

[5] Zhu B, Xu Z S, Xia M M . Hesitant fuzzy Bonferroni means for multi-criteria decision making. Journal of the Operational Research Society, 2013, 64: 1831-1840.

[6] Pang Q, Wang H, Xu Z S. Probabilistic linguistic term sets in multi-attribute group decision making. Information Sciences, 2016, 369: 128-143.

[7] Parreiras R, Ekel P Y, Martini J, et al. A flexible consensus scheme for multicriteria group decision making under linguistic assessments. Information Science, 2010,180: 1075-1089 .

[8] Zadeh L A. A note on Z-numbers. Information Science, 2011, 181(14): 2923-2932.

[9] Xian S D, Chai J H, Guo H L. Z linguistic-induced ordered weighted averaging operator for multiple attribute group decision-making. International Journal of Intelligent Systems, 2019, 34(2): 271-296.

[10] Xian S D, Xue W T, Zhang J F,et al. Intuitionistic fuzzy linguistic induced ordered weighted averaging operator for group decision making. Fuzziness and Knowledge-Based Systems, 2015, 23(4): 627-648.

[11] 程醒予. 中小企业风险评估方法与实践：以外贸型企业为例. 中小企业管理与科技, 2014, 2: 51-53.

[12] 袁芳英. 基于分析网络程序法的企业风险评估. 中外企业家, 2017, 7: 175-176.

[13] 张旭，盛龙，魏静. 初创企业风险评估模型研究. 投资与创业, 2017, 5: 57-62.

第 5 章　智能语言群决策模型及方法

多属性决策也称有限方案多目标决策，是指在考虑多个属性的情况下，选择最优备选方案或进行方案排序的决策问题，它是现代决策科学的一个重要组成部分。其理论和方法在工程设计、经济、管理和军事等诸多领域中有着广泛的应用，如投资决策、项目评估、维修服务、武器系统性能评定、工厂选址、投标招标和经济效益综合评价等。多属性决策的实质是利用已有的决策信息通过有效的决策方法对一组(有限个)备选方案进行排序或择优。智能语言信息作为表达评价信息的工具，能够灵活、有效地刻画定性决策信息。因此本章主要回顾一些传统的多属性群决策方法，并且基于这些决策方法，介绍在智能语言环境下的多属性决策模型的一些最新研究成果。

5.1　几种决策模型

由于社会经济系统错综复杂，决策因素纵横交错，任何决策者仅凭直观和经验，都难以作出最优的决策。因此，在现代化的科学决策中，常常借助于自然科学的方法，运用数学的工具，建立各决策变量之间的关系公式与模型，用以反映决策问题的实质，对复杂的决策问题进行简化。常见的决策模型有 TOPSIS(Technique for Order Preference by Similarity to an Ideal Solution)方法、TODIM(Tomada de Decisao Interativa e Multicritévio)方法、层次分析法(Analytic Hierarchy Process，AHP)、VIKOR(Vleskriterijunaska Optimizalija I Kompromisno Resenje)方法等。

5.1.1　TOPSIS 决策模型

TOPSIS 方法[1]是根据有限个评价对象与理想方案的贴近程度进行排序，又称为优劣解距离法，可以有效地规避构造效用函数的困难。其主要模型及步骤如下。

设 $A=\{A_1,A_2,\cdots,A_n\}$ 为一个有限的方案集合 $(n\geqslant 2)$ ，其中 A_i 表示第 i 个备选方案； $C=\{c_1,c_2,\cdots,c_m\}$ 为属性集合 $(m\geqslant 2)$ ，其中 c_j 表示第 j 个属性， $\overline{w}=(\overline{w}_1,\overline{w}_2,\cdots,\overline{w}_m)^{\mathrm{T}}$ 为属性的权重向量，满足 $\sum_{j=1}^{m} w_j=1, 0\leqslant w_j\leqslant 1$，则评价矩阵可表示如下：

$$D=(a_{ij})_{n\times m}=\begin{matrix} & c_1 & c_2 & \cdots & c_m \\ A_1 & a_{11} & a_{12} & \cdots & a_{1m} \\ A_2 & a_{21} & a_{22} & \cdots & a_{2m} \\ \vdots & \vdots & \vdots & & \vdots \\ A_n & a_{n1} & a_{n2} & \cdots & a_{nm} \end{matrix}$$

其中，a_{ij} 代表第 i 个备选方案的第 j 个属性评价值。

步骤 1：确定正理想解和负理想解。

正理想解：$A^+=(a_1^+,\ a_2^+,\cdots,a_m^+)$。

负理想解：$A^-=(a_1^-,\ a_2^-,\cdots,a_m^-)$。

其中，$a_j^+=\mathrm{Max}\{a_{1j},a_{2j},\cdots,a_{nj}\}$，$a_j^-=\mathrm{Min}\{a_{1j},a_{2j},\cdots,a_{nj}\}(j=1,2,\cdots,m)$ 分别代表第 j 个属性下最优和最差的评价值。

步骤 2：计算各个备选方案到正、负理想解的距离：

$$d(A_i,A^+)=\sum_{j=1}^{m}w_j d(a_{ij},a_j^+),\quad i=1,2,\cdots,n \tag{5.1}$$

$$d(A_i,A^-)=\sum_{j=1}^{m}w_j d(a_{ij},a_j^-),\quad i=1,2,\cdots,n \tag{5.2}$$

其中，$d(a_{ij},a_j^+)$ 代表在第 j 个属性下，第 i 个备选方案评价值与最优方案评价值之间的距离。

步骤 3：计算整体评价值①：

$$\mathrm{RC}(A_i)=\frac{d(A_i,A^-)}{d(A_i,A^-)+d(A_i,A^+)},\quad i=1,2,\cdots,n \tag{5.3}$$

步骤 4：获得排序结果并选择最优方案。

根据整体评价值 $\mathrm{RC}(A_i)$ $(i=1,2,\cdots,n)$ 的大小，获得备选方案的排序结果，并且选择最优方案。整体评价值越大，相应的备选方案越好。

5.1.2　TODIM 决策模型

传统的多属性决策问题大多以期望效用理论作为研究基础，并且认为决策者是完全理性的，然而在现实情况下，决策者受本身知识水平、偏好和心理等因素的影响，决策者的实际评价与理性状态下的评估结果会有一定的偏差，即决策者往往具有有限心理行为特征。因此，为了考虑决策者心理行为，Tversky 等[2]提出了前景理论，被认为是至今最具有代表性的行为决策理论。Gomes 等[3]在前景理论的基础上提出了 TODIM 方法，是一种考虑决策者心理行为的多属性决策方法，该方法通过计算备选方案相对优势度来对方案进行排序和优选。其模型及算法如下。

设 $A=\{A_1,A_2,\cdots,A_n\}$ 为一个有限的方案集合 $(n\geqslant 2)$，其中 A_i 表示第 i 个备选方案； $C=\{c_1,c_2,\cdots,c_m\}$ 为属性集合 $(m\geqslant 2)$，其中 c_j 表示第 j 个属性， $\bar{w}=(\bar{w}_1,\bar{w}_2,\cdots,\bar{w}_m)^{\mathrm{T}}$ 为属性的权重向量，满足 $\sum_{j=1}^{m} w_j=1, 0\leqslant w_j\leqslant 1$，则评价矩阵[②]可表示如下：

$$
D=(a_{ij})_{n\times m}=\begin{array}{c} \\ A_1 \\ A_2 \\ \vdots \\ A_n \end{array}\begin{array}{c} \begin{array}{cccc} c_1 & c_2 & \cdots & c_m \end{array} \\ \begin{bmatrix} a_{11} & a_{12} & \cdots & a_{1m} \\ a_{21} & a_{22} & \cdots & a_{2m} \\ \vdots & \vdots & & \vdots \\ a_{n1} & a_{n2} & \cdots & a_{nm} \end{bmatrix} \end{array}
$$

其中， a_{ij} 代表第 i 个备选方案的第 j 个属性评价值。

步骤 1：确定相对属性权重。

设属性 c_j 的相对属性权重为 w'_j，其计算公式为

$$
w'_j=\frac{w_j}{w^*} \tag{5.4}
$$

其中， $w^*=\mathrm{Max}\{w_1,w_2,\cdots,w_m\}$ 。

步骤 2：计算各个备选方案的整体优势度。

首先，考虑到决策者的参考依赖和损失规避的心理行为特征，计算在属性 c_j 下不同方案的优势度矩阵 ϕ^j：

$$
\phi^j=(\phi^j_{ik})_{n\times n}=\begin{array}{c} \\ A_1 \\ A_2 \\ \vdots \\ A_n \end{array}\begin{array}{c} \begin{array}{cccc} A_1 & A_2 & \cdots & A_n \end{array} \\ \begin{bmatrix} \phi^j_{11} & \phi^j_{12} & \cdots & \phi^j_{1n} \\ \phi^j_{21} & \phi^j_{22} & \cdots & \phi^j_{2n} \\ \vdots & \vdots & & \vdots \\ \phi^j_{n1} & \phi^j_{n2} & \cdots & \phi^j_{nn} \end{bmatrix} \end{array} \tag{5.5}
$$

$$
\phi^j_{ik}=\begin{cases} \sqrt{w'_j d(a_{ij},a_{kj}) \Big/ \sum_{j=1}^{m} w'_j}, & a_{ij}-a_{kj}>0 \\ 0, & a_{ij}-a_{kj}=0 \\ -\dfrac{1}{\varepsilon}\sqrt{\left(\sum_{j=1}^{m} w'_j\right) d(a_{ij},a_{kj}) \Big/ w'_j}, & a_{ij}-a_{kj}<0 \end{cases} \tag{5.6}
$$

其中，ϕ_{ik}^{j} 代表在第 j 个属性下，第 i 个备选方案相对于第 k 个备选方案的优势度；ε 是损失衰退系数，其取值范围可参考 $\left(\sum_{j=1}^{m} w'_j\right) \Big/ w'_j$（见参考文献[4]）。$\varepsilon$ 越小，表明决策者的损失规避程度越高。随后，得到整体优势度矩阵：

$$\psi = (\psi_{ik})_{n\times n} = \begin{array}{c} \\ A_1 \\ A_2 \\ \vdots \\ A_n \end{array} \begin{array}{c} \begin{array}{cccc} A_1 & A_2 & \cdots & A_n \end{array} \\ \begin{bmatrix} \psi_{11} & \psi_{12} & \cdots & \psi_{1n} \\ \psi_{21} & \psi_{22} & \cdots & \psi_{2n} \\ \vdots & \vdots & & \vdots \\ \psi_{n1} & \psi_{n2} & \cdots & \psi_{nn} \end{bmatrix} \end{array}$$

其中，$\psi_{ik} = \sum_{j=1}^{m} \phi_{ik}^{j}$，代表第 i 个备选方案相对于第 k 个备选方案的整体优势度。

步骤 3：计算各个备选方案的整体优势值③：

$$\Phi(A_i) = \frac{\sum_{k\neq i} \psi_{ik} - \underset{i}{\mathrm{Min}}\left\{\sum_{k\neq i} \psi_{ik}\right\}}{\underset{i}{\mathrm{Max}}\left\{\sum_{k\neq i} \psi_{ik}\right\} - \underset{i}{\mathrm{Min}}\left\{\sum_{k\neq i} \psi_{ik}\right\}},\quad i = 1,2,\cdots,n \tag{5.7}$$

步骤 4：获得排序结果并选择最优方案。

根据整体优势值 $\Phi(A_i)(i=1,2,\cdots,n)$ 的大小，获得备选方案的排序结果，并且选择最优方案。整体优势值越大，相应的备选方案越好。

注：①在 MAGDM 问题中，需要将多个评价矩阵所得到的整体评价值进行集成，得到备选方案的综合评价值，从而根据综合评价值获得方案的排序结果并且选择最优方案；②为了消除不同量纲对决策结果的影响，需要对评价矩阵进行规范化处理，本章所给出的评价矩阵均已规范化；③在 MAGDM 问题中，需要将多个评价矩阵所得到的整体优势度进行集成，得到备选方案的整体优势度和整体优势值，从而根据整体优势值获得排序结果并且选择最优方案。

5.1.3　VIKOR 决策模型

VIKOR 方法[5]是 Opricovic 教授于 1998 年提出的对复杂系统进行多属性评价与决策的方法。与 TOPSIS 方法相比，VIKOR 方法得到的是带有优先级的折中解，其基本观点是：先界定理想解与负理想解，然后比较各备选方案的评估值，根据其与理想方案的距离来排列方案的优先顺序。VIKOR 方法得到的是距理想解最近的折中可行解，其特点是提供最大化的“群体效益”和最小化的“反对意见的个别遗憾”。

该方法在多属性决策分析中直接运用原始数据进行分析，不会损失指标信息，在计算中还能反映出方案与理想解的接近程度，同时，在综合评价中，该方法不但可以分析最终综合评价结果的优劣，还能根据各具体指标的得分分析各指标对综合评价结果的影响程度，从而可以发现方案具有的优势和需改进的劣势。

设 $A=\{A_1,A_2,\cdots,A_n\}$ 为一个有限的方案集合（$n\geqslant 2$），其中 A_i 表示第 i 个备选方案；$C=\{c_1,c_2,\cdots,c_m\}$ 为属性集合（$m\geqslant 2$），其中 c_j 表示第 j 个属性，则评价矩阵可表示如下：

$$D=(a_{ij})_{n\times m}=\begin{array}{c} \\ A_1 \\ A_2 \\ \vdots \\ A_n \end{array}\begin{array}{c} \begin{array}{cccc} c_1 & c_2 & \cdots & c_m \end{array} \\ \begin{bmatrix} a_{11} & a_{12} & \cdots & a_{1m} \\ a_{21} & a_{22} & \cdots & a_{2m} \\ \vdots & \vdots & & \vdots \\ a_{n1} & a_{n2} & \cdots & a_{nm} \end{bmatrix} \end{array}$$

其中，a_{ij} 代表第 i 个备选方案的第 j 个属性评价值。

步骤 1：确定各属性权重值。

在 VIKOR 方法中需要计算各属性的权重，可采用 AHP 法、Delphi 法或者 CRITIC 法、熵权法、差异系数法等[6]。假设求得的指标的加权向量为 $W=(w_1,w_2,\cdots,w_m)^{\mathrm{T}}$，满足 $\sum_{j=1}^{m}w_j=1,0\leqslant w_j\leqslant 1$。

步骤 2：属性值标准化。

先对成本型指标（负向指标）正向化，可表示为

$$a'_{ij}=\frac{\mathrm{Max}a_{ij}}{a_{ij}},\quad i=1,2,\cdots,m;j=1,2,\cdots,n \tag{5.8}$$

正向化后的负向指标值仍记为 a_{ij}，指标值正向化后再进行标准化，可表示为

$$y_{ij}=\frac{a_{ij}}{\sqrt{\sum_{k=1}^{m}a_{kj}^2}},\quad i=1,2,\cdots,m;j=1,2,\cdots,n \tag{5.9}$$

步骤 3：计算各属性的理想解。

第 j 个指标的正理想解：

$$f_j^+=\mathop{\mathrm{Max}}_{i}y_{ij},\quad j=1,2,\cdots,n$$

第 j 个指标的负理想解：

$$f_j^- = \operatorname*{Min}_i y_{ij}, \quad j = 1, 2, \cdots, n$$

步骤 4： 计算各方案的群体效用值和个体遗憾值：

$$S_i = \sum_{j=1}^{n} w_j (f_j^+ - y_{ij}) / (f_j^+ - f_j^-) \tag{5.10}$$

$$R_i = \operatorname*{Max}_i w_j (f_j^+ - y_{ij}) / (f_j^+ - f_j^-) \tag{5.11}$$

其中，S_i 表示第 i 个方案 j 个指标的群体效用值；R_i 表示第 i 个方案 j 个指标的(最大)遗憾值。S_i 和 R_i 都是负向性质的评价值，即 S_i 和 R_i 越小则方案越优。

步骤 5： 计算各方案的利率比值(VIKOR 值)：

$$Q_i = u\frac{S_i - S_{\text{Min}}}{S_{\text{Max}} - S_{\text{Min}}} + (1-u)\frac{R_i - R_{\text{Min}}}{R_{\text{Max}} - R_{\text{Min}}}, \quad i = 1, 2, \cdots, m \tag{5.12}$$

其中，$S_{\text{Min}} = \operatorname*{Min}_i S_i$；$S_{\text{Max}} = \operatorname*{Max}_i S_i$；$R_{\text{Min}} = \operatorname*{Min}_i R_i$；$R_{\text{Max}} = \operatorname*{Max}_i R_i$；$u$ 为决策机制系数，一般取 $u = 0.5$，可以兼顾群体效用最大化和个体遗憾最小化；Q_i 为第 i 个方案的综合评价值，Q_i 越小则第 i 个方案越优。

步骤 6： 方案排序。

按照 S_i、R_i、Q_i 的值从小到大排序，排在前面的方案较优。当满足以下两个条件时，可根据 Q_i 值对方案进行排序，Q_i 值越小方案越优，Q_i 值最小者为最优方案。

首先，可接受的优势阈值条件为 $Q^{(2)} - Q^{(1)} \geqslant \frac{1}{n-1}$，其中 $Q^{(2)}$ 和 $Q^{(1)}$ 分别为排在第一、第二位方案的 Q 值，n 为方案的个数。其次，可接受的决策可靠性条件：方案按 Q 值排序结果与按 S 值或 R 值排序的结果一致。即按 Q 值排在前面的方案，其群体效用值 S 或个体遗憾值 R 也较小。

5.1.4 AHP 决策模型

层次分析法(AHP)[7]，是由美国运筹学家 Saaty 提出的。它是一种定性和定量相结合的、系统化、层次化的分析方法，在处理复杂的决策问题中具有实用性和有效性。AHP 法是一种将决策者对复杂问题的决策思维过程模式化、数量化的过程。通过这种方法，可以将复杂问题分解为若干层次和若干因素，在各因素之间进行简单的比较和计算，可以得到不同方案重要性程度的权重，从而为决策者选择方案提供了合理的依据。其模型算法如下。

步骤 1： 建立递阶层次结构。

应用 AHP 法解决实际问题，首先明确要分析决策的问题，并把它条理化、层次化，理出递阶层次结构。AHP 法要求的递阶层次结构一般由以下三个层次组成：

(1) 目标层(最高层)：问题的预定目标。

(2) 准则层(中间层)：影响目标实现的准则。

(3) 措施层(最低层)：促使目标实现的措施。

明确各个层次的因素及其位置，并将它们之间的关系用连线连接起来，就构成了递阶层次结构。

步骤 2： 构造判断矩阵并赋值。

针对判断矩阵的准则，其中两个元素两两比较哪个重要，重要多少，对重要性程度按 1～9 赋值(重要性标度值见表 5.1)。

表 5.1　重要性标度含义表

重要性标度	含义
1	表示两个元素相比，具有同等重要性
3	表示两个元素相比，前者比后者稍重要
5	表示两个元素相比，前者比后者明显重要
7	表示两个元素相比，前者比后者强烈重要
9	表示两个元素相比，前者比后者极端重要
2,4,6,8	表示上述判断的中间值
倒数	若元素 $A_1=(a_{ij})_{n\times n}$ 与元素 $A_2=(a_{ij})_{n\times n}$ 的重要性之比为 a_{ij}，则元素 $A_2=(a_{ij})_{n\times n}$ 与元素 $A_1=(a_{ij})_{n\times n}$ 的重要性之比为 $a_{ji}=\frac{1}{a_{ij}}$

设填写后的判断矩阵为 $A=(a_{ij})_{n\times n}$，判断矩阵具有如下性质：

(1) $a_{ij}>0$；

(2) $a_{ji}=1/a_{ij}$；

(3) $a_{ii}=1$。

步骤 3： 层次单排序(计算权向量)与检验。

层次单排序是指每一个判断矩阵各因素针对其准则的相对权重，所以本质上是计算权向量。计算权向量包括特征根法、和法、根法、幂法等，这里简要介绍和法。和法的原理是，对于一致性判断矩阵，每一列归一化后就是相应的权重。对于非一致性判断矩阵，每一列归一化后近似于其相应的权重，并对这 n 个列向量求取算术平均值作为最后的权重。具体的公式为

$$W_i=\frac{1}{n}\sum_{j=1}^{n}\frac{a_{ij}}{\sum_{k=1}^{n}a_{kj}} \tag{5.13}$$

需要注意的是，在层层排序中，要对判断矩阵进行一致性检验。

在特殊情况下，判断矩阵可以具有传递性和一致性。一般情况下，并不要求判断矩阵严格满足这一性质。但是从人类认知规律分析，一个正确的判断矩阵重要性

排序是要有一定的逻辑规律，如 A 比 B 重要，B 比 C 重要，则从逻辑上来说 A 明显比 C 重要。若两两比较时出现了 A 不如 C 重要或者同等重要，则该判断矩阵违反了一致性原则。因此在实际中需要判断矩阵近似满足一致性，需要进行一致性检验。不然通过 AHP 模型得到的结果是不合理的。一致性检验的步骤如下。

步骤 1： 计算一致性指标 CI(Consistency Index)：

$$\mathrm{CI}=\frac{\lambda_{\max}-n}{n-1} \tag{5.14}$$

步骤 2： 查表 5.2 确定相应的平均随机一致性指标 RI(Random Index)。

表 5.2 平均随机一致性指标 RI 表(1000 次正互反矩阵计算结果)

矩阵阶数	1	2	3	4	5	6	7	8
RI	0	0	0.52	0.89	1.12	1.26	1.36	1.41
矩阵阶数	9	10	11	12	13	14	15	
RI	1.46	1.49	1.52	1.54	1.56	1.58	1.59	

步骤 3： 计算一致性比例 CR(Consistency Ratio)并判断一致性：

$$\mathrm{CR}=\frac{\mathrm{CI}}{\mathrm{RI}} \tag{5.15}$$

当 $\mathrm{CR}<0.1$ 时，认为判断矩阵的一致性是可以接受的；否则认为判断矩阵不符合一致性要求，需要对该判断矩阵进行重新修正。

步骤 4： 层次总排序与检验。

总排序是指每一个判断矩阵各因素针对目标层的相对权重。这一权重的计算采用从上而下的方法，逐层合成。假设第 $k-1$ 层的 m 个元素相对于总目标的权重为 $W^{(k-1)}=(w_1^{(k-1)},w_2^{(k-1)},\cdots,w_m^{(k-1)})^{\mathrm{T}}$，第 k 层的 n 个元素对于上一层(第 k 层)第 j 个元素的单排序权重为 $p_j^{(k)}=(p_{1j}^{(k)},p_{2j}^{(k)},\cdots,p_{nj}^{(k)})^{\mathrm{T}}$。因此令 $P^{(k)}=(p_1^{(k)},p_2^{(k)},\cdots,p_n^{(k)})$ 表示第 k 层元素对第 $k-1$ 层元素的排序，则第 k 层元素对于总目标的总排序为

$$W^{(k)}=(w_1^{(k)},w_2^{(k)},\cdots,w_n^{(k)})=P^{(k)}W^{(k-1)} \tag{5.16}$$

同样，要对总排序结果进行一致性检验。

步骤 5： 结果分析。

通过对排序结果进行分析，得出最后的决策方案。

5.2 基于智能语言信息的 TOPSIS 决策模型

在许多决策环境下，专家往往根据他们在本领域的常识来评判一系列备选方案，而在绝大多数情况下，他们的认知无法量化而只能用抽象的语言来表达。例如，在评估大型水利工程项目时，专家可能会说“这个项目在理论上基本上是好的，但是

可行性较弱”。又如，对一个教育系统，负责管理教育评估的专家可能会说“虽然该系统有一点儿瑕疵，但系统可以较好地开展教学评估工作”。在这两个例子中，虽然语言术语直观易懂并且与人们的认知非常接近，但是专家不可能用精确的数值来描述“基本上”、“较弱”、“一点儿”、“较好”这些词汇的精准含义。语言信息作为决策信息表达的一种方式，在多属性决策问题中扮演着重要的角色，并且基于语言信息的决策模型在大学评估、医疗水平评估、供应商选择、作战能力评估等领域具有广泛的应用前景。基于对语言信息表示方法和集成算子的研究，许多学者将传统的决策方法与模型拓展到语言信息环境下，并建立了新的基于语言信息的决策模型。本节将讨论在不同的语言信息环境下的 TOPSIS 决策模型。

5.2.1 广义区间直觉模糊语言 TOPSIS 决策模型

基于有主元的区间直觉模糊语言变量距离测度的 TOPSIS 有序关系，Xian 等[8]结合广义区间直觉模糊语言诱导混合平均(General Interval Imuitimistic Fuzzy Linguistic Induced Hybrid Average，GIVIFLIHA)算子研究了直觉模糊语言信息背景下的多属性群决策问题。

下面，首先介绍有主元的区间直觉模糊语言变量的距离测度。

定义 5.1[8]　设 $\tilde{S}$ 为有主元的区间直觉模糊语言变量的全集，$\hat{S}$ 为连续语言术语集，$\tilde{s}_i=([s_{\alpha_i},s_{\beta_i}];[\mu_i^l,\mu_i^u],[\nu_i^l,\nu_i^u])$，$\tilde{s}_j=([s_{\alpha_j},s_{\beta_j}];[\mu_j,\mu_j^u],[\nu_j,\nu_j^u])$，$\tilde{s}_i,\tilde{s}_j\in\tilde{S}$，$s_{\alpha_i},s_{\beta_i},s_{\alpha_j},s_{\beta_j}\in\hat{S}$，则 $\tilde{s}_i$ 与 $\tilde{s}_j$ 之间的区间直觉模糊语言距离测度可以被定义为

$$d(\tilde{s}_i,\tilde{s}_j)=\frac{1}{12t}\left|(5\alpha_i+\beta_i)\left(1+\frac{\mu_i^l+\mu_i^u-\nu_i^l-\nu_i^u}{2}\right)-(5\alpha_j+\beta_j)\left(1+\frac{\mu_j^l+\mu_j^u-\nu_j^l-\nu_j^u}{2}\right)\right| \tag{5.17}$$

其中，t 表示 $\hat{S}$ 的基数。

接下来，介绍基于有主元的区间直觉模糊语言距离测度的 TOPSIS 有序关系。应用于直觉模糊语言信息多属性群决策的 TOPSIS 方法，其不仅强调了变量主元的重要意义，而且充分考虑了有主元变量的自身特性。

定义 5.2[8]　设 $A=\{A_1,A_2,\cdots,A_m\}$ 是 m 个备选方案集，$C=\{c_1,c_2,\cdots,c_n\}$ 是 n 个属性集。设 G 为收益属性集，B 为成本属性集，$\tilde{s}_{ij}$ 为对于方案 $A_i(i=1,2,\cdots,m)$ 的属性 $c_j(j=1,2,\cdots,n)$ 的偏好值，则各属性的区间直觉模糊语言正理想属性偏好值 $\tilde{s}_j^+(j=1,2,\cdots,n)$ 和区间直觉模糊语言负理想属性偏好值 $\tilde{s}_j^-(j=1,2,\cdots,n)$ 被定义如下。

如果 $c_j\in G$，则

$$\begin{cases}\tilde{s}_j^+ = ([\underset{i}{\mathrm{Max}}\{s_{\alpha_{ij}}\}, \underset{i}{\mathrm{Max}}\{s_{\beta_{ij}}\}];[\underset{i}{\mathrm{Max}}\{\mu_{ij}^l\}, \underset{i}{\mathrm{Max}}\{\mu_{ij}^u\}],[\underset{i}{\mathrm{Min}}\{\nu_{ij}^l\}, \underset{i}{\mathrm{Min}}\{\nu_{ij}^u\}]) \\ \tilde{s}_j^- = ([\underset{i}{\mathrm{Min}}\{s_{\alpha_{ij}}\}, \underset{i}{\mathrm{Min}}\{s_{\beta_{ij}}\}];[\underset{i}{\mathrm{Min}}\{\mu_{ij}^l\}, \underset{i}{\mathrm{Min}}\{\mu_{ij}^u\}],[\underset{i}{\mathrm{Max}}\{\nu_{ij}^l\}, \underset{i}{\mathrm{Max}}\{\nu_{ij}^u\}])\end{cases} \tag{5.18}$$

如果 $c_j \in B$，则

$$\begin{cases}\tilde{s}_j^+ = ([\underset{i}{\mathrm{Min}}\{s_{\alpha_j}\}, \underset{i}{\mathrm{Min}}\{s_{\beta_v}\}];[\underset{i}{\mathrm{Max}}\{\mu_y^l\}, \underset{i}{\mathrm{Max}}\{\mu_{ij}^u\}],[\underset{i}{\mathrm{Min}}\{\nu_y^l\}, \underset{i}{\mathrm{Min}}\{\nu_f^u\}]) \\ \tilde{s}_j^- = ([\underset{i}{\mathrm{Max}}\{s_{\alpha_{ij}}\}, \underset{i}{\mathrm{Max}}\{s_{\beta_i}\}];[\underset{i}{\mathrm{Min}}\{\mu_{ij}^l\}, \underset{i}{\mathrm{Min}}\{\mu_{ij}^u\}],[\underset{i}{\mathrm{Max}}\{\nu_{ij}^l\}, \underset{i}{\mathrm{Max}}\{\nu_{ij}^u\}])\end{cases} \tag{5.19}$$

根据定义 5.2，可以得到方案集的区间直觉模糊语言正理想方案偏好值 $\tilde{s}^+ = (\tilde{s}_1^+, \tilde{s}_2^+, \cdots, \tilde{s}_n^+)$，方案集的区间直觉模糊语言负理想方案偏好值 $\tilde{s}^- = (\tilde{s}_1^-, \tilde{s}_2^-, \cdots, \tilde{s}_n^-)$。下面，介绍各备选方案分别到区间直觉模糊语言正理想方案偏好值 $\tilde{s}^+$ 的距离，以及到区间直觉模糊语言负理想方案偏好值 $\tilde{s}^-$ 的距离。

定义 5.3　设 $A = \{A_1, A_2, \cdots, A_m\}$ 是 m 个备选方案集，$C = \{c_1, c_2, \cdots, c_n\}$ 是 n 个属性集。$V = (v_1, v_2, \cdots, v_n)^{\mathrm{T}}$ 是属性指标的权重向量，且满足 $v_j \in [0,1]$，$\sum_{j=1}^{n} v_j = 1$。$\tilde{s}_{ij}$ 记为对于方案 $A_i (i = 1,2,\cdots,m)$ 的属性指标 $c_j (j = 1,2,\cdots,n)$ 的偏好值，则各备选方案分别到区间直觉模糊语言正理想方案偏好值 $\tilde{s}^+$ 的距离 $D_i^+ (i = 1,2,\cdots,m)$，以及到区间直觉模糊语言负理想方案偏好值 $\tilde{s}^-$ 的距离 $D_i^- (i = 1,2,\cdots,m)$ 被定义为

$$\begin{cases} D_i^+ = \sum_{j=1}^{n} v_j d_{ij}^+, \quad d_{ij}^+ = d(\tilde{s}_{ij}, \tilde{s}_j^+), \quad i = 1,2,\cdots,m; j = 1,2,\cdots,n \\ D_i^- = \sum_{j=1}^{n} v_j d_{ij}^-, \quad d_{ij}^- = d(\tilde{s}_{ij}, \tilde{s}_j^-), \quad i = 1,2,\cdots,m; j = 1,2,\cdots,n \end{cases} \tag{5.20}$$

其中，d_{ij}^+, d_{ij}^- 根据式(5.17)获得；D_i^+ 表示 $\tilde{s}_{ij}$ 与属性指标 $c_j (j = 1,2,\cdots,n)$ 的区间直觉模糊语言正理想属性偏好值 $\tilde{s}_j^+ (j = 1,2,\cdots,n)$ 之间的区间直觉模糊语言距离测度；D_i^- 表示 $\tilde{s}_{ij}$ 与属性指标 $c_j (j = 1,2,\cdots,n)$ 的区间直觉模糊语言负理想属性偏好值 $\tilde{s}_j^- (j = 1,2,\cdots,n)$ 之间的区间直觉模糊语言距离测度。

TOPSIS 基本原理通常运用相对贴近度参数来刻画某一方案离正理想方案和负理想方案的远近程度，相对贴近度参数越大，则方案越优。下面将介绍在直觉模糊语言信息多属性群决策中，TOPSIS 方法的相对贴近度参数。

定义 5.4　设 $A = \{A_1, A_2, \cdots, A_m\}$ 是 m 个备选方案集，$D_i^+ (i = 1,2,\cdots,m)$ 表示各备选方案到区间直觉模糊语言正理想方案偏好值 $\tilde{s}^+$ 的距离，$D_i^- (i = 1,2,\cdots,m)$ 表示各备选方案到区间直觉模糊语言负理想方案偏好值 $\tilde{s}^-$ 的距离，则各备选方案的相对贴近度参数被定义为

$$c_i = \frac{D_i^-}{D_i^+ + D_i^-}, \quad i = 1,2,\cdots,m \tag{5.21}$$

下面给出基于广义区间直觉模糊语言诱导混合平均(GIVIFLIHA)算子和TOPSIS的多属性群决策方法的具体算法步骤。

设 $A=\{A_1,A_2,\cdots,A_m\}$ 是 m 个备选方案集；$C=\{c_1,c_2,\cdots,c_n\}$ 是 n 个属性集，$V=(v_1,v_2,\cdots,v_n)^{\mathrm{T}}$ 是属性指标的权重向量，且满足 $v_j\in[0,1]$，$\sum_{j=1}^{n}v_j=1$；$D=\{D_1,D_2,\cdots,D_p\}$ 是 p 个决策者集，$\overline{w}=(\overline{w}_1,\overline{w}_2,\cdots,\overline{w}_p)^{\mathrm{T}}$ 是决策者的权重向量，且满足 $\overline{w}_k\in[0,1]$，$\sum_{k=1}^{n}\overline{w}_k=1$；设评估各备选方案的属性指标时，决策群体使用连续语言术语集 $\hat{S}=\{s_1\leqslant s_i\leqslant s_t, i\in[1,t]\}$，且基数 $t=9$。决策群体运用有主元的区间直觉模糊语言变量评估各属性指标，将 $\tilde{s}_{ij}^k$ 记为决策者 $D_k(k=1,2,\cdots,p)$ 对于备选方案 $A_i(i=1,2,\cdots,m)$ 的属性指标 $c_j(j=1,2,\cdots,n)$ 的偏好值。那么，基于GIVIFLIHA算子和TOPSIS的多属性群决策方法的算法步骤如下。

步骤 1：各决策者分析决策问题的每个属性，确定其对于各备选方案每一属性指标的实际偏好值 $\tilde{s}_{ij}^k(k=1,2,\cdots,p;i=1,2,\cdots,m;j=1,2,\cdots,n)$。计算区间直觉模糊语言变量 $\tilde{s}_{ij}^k$ 的区间直觉模糊语言熵 e_{ij}^k，获得熵诱导有序变量 u_{ij}^k。

步骤 2：利用GIVIFLIHA算子，计算决策群体对于各备选方案每一属性指标的综合偏好值 $\tilde{s}_{ij}(i=1,2,\cdots,m;j=1,2,\cdots,n)$，得到对于方案 $A_i(i=1,2,\cdots,m)$ 的综合偏好值 $\tilde{s}_i=(\tilde{s}_{i1},\tilde{s}_{i2},\cdots,\tilde{s}_{in})$。定义 $W=(w_1,w_2,\cdots,w_n)^{\mathrm{T}}$ 为与GIVIFLIHA算子相关的加权向量，且满足 $w_i\in[0,1](i=1,2,\cdots,n)$，$\sum_{i=1}^{n}w_i=1$。

步骤 3：根据定义5.2，构建方案集的区间直觉模糊语言正理想方案偏好值 $\tilde{s}^+=(\tilde{s}_1^+,\tilde{s}_2^+,\cdots,\tilde{s}_n^+)$，$\tilde{s}_j^+(j=1,2,\cdots,n)$ 表示各属性指标的区间直觉模糊语言正理想属性偏好值；构建方案集的区间直觉模糊语言负理想方案偏好值 $\tilde{s}^-=(\tilde{s}_1^-,\tilde{s}_2^-,\cdots,\tilde{s}_n^-)$，$\tilde{s}_j^-(j=1,2,\cdots,n)$ 表示各属性指标的区间直觉模糊语言负理想属性偏好值。

步骤 4：根据定义5.3，计算方案 $A_i(i=1,2,\cdots,m)$ 的综合偏好值 $\tilde{s}_i=(\tilde{s}_{i1},\tilde{s}_{i2},\cdots,\tilde{s}_{in})$ 到方案集的区间直觉模糊语言正理想方案偏好值 $\tilde{s}^+$ 的距离 $D_i^+(i=1,2,\cdots,m)$，以及到方案集的区间直觉模糊语言负理想方案偏好值 $\tilde{s}^-$ 的距离 $D_i^-(i=1,2,\cdots,m)$。

步骤 5：根据定义5.4，计算各备选方案的相对贴近度参数 $c_i(i=1,2,\cdots,m)$，比较 $c_i(i=1,2,\cdots,m)$ 的大小，挑选最佳方案。

步骤 6：结束。

5.2.2 投资策略选择

某个投资公司正在分析它的整体投资计划，以此确定下一年的最佳投资区域。备选的投资区域有 5 个（$A_1,A_2,\cdots,A_5$），决策群体由三个决策者（D_1,D_2,D_3）组成，根据各决策者的知识领域和决策经验，确定他们的权重向量为 $\bar{w}=(\bar{w}_1,\bar{w}_2,\bar{w}_3)^{\mathrm{T}}=(0.35,0.40,0.25)^{\mathrm{T}}$。经过综合分析与实地考察，决策群体给出了影响投资收益的 5 个关键属性指标，分别是：c_1(投资风险因素)、c_2(环境影响因素)、c_3(社会效益因素)、c_4(收益增长因素)、c_5(政府支持度因素)，它们的权重向量为 $V=(0.1,0.15,0.2,0.25,0.3)^{\mathrm{T}}$。与 GIVIFLIHA 算子相关的加权向量被确定为 $W=(0.4,0.3,0.3)^{\mathrm{T}}$。决策群体利用有主元的区间直觉模糊语言变量来表示他们的偏好值，具体的决策过程如下。

步骤 1： 通过专业的分析和讨论，每个决策者分别给出了他们对于每个方案每种属性指标的实际偏好值，如表 5.3～表 5.5 所示。接着，计算得到各实际偏好值的区间直觉模糊语言熵，如表 5.6～表 5.8 所示，从而获得相应的熵诱导有序变量。

表 5.3 决策者 D_1 对于各方案的实际偏好值 $\tilde{s}_{ij}^1$

方案	c_1	c_2	c_3
A_1	$([s_5,s_7];[0.4,0.6],[0.3,0.4])$	$([s_1,s_3];[0.5,0.7],[0.2,0.3])$	$([s_1,s_8];[0.2,0.4],[0.5,0.6])$
A_2	$([s_6,s_8];[0.6,0.7],[0.2,0.3])$	$([s_4,s_6];[0.6,0.8],[0.1,0.2])$	$([s_5,s_7];[0.6,0.8],[0.1,0.2])$
A_3	$([s_2,s_4];[0.5,0.6],[0.3,0.4])$	$([s_3,s_5];[0.4,0.6],[0.3,0.4])$	$([s_6,s_7];[0.4,0.6],[0.2,0.4])$
A_4	$([s_3,s_5];[0.7,0.9],[0.0,0.1])$	$([s_2,s_4];[0.5,0.7],[0.2,0.3])$	$([s_3,s_5];[0.2,0.4],[0.3,0.5])$
A_5	$([s_3,s_4];[0.5,0.7],[0.1,0.3])$	$([s_3,s_5];[0.3,0.5],[0.2,0.4])$	$([s_2,s_4];[0.6,0.8],[0.0,0.2])$
方案	c_4	c_5	
A_1	$([s_4,s_6];[0.1,0.2],[0.6,0.8])$	$([s_1,s_2];[0.2,0.4],[0.5,0.6])$	
A_2	$([s_6,s_7];[0.3,0.4],[0.4,0.6])$	$([s_5,s_7];[0.6,0.7],[0.2,0.3])$	
A_3	$([s_5,s_7];[0.1,0.3],[0.3,0.5])$	$([s_3,s_5];[0.1,0.3],[0.2,0.4])$	
A_4	$([s_6,s_8];[0.1,0.3],[0.5,0.7])$	$([s_5,s_7];[0.3,0.4],[0.4,0.6])$	
A_5	$([s_5,s_7];[0.0,0.2],[0.3,0.5])$	$([s_1,s_3];[0.5,0.7],[0.1,0.3])$	

表 5.4 决策者 D_2 对于各方案的实际偏好值 $\tilde{s}_{ij}^2$

方案	c_1	c_2	c_3
A_1	$([s_4,s_6];[0.3,0.5],[0.2,0.4])$	$([s_2,s_3];[0.4,0.6],[0.1,0.3])$	$([s_5,s_7];[0.1,0.3],[0.4,0.6])$
A_2	$([s_5,s_7];[0.5,0.7],[0.2,0.3])$	$([s_4,s_6];[0.5,0.7],[0.0,0.2])$	$([s_4,s_6];[0.5,0.7],[0.1,0.3])$
A_3	$([s_1,s_3];[0.4,0.6],[0.2,0.4])$	$([s_2,s_4];[0.3,0.5],[0.2,0.4])$	$([s_5,s_6];[0.3,0.5],[0.1,0.3])$
A_4	$([s_2,s_4];[0.6,0.8],[0.0,0.2])$	$([s_1,s_3];[0.4,0.6],[0.3,0.4])$	$([s_2,s_4];[0.1,0.3],[0.2,0.4])$
A_5	$([s_1,s_3];[0.4,0.6],[0.0,0.2])$	$([s_2,s_4];[0.2,0.4],[0.1,0.3])$	$([s_1,s_2];[0.5,0.7],[0.1,0.3])$

续表

方案	c_4	c_5	
A_1	$([s_4,s_6];[0.5,0.7],[0.0,0.2])$	$([s_3,s_5];[0.4,0.6],[0.1,0.3])$	
A_2	$([s_3,s_5];[0.2,0.4],[0.1,0.3])$	$([s_2,s_4];[0.4,0.6],[0.3,0.4])$	
A_3	$([s_4,s_6];[0.2,0.4],[0.3,0.5])$	$([s_5,s_6];[0.3,0.5],[0.0,0.2])$	
A_4	$([s_5,s_7];[0.0,0.2],[0.4,0.6])$	$([s_3,s_5];[0.4,0.5],[0.4,0.5])$	
A_5	$([s_5,s_7];[0.3,0.5],[0.1,0.3])$	$([s_4,s_6];[0.6,0.8],[0.1,0.2])$	

表 5.5　决策者 D_3 对于各方案的实际偏好值 $\tilde{s}_{ij}^3$

方案	c_1	c_2	c_3
A_1	$([s_6,s_8];[0.3,0.4],[0.4,0.6])$	$([s_3,s_4];[0.4,0.6],[0.3,0.4])$	$([s_7,s_8];[0.6,0.8],[0.1,0.2])$
A_2	$([s_7,s_8];[0.5,0.6],[0.3,0.4])$	$([s_6,s_8];[0.5,0.7],[0.2,0.3])$	$([s_6,s_8];[0.5,0.7],[0.2,0.3])$
A_3	$([s_3,s_5];[0.4,0.5],[0.4,0.5])$	$([s_4,s_6];[0.3,0.4],[0.4,0.6])$	$([s_5,s_7];[0.3,0.5],[0.3,0.5])$
A_4	$([s_3,s_5];[0.6,0.8],[0.1,0.2])$	$([s_2,s_4];[0.4,0.6],[0.3,0.4])$	$([s_6,s_8];[0.3,0.5],[0.3,0.5])$
A_5	$([s_2,s_4];[0.4,0.6],[0.2,0.4])$	$([s_3,s_5];[0.2,0.4],[0.3,0.5])$	$([s_2,s_4];[0.5,0.7],[0.1,0.3])$
方案	c_4	c_5	
A_1	$([s_6,s_8];[0.2,0.3],[0.5,0.7])$	$([s_5,s_7];[0.4,0.6],[0.1,0.3])$	
A_2	$([s_5,s_7];[0.0,0.1],[0.7,0.9])$	$([s_4,s_6];[0.4,0.6],[0.0,0.2])$	
A_3	$([s_5,s_7];[0.2,0.3],[0.5,0.7])$	$([s_4,s_6];[0.6,0.7],[0.2,0.3])$	
A_4	$([s_6,s_8];[0.0,0.2],[0.6,0.8])$	$([s_7,s_8];[0.2,0.3],[0.5,0.7])$	
A_5	$([s_5,s_7];[0.3,0.5],[0.3,0.5])$	$([s_6,s_8];[0.5,0.7],[0.1,0.3])$	

表 5.6　决策者 D_1 实际偏好值 $\tilde{s}_{ij}^1$ 的区间直觉模糊语言熵 e_{ij}^1

方案	c_1	c_2	c_3	c_4	c_5
A_1	0.4887	0.3737	0.4312	0.2587	0.4312
A_2	0.3300	0.2587	0.2587	0.4887	0.3300
A_3	0.4400	0.4887	0.4800	0.5600	0.6750
A_4	0.1437	0.3737	0.5850	0.3600	0.4887
A_5	0.3600	0.5850	0.2400	0.5250	0.3600

表 5.7　决策者 D_2 实际偏好值 $\tilde{s}_{ij}^2$ 的区间直觉模糊语言熵 e_{ij}^2

方案	c_1	c_2	c_3	c_4	c_5
A_1	0.5850	0.4550	0.4550	0.3250	0.4550
A_2	0.3737	0.3250	0.3600	0.6750	0.4887
A_3	0.4800	0.5850	0.5600	0.5850	0.5250
A_4	0.2400	0.4887	0.6750	0.4200	0.5500
A_5	0.4200	0.6750	0.3600	0.5600	0.2587

表 5.8 决策者 D_3 实际偏好值 $\tilde{s}_{ij}^3$ 的区间直觉模糊语言熵 e_{ij}^3

方案	c_1	c_2	c_3	c_4	c_5
A_1	0.4887	0.4887	0.2587	0.3737	0.4550
A_2	0.4400	0.3737	0.3737	0.1437	0.4200
A_3	0.5500	0.4887	0.6000	0.3737	0.3300
A_4	0.2587	0.4887	0.6000	0.2400	0.3737
A_5	0.4800	0.5850	0.3600	0.6000	0.3600

步骤 2：运用 GIVIFLIHA 算子，计算决策群体对方案 $A_i(i=1,2,\cdots,5)$ 的属性指标 $\tilde{c}_j(j=1,2,\cdots,5)$ 的综合偏好值 $\tilde{s}_{ij}$，得到 A_i 的综合偏好值 $\tilde{s}_i(i=1,2,\cdots,5)$ 如下：

$$\begin{aligned}
\tilde{s}_1=\{&([s_{4.890},s_{6.900}];[0.3450,0.5273],[0.2750,0.4362]),\\
&([s_{1.815},s_{2.820}];[0.4456,0.6471],[0.1693,0.3182]),\\
&([s_{5.790},s_{7.440}];[0.3183,0.5380],[0.2897,0.4371]),\\
&([s_{4.470},s_{6.480}];[0.2910,0.4552],[0,0.4708]),\\
&([s_{2.625},s_{4.215}];[0.3247,0.5279],[0.1943,0.3990])\}\\
\tilde{s}_2=\{&([s_{5.895},s_{7.680}];[0.5463,0.6818],[0.2174,0.3182]),\\
&([s_{4.470},s_{6.480}];[0.5463,0.7485],[0,0.2174]),\\
&([s_{4.890},s_{6.900}];[0.5463,0.7485],[0.1155,0.2515]),\\
&([s_{4.470},s_{6.105}];[0.1753,0.3137],[0.2939,0.5348]),\\
&([s_{3.720},s_{5.730}];[0.4952,0.6471],[0,0.3019])\}\\
\tilde{s}_3=\{&([s_{1.875},s_{3.885}];[0.4456,0.5813],[0.2750,0.4187]),\\
&([s_{2.880},s_{4.890}];[0.3450,0.5273],[0.2750,0.4362]),\\
&([s_{5.445},s_{6.675}];[0.3450,0.5463],[0.1693,0.3775]),\\
&([s_{4.515},s_{6.465}];[0.1651,0.3319],[0.3604,0.5628]),\\
&([s_{3.945},s_{5.535}];[0.3537,0.5147],[0,0.2926])\}\\
\tilde{s}_4=\{&([s_{2.655},s_{4.665}];[0.6471,0.8517],[0,0.1483]),\\
&([s_{1.650},s_{3.240}];[0.4456,0.6471],[0.2515,0.3529]),\\
&([s_{3.330},s_{5.340}];[0.1910,0.3928],[0.2577,0.4598]),\\
&([s_{5.490},s_{7.440}];[0.0326,0.2287],[0.4959,0.6954]),\\
&([s_{4.755},s_{6.405}];[0.3046,0.4039],[0.4376,0.5961])\}\\
\tilde{s}_5=\{&([s_{2.070},s_{3.660}];[0.4456,0.6471],[0,0.2750]),\\
&([s_{2.655},s_{4.665}];[0.2445,0.4456],[0.1693,0.3775]),\\
&([s_{1.650},s_{3.300}];[0.5463,0.7485],[0,0.2515]),\\
&([s_{4.665},s_{6.675}];[0.1883,0.3930],[0.2008,0.4146]),\\
&([s_{3.585},s_{5.625}];[0.5570,0.7589],[0.0955,0.2411])\}
\end{aligned}$$

步骤 3：根据定义 5.2，构建方案集的区间直觉模糊语言正理想方案偏好值 $\tilde{s}^+$ 和区间直觉模糊语言负理想方案偏好值 $\tilde{s}^-$，结果如下：

$$\begin{aligned}\tilde{s}^+ = \{&([s_{1.875}, s_{3.660}];[0.6471, 0.8517],[0, 0.1483]),\\ &([s_{1.650}, s_{2.820}];[0.5463, 0.7485],[0, 0.2174]),\\ &([s_{5.790}, s_{7.440}];[0.5463, 0.7485],[0, 0.2515]),\\ &([s_{5.490}, s_{7.440}];[0.2910, 0.4552],[0, 0.4146]),\\ &([s_{4.755}, s_{6.405}];[0.5570, 0.7589],[0, 0.2411])\}\end{aligned}$$

$$\begin{aligned}\tilde{s}^- = \{&([s_{5.895}, s_{7.680}];[0.3450, 0.5273],[0.2750, 0.4362]),\\ &([s_{4.470}, s_{6.480}];[0.2445, 0.4456],[0.2750, 0.4362]),\\ &([s_{1.650}, s_{3.300}];[0.1910, 0.3928],[0.2897, 0.4598]),\\ &([s_{4.470}, s_{6.105}];[0.0326, 0.2287],[0.4959, 0.6954]),\\ &([s_{2.625}, s_{4.215}];[0.3046, 0.4039],[0.4376, 0.5961])\}\end{aligned}$$

步骤 4：根据定义 5.3，计算方案 $A_i(i=1,2,\cdots,5)$ 的综合偏好值 $\tilde{s}_i(i=1,2,\cdots,5)$ 到方案集的区间直觉模糊语言正理想方案偏好值 $\tilde{s}^+$ 的距离 D_i^+，以及到方案集的区间直觉模糊语言负理想方案偏好值 $\tilde{s}^-$ 的距离 D_i^-，结果如表 5.9 所示。

表 5.9　方案 $A_i(i=1,2,\cdots,5)$ 的距离 D_i^+ 和 D_i^-

方案	$D_i^+(i=1,2,\cdots,5)$	$D_i^-(i=1,2,\cdots,5)$
A_1	0.1371	0.1308
A_2	0.1540	0.1716
A_3	0.1199	0.1552
A_4	0.1856	0.0854
A_5	0.1323	0.1349

步骤 5：计算方案 $A_i(i=1,2,\cdots,5)$ 的相对贴近度参数 $c_i(i=1,2,\cdots,5)$，结果如下：

$$c_1=0.4882,\quad c_2=0.5270,\quad c_3=0.5642,\quad c_4=0.3151,\quad c_5=0.5049$$

由此可以得到 $c_i(i=1,2,\cdots,5)$ 的大小顺序如下：

$$c_3 > c_2 > c_5 > c_1 > c_4$$

根据排序结果，可以得到最合适的方案为 A_3。

5.2.3　概率语言 TOPSIS 决策模型

Xian 等[9]将 TOPSIS 方法拓展至概率语言术语环境中，构建了基于概率语言术语集的 TOPSIS 方法。

假设 $A=\{A_1,A_2,\cdots,A_n\}$ 为一个有限的方案集合($n\geqslant 2$)，其中 A_i 表示第 i 个备选方案； $C=\{c_1,c_2,\cdots,c_m\}$ 为属性集合($m\geqslant 2$)，其中 c_j 表示第 j 个属性，$W^C=(w_1^C,w_2^C,\cdots,w_m^C)^{\mathrm{T}}$ 为属性的主观加权向量，满足 $\sum_{j=1}^{m}w_j^C=1, w_j^C>0$，则评价矩阵可表示如下：

$$D=(L_{ij}(p))_{n\times m}=\begin{array}{c} \\ A_1 \\ A_2 \\ \vdots \\ A_n \end{array}\begin{array}{c} \begin{array}{cccc} c_1 & c_2 & \cdots & c_m \end{array} \\ \begin{bmatrix} L_{11}(p) & L_{12}(p) & \cdots & L_{1m}(p) \\ L_{21}(p) & L_{22}(p) & \cdots & L_{2m}(p) \\ \vdots & \vdots & & \vdots \\ L_{n1}(p) & L_{n2}(p) & \cdots & L_{nm}(p) \end{bmatrix} \end{array}$$

其中，$L_{ij}(p)$ 为一个概率语言集(PFLS)，表示第 i 个备选方案的第 j 个属性评价值。

步骤 1：将 $L_{ij}(p)$ 进行标准化，获得标准化评价矩阵 $\dot{L}=(\dot{L}_{ij}(p))_{n\times m}$；

步骤 2：根据可视化的比较算法，针对每一个属性 $c_j(j=1,2,\cdots,m)$，结合备选方案 $A_i(i=1,2,\cdots,n)$ 的评价值，获得正理想评价值 $c_j^+(j=1,2,\cdots,m)$ 和负理想评价值 $c_j^-(j=1,2,\cdots,m)$；

步骤 3：获得最优、最劣方案 $A^+=\{c_1^+,c_2^+,\cdots,c_m^+\}, A^-=\{c_1^-,c_2^-,\cdots,c_m^-\}$；

步骤 4：计算各备选方案与最优方案和最劣方案的相似性：

$$\mathrm{SI}^+(A_i)=\sum_{j=1}^{n}w_j^C\mathrm{SI}(\dot{L}_{ij}(p),c_j^+) \tag{5.22}$$

$$\mathrm{SI}^-(A_i)=\sum_{j=1}^{n}w_j^C\mathrm{SI}(\dot{L}_{ij}(p),c_j^-) \tag{5.23}$$

步骤 5：求解各个备选方案的相对贴近度(RC)：

$$\mathrm{RC}(A_i)=\frac{\mathrm{SI}^+(A_i)}{\mathrm{SI}^-(A_i)+\mathrm{SI}^+(A_i)} \tag{5.24}$$

步骤 6：根据 $\mathrm{RC}(A_i)(i=1,2,\cdots,n)$，获得排序结果，并且选出最佳方案。

5.2.4 舆情系统选择

热点新闻的负面报道或一些不合理的评论经常会引起民众恐慌，扰乱社会治安。如果没有及时采取正确的措施进行分析和监测这些不当言论，会破坏公众对政府的信任，甚至危害国家安定。目前，在舆论监督过程中存在一些问题：

(1) 效度及效率较低；

(2) 舆情监控覆盖面不全；

(3) 舆情深度加工与利用不足；

(4)舆情监控流程体系不完善。

在大数据环境下，需要一个完善的舆情监测系统来监测和分析在线舆论，有利于缓解舆论压力，维护社会治安。因此，如何选择优秀的舆情监测系统迫在眉睫。

假设在四个舆情系统(A_1, A_2, A_3, A_4)中选取最佳系统负责某地舆情监控工作，我们选取了三个评价指标——c_1：精确性、c_2：时效性、c_3：广泛性，相应的加权向量为$W^C = (1/3, 1/3, 1/3)^{\mathrm{T}}$。我们邀请了四位决策者对四个备选系统进行评估，其加权向量为$W^D = (1/4, 1/4, 1/4, 1/4)^{\mathrm{T}}$，评价信息为 PLTS，所采用的语言术语集为$S = \{s_\alpha \mid \alpha = -4, -3, -2, -1, 0, 1, 2, 3, 4\}$。四位决策者所给的评价信息$L^k (k = 1, 2, 3, 4)$如表 5.10～表 5.13 所示。

表 5.10　概率语言决策信息 L^1

方案	c_1	c_2	c_3
A_1	$\{s_0(0.4), s_1(0.6)\}$	$\{s_2(0.9)\}$	$\{s_0(0.4), s_1(0.6)\}$
A_2	$\{s_2(0.4), s_3(0.3), s_4(0.2)\}$	$\{s_0(0.9)\}$	$\{s_1(0.2), s_2(0.3), s_3(0.4)\}$
A_3	$\{s_1(0.9)\}$	$\{s_1(0.4), s_2(0.5)\}$	$\{s_2(0.5), s_3(0.4)\}$
A_4	$\{s_2(0.4), s_4(0.2)\}$	$\{s_{-2}(0.3), s_{-1}(0.1), s_0(0.2), s_1(0.2)\}$	$\{s_1(0.9)\}$

表 5.11　概率语言决策信息 L^2

方案	c_1	c_2	c_3
A_1	$\{s_0(0.4), s_1(0.6)\}$	$\{s_2(0.9)\}$	$\{s_{-1}(0.2), s_0(0.7)\}$
A_2	$\{s_2(0.3), s_3(0.5)\}$	$\{s_0(0.8)\}$	$\{s_1(0.2), s_2(0.3), s_3(0.4)\}$
A_3	$\{s_1(0.2), s_2(0.3), s_3(0.4)\}$	$\{s_1(0.3), s_2(0.5)\}$	$\{s_2(0.4), s_3(0.4)\}$
A_4	$\{s_2(0.3), s_3(0.5)\}$	$\{s_{-2}(0.2), s_{-1}(0.1), s_0(0.2), s_1(0.2)\}$	$\{s_1(0.95)\}$

表 5.12　概率语言决策信息 L^3

方案	c_1	c_2	c_3
A_1	$\{s_0(0.3), s_1(0.5)\}$	$\{s_2(0.8)\}$	$\{s_{-1}(0.2), s_0(0.5)\}$
A_2	$\{s_2(0.3), s_3(0.6)\}$	$\{s_0(0.7)\}$	$\{s_1(0.2), s_2(0.1), s_3(0.5)\}$
A_3	$\{s_1(0.85)\}$	$\{s_1(0.3), s_2(0.4)\}$	$\{s_2(0.4), s_3(0.6)\}$
A_4	$\{s_2(0.3), s_3(0.5)\}$	$\{s_{-2}(0.4), s_{-1}(0.1), s_0(0.2), s_1(0.3)\}$	$\{s_1(0.7)\}$

表 5.13　概率语言决策信息 L^4

方案	c_1	c_2	c_3
A_1	$\{s_0(0.4), s_1(0.6)\}$	$\{s_2(0.95)\}$	$\{s_{-1}(0.2), s_0(0.8)\}$
A_2	$\{s_2(0.3), s_3(0.7)\}$	$\{s_0(1)\}$	$\{s_1(0.2), s_2(0.4), s_3(0.4)\}$
A_3	$\{s_1(1)\}$	$\{s_1(0.5), s_2(0.5)\}$	$\{s_2(0.6), s_3(0.4)\}$
A_4	$\{s_2(0.5), s_3(0.5)\}$	$\{s_{-2}(0.1), s_{-1}(0.1), s_0(0.4), s_1(0.2)\}$	$\{s_1(0.1)\}$

本节使用L^1的数据信息进行计算，详细说明决策算法的实施过程。

步骤 1：将 $L_{ij}^1(p)$ 进行标准化，获得标准化评价矩阵 $\dot{L}^1=(\dot{L}_{ij}^1(p))_{n\times m}$（表 5.14）。

表 5.14　标准化的概率语言决策信息 $\dot{L}^1$

方案	c_1	c_2	c_3
A_1	$\{s_0(0.4),s_1(0.6)\}$	$\{s_2(1)\}$	$\{s_{-1}(0.25),s_0(0.75)\}$
A_2	$\{s_2(4/9),s_3(1/3),s_4(2/9)\}$	$\{s_0(1)\}$	$\{s_1(2/9),s_2(1/3),s_3(4/9)\}$
A_3	$\{s_1(1)\}$	$\{s_1(4/9),s_2(5/9)\}$	$\{s_2(5/6),s_3(4/9)\}$
A_4	$\{s_2(2/3),s_4(1/3)\}$	$\{s_{-2}(3/8),s_{-1}(1/8),s_0(1/4),s_1(1/4)\}$	$\{s_1(1)\}$

步骤 2：根据可视化的比较算法，针对每一个属性 $c_j(j=1,2,3)$，结合备选系统 $A_i(i=1,2,3,4)$ 的评价值，获得正理想评价值 $c_j^+(j=1,2,3)$ 和负理想评价值 $c_j^-(j=1,2,3)$。

首先，根据概率语言集可能度公式，计算属性 c_1 下的各个系统评价值之间的可能度，如表 5.15 所示。

表 5.15　基于属性 c_1 的可能度信息

评价信息	$\dot{L}_{11}^1$	$\dot{L}_{21}^1$	$\dot{L}_{31}^1$	$\dot{L}_{41}^1$
$\dot{L}_{11}^1$	0.5	0	0	0
$\dot{L}_{21}^1$	1	0.5	1/6	0.5
$\dot{L}_{31}^1$	1	5/6	0.5	1
$\dot{L}_{41}^1$	1	0.5	0	0.5

基于表 5.15，可以获得基于可能度的有向图，如图 5.1 所示。

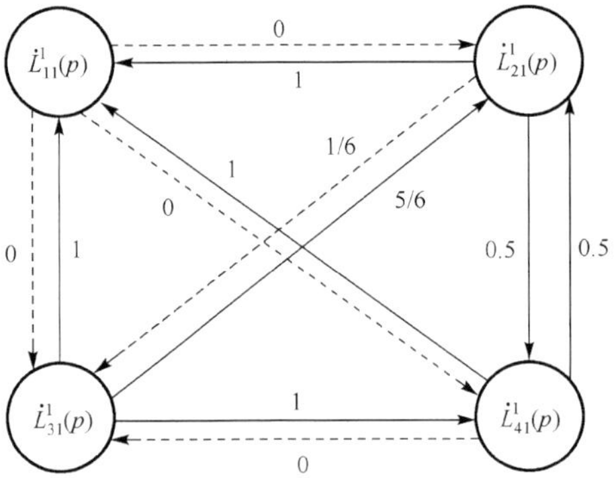

图 5.1　可能度有向图

随后，计算 d_{i1}^{out} 和 d_{i1}^{in}，结果如表 5.16 所示。

表 5.16　基于属性 c_1 的 d_{i1}^{out} 和 d_{i1}^{in}

评价信息	d_{i1}^{out}	d_{i1}^{in}
$\dot{L}_{11}^1$	0	3

续表

评价信息	d_{i1}^{out}	d_{i1}^{in}
$\dot{L}_{21}^{1}$	2	2
$\dot{L}_{31}^{1}$	3	0
$\dot{L}_{41}^{1}$	2	2

显然，属性 c_1 下的各个系统评价值的排序结果为

$$\dot{L}_{31}^{1}(p) \underset{5/6}{\geqslant} \dot{L}_{21}^{1}(p) \underset{0.5}{\geqslant} \dot{L}_{41}^{1}(p) \underset{1}{\geqslant} \dot{L}_{11}^{1}(p)$$

类似地，我们可以求得在属性 c_2，c_3 下的排序结果：

$$\dot{L}_{12}^{1}(p) \underset{1}{\geqslant} \dot{L}_{32}^{1}(p) \underset{1}{\geqslant} \dot{L}_{22}^{1}(p) \underset{3/4}{\geqslant} \dot{L}_{42}^{1}(p)$$

$$\dot{L}_{33}^{1}(p) \underset{1}{\geqslant} \dot{L}_{43}^{1}(p) \underset{2/3}{\geqslant} \dot{L}_{23}^{1}(p) \underset{1}{\geqslant} \dot{L}_{13}^{1}(p)$$

并且获得正理想评价值 $c_j^{+}(j=1,2,3)$ 和负理想评价值 $c_j^{-}(j=1,2,3)$：

$$c_1^{+} = \dot{L}_{31}(p), \quad c_2^{+} = \dot{L}_{12}(p), \quad c_3^{+} = \dot{L}_{33}(p)$$

$$c_1^{-} = \dot{L}_{11}(p), \quad c_2^{-} = \dot{L}_{42}(p), \quad c_3^{-} = \dot{L}_{13}(p)$$

步骤 3：获得最优系统 $A^{+}=\{c_1^{+},c_2^{+},c_3^{+}\}$ 和最劣系统 $A^{-}=\{c_1^{-},c_2^{-},c_3^{-}\}$。

最优方案：

$$A^{+} = \{\dot{L}_{31}(p), \dot{L}_{12}(p), \dot{L}_{33}(p)\}$$

最劣方案：

$$A^{-} = \{\dot{L}_{11}(p), \dot{L}_{42}(p), \dot{L}_{13}(p)\}$$

步骤 4：根据式(5.22)和式(5.23)计算各备选系统与最优系统和最劣系统的相似性，如表 5.17 所示。

表 5.17　$\text{SI}^{+}(A_i)$ 和 $\text{SI}^{-}(A_i)$

$\text{SI}^{+}(A_i)$	$\text{SI}^{-}(A_i)$
$\text{SI}^{+}(A_1)=0.6457$	$\text{SI}^{-}(A_1)=0.6667$
$\text{SI}^{+}(A_2)=0.3167$	$\text{SI}^{-}(A_2)=0.2940$
$\text{SI}^{+}(A_3)=0.9767$	$\text{SI}^{-}(A_3)=0.6313$
$\text{SI}^{+}(A_4)=0$	$\text{SI}^{-}(A_4)=0.3333$

步骤 5：求解各个备选系统的相对贴近度(RC)：

$$\text{RC}(A_1)=0.4920, \quad \text{RC}(A_2)=0.5186$$

$$\text{RC}(A_3)=0.6074, \quad \text{RC}(A_4)=0$$

类似地，可以求得基于 $\dot{L}^{k}(k=2,3,4)$ 下的排序结果相对贴近度，如表 5.18 所示。

表 5.18 基于 $\dot{L}^k(k=2,3,4)$ 的 $\mathrm{RC}(A_i)$

评价信息	$\mathrm{RC}(A_1)$	$\mathrm{RC}(A_2)$	$\mathrm{RC}(A_3)$	$\mathrm{RC}(A_4)$
$\dot{L}^2$	1/3	0.6640	0.7674	0.5544
$\dot{L}^3$	1/2	0.6632	0.6725	0.5580
$\dot{L}^4$	1/2	0.6944	0.6722	0.4972

根据 $\dot{L}^k(k=1,2,3,4)$ 的 $\mathrm{RC}(A_i)$，求得综合贴近度 $\mathrm{ORC}(A_i)(i=1,2,3,4)$，如图 5.2 所示。

$$\mathrm{ORC}(A_1)=0.4563,\qquad \mathrm{ORC}(A_2)=0.6351$$

$$\mathrm{ORC}(A_3)=0.6799,\qquad \mathrm{ORC}(A_4)=0.4024$$

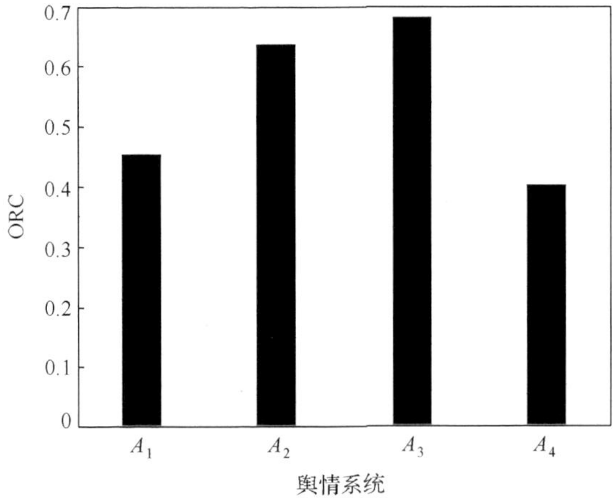

图 5.2 综合贴近度 $\mathrm{ORC}(A_i)(i=1,2,3,4)$

步骤 6：根据 $\mathrm{ORC}(A_i)(i=1,2,3,4)$，获得排序结果，并且选出最佳方案。

获得排序结果：

$$A_3 \succ A_2 \succ A_1 \succ A_4$$

显然，最优系统为 A_3。

TOPSIS 决策模型能够同时考虑最优解和最差解的差异，可以更加客观地得到结果。由于 TOPSIS 决策模型的优势性，在不同的语言环境下都对其有着充分的研究。概率语言 TOPSIS 决策模型可以退化为犹豫模糊语言 TOPSIS 决策模型，Pythagorean 模糊语言[10]TOPSIS 决策模型可以退化到直觉模糊语言环境和模糊语言环境中[11]。另外，在以上的基础语言信息表示方法的扩展环境下对 TOPSIS 模型也有部分的研究，如区间概率犹豫模糊语言集[12]、直觉 Z-语言环境[13]等。

5.3　基于智能语言信息的 TODIM 方法

本节将讨论在智能语言信息环境下的 TODIM 决策模型与方法。

5.3.1　IVPFLV 的统计特征

本节先介绍基于区间值 Pythagorean 模糊语言变量(Interval-Valued Pythagorean Fuzzy Linguistic Variable，IVPFLV)的相关统计特征。随后，构建 IVPFL-PCA 模型[14]。最后，基于 IVPFL-PCA 模型和 TODIM 决策模型，介绍基于 IVPFL-PCA 的 TODIM 决策模型。

假设 $S=\{s_\alpha \mid \alpha\in[0,\tau]\}$ 为一个连续语言术语集，$\{\alpha_1,\alpha_2,\cdots,\alpha_n\}$ 和 $\{\beta_1,\beta_2,\cdots,\beta_n\}$ 分别为两个 IVPFLV—— A 和 B 对应的样本集。

定义 5.5　设 $\alpha_i=\langle s_{\theta_i},[\mu_i^L,\mu_i^U],[v_i^L,v_i^U]\rangle(i=1,2,\cdots,n)$ 为 IVPFLV，$s_{\theta_i}\in S$，则 A 的样本均值为

$$\mathrm{SM}(A)=\frac{1}{n}\sum_{i=1}^{n}\alpha_i=\left\langle s_{\frac{1}{n}\sum_{i=1}^{n}\theta_i},\left[\frac{1}{n}\sum_{i=1}^{n}\mu_i^L,\frac{1}{n}\sum_{i=1}^{n}\mu_i^U\right],\left[\frac{1}{n}\sum_{i=1}^{n}v_i^L,\frac{1}{n}\sum_{i=1}^{n}v_i^U\right]\right\rangle \tag{5.25}$$

定义 5.6　设 $\alpha=\langle s_{\theta_1},[\mu_1^L,\mu_1^U],[v_1^L,v_1^U]\rangle$，$\beta=\langle s_{\theta_2},[\mu_2^L,\mu_2^U],[v_2^L,v_2^U]\rangle$ 为两个 IVPFLV，则

$$\alpha\oplus\beta=\frac{\theta_1-\theta_2}{\tau+1}+\frac{1}{2}((\mu_1^L+\mu_1^U-\mu_2^L-\mu_2^U)+(v_1^L+v_1^U-v_2^L-v_2^U)) \tag{5.26}$$

定义 5.7　设 $\alpha_i=\langle s_{\theta_i},[\mu_i^L,\mu_i^U],[v_i^L,v_i^U]\rangle(i=1,2,\cdots,n)$ 为 IVPFLV，$s_{\theta_i}\in S$，则 A 的样本方差为

$$\mathrm{SV}(A)=\frac{1}{n-1}\sum_{i=1}^{n}(\alpha_i-\mathrm{SM}(A))^2 \tag{5.27}$$

定义 5.8　A 与 B 的样本协方差为

$$\mathrm{SCOV}(A,B)=\frac{1}{n-1}\sum_{i=1}^{n}(\alpha_i-\mathrm{SM}(A))(\beta_i-\mathrm{SM}(B)) \tag{5.28}$$

定义 5.9　A 与 B 的相关系数为

$$\mathrm{SCOR}(A,B)=\frac{\mathrm{SCOV}(A,B)}{\sqrt{\mathrm{SV}(A)}\sqrt{\mathrm{SV}(B)}} \tag{5.29}$$

性质 5.1　假设 A,B,C 是任意的三个 IVPFLV，$\lambda\in R$，则上述统计特征含有如下性质：

(1) $\mathrm{SV}(A+r)=\mathrm{SV}(A)$，其中 r 是一个 IVPFLV；

(2) $\mathrm{SV}(\lambda A)=\lambda^2\mathrm{SV}(A)$；

(3) $\mathrm{SCOV}(A,B)=\mathrm{SCOV}(B,A)$；

(4) $\mathrm{SCOV}(A,A)=\mathrm{SV}(A)$；

(5) $\mathrm{SCOV}(A+B,C)=\mathrm{SCOV}(A,C)+\mathrm{SCOV}(B,C)$；

(6) $\mathrm{SCOV}(\lambda A,B)=\lambda\mathrm{SCOV}(A,B)$；

(7) $\mathrm{SCOV}(A+\lambda r,B+\lambda f)=\mathrm{SCOV}(A,B)$，其中 r,f 是两个 IVPFLV；

(8) $|\mathrm{SCOR}(A,B)|\leqslant 1$。

上述性质的证明如下。

证明　假设 $\{\alpha_1,\alpha_2,\cdots,\alpha_n\}$，$\{\beta_1,\beta_2,\cdots,\beta_n\}$，$\{\gamma_1,\gamma_2,\cdots,\gamma_n\}$ 是 A,B,C 所对应的任意的三个 IVPFLV 样本集，$\lambda_1,\lambda_2\in R$，其中：

$$\alpha_i=\left\langle s_{\theta(x_i)},[\mu_A^L(x_i),\mu_A^U(x_i)],[\nu_A^L(x_i),\nu_A^U(x_i)]\right\rangle$$

$$\beta_i=\left\langle s_{\theta(y_i)},[\mu_B^L(y_i),\mu_B^U(y_i)],[\nu_B^L(y_i),\nu_B^U(y_i)]\right\rangle$$

$$\gamma_i=\left\langle s_{\theta(z_i)},[\mu_C^L(z_i),\mu_C^U(z_i)],[\nu_C^L(z_i),\nu_C^U(z_i)]\right\rangle$$

$$r=\left\langle s_{\theta_r},[r_1,r_2],[r_3,r_4]\right\rangle$$

$$f=\left\langle s_{\theta_f},[f_1,f_2],[f_3,f_4]\right\rangle$$

(1) $\mathrm{SV}(A+r)=\dfrac{1}{n-1}\sum_{i=1}^{n}((\alpha_i+r)\sim\mathrm{SM}(A+r))^2$，因为

$$\begin{aligned}(\alpha_i+r)\sim\mathrm{SM}(A+r)&=\frac{\theta(x_i)+\theta_r-\dfrac{1}{n}\sum_{i=1}^{n}\theta(x_i)-\theta_r}{\tau+1}\\&\quad+\frac{1}{2}\left(\begin{aligned}&\left(\mu_A^L(x_i)+\mu_A^U(x_i)-\frac{1}{n}\sum_{i=1}^{n}\mu_A^L(x_i)-\frac{1}{n}\sum_{i=1}^{n}\mu_A^U(x_i)\right)+\\&\left(\nu_A^L(x_i)+\nu_A^U(x_i)-\frac{1}{n}\sum_{i=1}^{n}\nu_A^L(x_i)-\frac{1}{n}\sum_{i=1}^{n}\nu_A^U(x_i)\right)\end{aligned}\right)\\&=\alpha_i\sim\mathrm{SM}(A)\end{aligned}$$

所以

$$\mathrm{SV}(A+r)=\frac{1}{n-1}\sum_{i=1}^{n}((\alpha_i+r)-\mathrm{SM}(A+r))^2=\frac{1}{n-1}\sum_{i=1}^{n}(\alpha_i-\mathrm{SM}(A))^2=\mathrm{SV}(A)$$

(2) 当 $\lambda\geqslant 0$ 时，有

$$\mathrm{SM}(\lambda A)=\left\langle s_{\frac{1}{n}\sum_{i=1}^{n}\lambda\theta(x_i)},\left[\frac{1}{n}\sum_{i=1}^{n}\lambda\mu_A^U(x_i),\frac{1}{n}\sum_{i=1}^{n}\lambda\mu_A^L(x_i)\right],\left[\frac{1}{n}\sum_{i=1}^{n}\lambda\nu_A^U(x_i),\frac{1}{n}\sum_{i=1}^{n}\lambda\nu_A^L(x_i)\right]\right\rangle$$
$$=\lambda\mathrm{SM}(A)$$

当 $\lambda<0$ 时，有

$$\mathrm{SM}(\lambda A)=\left\langle s_{\frac{1}{n}\sum_{i=1}^{n}\lambda\theta(x_i)},\left[\frac{1}{n}\sum_{i=1}^{n}\lambda\mu_A^U(x_i),\frac{1}{n}\sum_{i=1}^{n}\lambda\mu_A^L(x_i)\right],\left[\frac{1}{n}\sum_{i=1}^{n}\lambda\nu_A^U(x_i),\frac{1}{n}\sum_{i=1}^{n}\lambda\nu_A^L(x_i)\right]\right\rangle$$
$$=\lambda\mathrm{SM}(A)$$

因此，$\lambda A-\mathrm{SM}(\lambda A)=\lambda(A-\mathrm{SM}(A))$，显然 $\mathrm{SV}(\lambda A)=\lambda^2\mathrm{SV}(A)$。

(3) 根据式(5.28)，显然 $\mathrm{SCOV}(A,B)=\mathrm{SCOV}(B,A)$。

(4) 根据式(5.27)和式(5.28)，显然 $\mathrm{SCOV}(A,A)=\mathrm{SV}(A)$。

(5) 因为

$$((\alpha_i+\beta_i)-\mathrm{SM}(A+B))(\gamma_i-\mathrm{SM}(C))$$
$$=(\gamma_i-\mathrm{SM}(C))\times\left(\frac{\theta(x_i)+\theta(y_i)-\frac{1}{n}\sum_{i=1}^{n}\theta(x_i)-\frac{1}{n}\sum_{i=1}^{n}\theta(y_i)}{\tau+1}+\frac{1}{2}\left(\begin{pmatrix}\mu_A^L(x_i)+\mu_A^U(x_i)+\mu_B^L(y_i)+\mu_B^U(y_i)-\frac{1}{n}\sum_{i=1}^{n}\mu_A^L(x_i)\\-\frac{1}{n}\sum_{i=1}^{n}\mu_A^U(x_i)-\frac{1}{n}\sum_{i=1}^{n}\mu_B^L(y_i)-\frac{1}{n}\sum_{i=1}^{n}\mu_B^U(y_i)\end{pmatrix}+\begin{pmatrix}\nu_A^L(x_i)+\nu_A^U(x_i)+\nu_B^L(y_i)+\nu_B^U(y_i)-\frac{1}{n}\sum_{i=1}^{n}\nu_A^L(x_i)\\-\frac{1}{n}\sum_{i=1}^{n}\nu_A^U(x_i)-\frac{1}{n}\sum_{i=1}^{n}\nu_B^L(y_i)-\frac{1}{n}\sum_{i=1}^{n}\nu_B^U(y_i)\end{pmatrix}\right)\right)$$
$$=(\gamma_i-\mathrm{SM}(C))\times\left(\left(\frac{\theta(x_i)-\frac{1}{n}\sum_{i=1}^{n}\theta(x_i)}{\tau+1}+\frac{1}{2}\left(\left(\mu_A^L(x_i)+\mu_A^U(x_i)-\frac{1}{n}\sum_{i=1}^{n}\mu_A^L(x_i)-\frac{1}{n}\sum_{i=1}^{n}\mu_A^U(x_i)\right)+\left(\nu_A^L(x_i)+\nu_A^U(x_i)-\frac{1}{n}\sum_{i=1}^{n}\nu_A^L(x_i)-\frac{1}{n}\sum_{i=1}^{n}\nu_A^U(x_i)\right)\right)\right)+\left(\frac{\theta(y_i)-\frac{1}{n}\sum_{i=1}^{n}\theta(y_i)}{\tau+1}+\frac{1}{2}\left(\left(\mu_B^L(y_i)+\mu_B^U(y_i)-\frac{1}{n}\sum_{i=1}^{n}\mu_B^L(y_i)-\frac{1}{n}\sum_{i=1}^{n}\mu_B^U(y_i)\right)+\left(\nu_B^L(y_i)+\nu_B^U(y_i)-\frac{1}{n}\sum_{i=1}^{n}\nu_B^L(y_i)-\frac{1}{n}\sum_{i=1}^{n}\nu_B^U(y_i)\right)\right)\right)\right)$$
$$=(\gamma_i-\mathrm{SM}(C))\times((\alpha_i-\mathrm{SM}(A))+(\beta_i-\mathrm{SM}(B)))$$
$$=(\gamma_i-\mathrm{SM}(C))(\alpha_i-\mathrm{SM}(A))+(\gamma_i-\mathrm{SM}(C))(\beta_i-\mathrm{SM}(B))$$

所以， $\mathrm{SCOV}(A+B,C)=\mathrm{SCOV}(A,C)+\mathrm{SCOV}(B,C)$ 。

(6) 根据式(5.28)，以及性质(5)的证明，显然 $\mathrm{SCOV}(\lambda A,B)=\lambda\mathrm{SCOV}(A,B)$ 。

(7) 根据性质(1)和性质(5)的证明，显然 $\mathrm{SCOV}(A+\lambda r,B+\lambda f)=\mathrm{SCOV}(A,B)$ 。

(8) 因为

$$\sqrt{\mathrm{SV}(A)}\sqrt{\mathrm{SV}(B)}=\sqrt{\frac{1}{n-1}\sum_{i=1}^{n}(\alpha_i\sim\mathrm{SM}(A))^2}\sqrt{\frac{1}{n-1}\sum_{i=1}^{n}(\beta_i\sim\mathrm{SM}(B))^2}$$

$$=\frac{1}{n-1}\sqrt{\sum_{i=1}^{n}(\alpha_i\sim\mathrm{SM}(A))^2}\sqrt{\sum_{i=1}^{n}(\beta_i\sim\mathrm{SM}(B))^2}$$

根据柯西-施瓦茨不等式，有

$$\frac{1}{n-1}\sqrt{\sum_{i=1}^{n}(\alpha_i-\mathrm{SM}(A))^2}\sqrt{\sum_{i=1}^{n}(\beta_i-\mathrm{SM}(B))^2}\geqslant\frac{1}{n-1}\left|\sum_{i=1}^{n}(\alpha_i-\mathrm{SM}(A))(\beta_i-\mathrm{SM}(B))\right|$$

因此， $|\mathrm{SCOR}(A,B)|\leqslant 1$ 。

注意 式(5.26)主要包含三个部分：①语言变量之间的差异；②隶属度之间的差异；③非隶属度之间的差异，能够全面、精确地描述两个 IVPFLV 之间的差异。

5.3.2 基于 IVPFLV 的主成分模型

本节提出两个区间值 Pythagorean 模糊语言主成分(IVPFL-PCA)模型，用于求解属性和决策者的主成分。假定 $A=\{A_1,A_2,\cdots,A_n\}$ 为一个有限的方案集合($n\geqslant 2$)，其中 A_i 表示第 i 个备选方案； $C=\{c_1,c_2,\cdots,c_m\}$ 为属性集合($m\geqslant 2$)，其中 c_j 表示第 j 个属性， $D=\{D_1,D_2,\cdots,D_q\}$ 为专家集合($q\geqslant 2$),其中 D_t 表示第 t 个专家，则群体评价矩阵可表示如下：

$$D=\begin{bmatrix}D^1\\ \vdots\\ D^q\end{bmatrix}=\begin{matrix} \\ A_1\\ A_2\\ \vdots\\ A_n\\ \vdots\\ A_1\\ A_2\\ \vdots\\ A_n\end{matrix}\begin{matrix} c_1 & c_2 & \cdots & c_m\\ \left[\begin{matrix} a_{11}^1 & a_{12}^1 & \cdots & a_{1m}^1\\ a_{21}^1 & a_{22}^1 & \cdots & a_{2m}^1\\ \vdots & \vdots & & \vdots\\ a_{n1}^1 & a_{n2}^1 & \cdots & a_{nm}^1\\ & & \vdots & \\ a_{11}^q & a_{12}^q & \cdots & a_{1m}^q\\ a_{21}^q & a_{22}^q & \cdots & a_{2m}^q\\ \vdots & \vdots & & \vdots\\ a_{n1}^q & a_{n2}^q & \cdots & a_{nm}^q\end{matrix}\right]\end{matrix}$$

其中， D^t 表示第 t 个决策者给出的评价矩阵； a_{ij}^t 为一个 IVPFLV，表示第 t 个决策者给出的第 i 个备选方案的第 j 个属性评价值。

1. 模型一：基于属性的 IVPFL-PCA 模型

将 $C=\{c_1,c_2,\cdots,c_m\}$ 视为 m 个指标，每一列的数据看作对应属性的样本集合，利用式(5.28)和式(5.29)，获得基于属性评价值的协方差矩阵 $\varSigma^C$：

$$\varSigma^C=\begin{bmatrix} \mathrm{SCOV}(c_1,c_1) & \mathrm{SCOV}(c_1,c_2) & \cdots & \mathrm{SCOV}(c_1,c_m) \\ \mathrm{SCOV}(c_2,c_1) & \mathrm{SCOV}(c_2,c_2) & \cdots & \mathrm{SCOV}(c_2,c_m) \\ \vdots & \vdots & & \vdots \\ \mathrm{SCOV}(c_m,c_1) & \mathrm{SCOV}(c_m,c_2) & \cdots & \mathrm{SCOV}(c_m,c_m) \end{bmatrix}$$

随后得到对应的特征值 $\lambda_1^C>\lambda_2^C>\cdots>\lambda_m^C$ 和对应的特征向量 $\eta_1^{\mathrm{T}},\eta_2^{\mathrm{T}},\cdots,\eta_m^{\mathrm{T}}$，并获得相应的主成分 $\{Y_1^C,Y_2^C,\cdots,Y_m^C\}$。根据方差贡献率，选取前 p 个主成分，并且得到新的基于属性主成分的群体得分矩阵：

$$D^C=\begin{bmatrix} D^{C-1} \\ \vdots \\ D^{C-q} \end{bmatrix}=\begin{array}{c} \\ A_1 \\ A_2 \\ \vdots \\ A_n \\ \vdots \\ A_1 \\ A_2 \\ \vdots \\ A_n \end{array}\begin{array}{c} \begin{matrix} Y_1^C & Y_2^C & \cdots & Y_p^C \end{matrix} \\ \begin{bmatrix} y_{11}^1 & y_{12}^1 & \cdots & y_{1p}^1 \\ y_{21}^1 & y_{22}^1 & \cdots & y_{2p}^1 \\ \vdots & \vdots & & \vdots \\ y_{n1}^1 & y_{n2}^1 & \cdots & y_{np}^1 \\ & & \vdots & \\ y_{11}^q & y_{12}^q & \cdots & y_{1p}^q \\ y_{21}^q & y_{22}^q & \cdots & y_{2p}^q \\ \vdots & \vdots & & \vdots \\ y_{n1}^q & y_{n2}^q & \cdots & y_{np}^q \end{bmatrix} \end{array}$$

其中，D^{C-t} 表示第 t 个决策者的基于属性主成分的得分矩阵；y_{ij}^t 表示第 t 个决策者的第 i 个备选方案的第 j 个属性主成分的得分值。此外，p 个主成分对应的加权向量为

$$W^C=[w_1,w_2,\cdots,w_p]^{\mathrm{T}}=\left[\frac{\lambda_1^C}{\sum_{i=1}^{p}\lambda_i^C},\frac{\lambda_2^C}{\sum_{i=1}^{p}\lambda_i^C},\cdots,\frac{\lambda_p^C}{\sum_{i=1}^{p}\lambda_i^C}\right]^{\mathrm{T}}$$

2. 模型二：基于决策者的 IVPFL-PCA 模型

基于矩阵 D^C，本节首先将矩阵中的数据做一个简单的变换，得到一个新的得分矩阵：

$$\dot{D}^C=\begin{bmatrix}\dot{D}^{C-1}\\ \dot{D}^{C-2}\\ \vdots\\ \dot{D}^{C-q}\end{bmatrix}=\begin{bmatrix}y_{11}^1 & y_{12}^1 & \cdots & y_{1p}^1 & \cdots & y_{n1}^1 & y_{n2}^1 & \cdots & y_{np}^1\\ y_{11}^2 & y_{12}^2 & \cdots & y_{1p}^2 & \cdots & y_{n1}^2 & y_{n2}^2 & \cdots & y_{np}^2\\ \vdots & \vdots & & \vdots & & \vdots & \vdots & & \vdots\\ y_{11}^q & y_{12}^q & \cdots & y_{1p}^q & \cdots & y_{n1}^q & y_{n2}^q & \cdots & y_{np}^q\end{bmatrix}$$

每一行的数据看作对应决策者的样本集合，利用式(5.27)和式(5.28)，获得基于决策者的协方差矩阵 Σ^D：

$$\Sigma^D=\begin{bmatrix}\mathrm{SCOV}(\dot{D}^{C-1},\dot{D}^{C-1}) & \mathrm{SCOV}(\dot{D}^{C-1},\dot{D}^{C-2}) & \cdots & \mathrm{SCOV}(\dot{D}^{C-1},\dot{D}^{C-q})\\ \mathrm{SCOV}(\dot{D}^{C-2},\dot{D}^{C-1}) & \mathrm{SCOV}(\dot{D}^{C-2},\dot{D}^{C-2}) & \cdots & \mathrm{SCOV}(\dot{D}^{C-2},\dot{D}^{C-q})\\ \vdots & \vdots & & \vdots\\ \mathrm{SCOV}(\dot{D}^{C-q},\dot{D}^{C-1}) & \mathrm{SCOV}(\dot{D}^{C-q},\dot{D}^{C-2}) & \cdots & \mathrm{SCOV}(\dot{D}^{C-q},\dot{D}^{C-q})\end{bmatrix}$$

随后得到对应的特征值 $\lambda_1^D>\lambda_2^D>\cdots>\lambda_q^D$ 和对应的特征向量 $\gamma_1^{\mathrm{T}},\gamma_2^{\mathrm{T}},\cdots,\gamma_q^{\mathrm{T}}$，并获得相应的主成分 $\{Y_1^D,Y_2^D,\cdots,Y_q^D\}$。根据方差贡献率，选取前 r 个主成分，并且得到新的基于决策者主成分的群体得分矩阵：

$$\bar{D}=\begin{bmatrix}\bar{D}^1\\ \vdots\\ \bar{D}^r\end{bmatrix}=\begin{array}{c}\\ A_1\\ A_2\\ \vdots\\ A_n\\ \vdots\\ A_1\\ A_2\\ \vdots\\ A_n\end{array}\begin{array}{c}\begin{array}{cccc}Y_1^C & Y_2^C & \cdots & Y_p^C\end{array}\\ \begin{bmatrix}\bar{y}_{11}^1 & \bar{y}_{12}^1 & \cdots & \bar{y}_{1p}^1\\ \bar{y}_{21}^1 & \bar{y}_{22}^1 & \cdots & \bar{y}_{2p}^1\\ \vdots & \vdots & & \vdots\\ \bar{y}_{n1}^1 & \bar{y}_{n2}^1 & \cdots & \bar{y}_{np}^1\\ & & \vdots & \\ \bar{y}_{11}^r & \bar{y}_{12}^r & \cdots & \bar{y}_{1p}^r\\ \bar{y}_{21}^r & \bar{y}_{22}^r & \cdots & \bar{y}_{2p}^r\\ \vdots & \vdots & & \vdots\\ \bar{y}_{n1}^r & \bar{y}_{n2}^r & \cdots & \bar{y}_{np}^r\end{bmatrix}\end{array}$$

其中，$\bar{D}^t$ 表示第 t 个决策者的基于决策者主成分的得分矩阵；$\bar{y}_{ij}^t$ 表示第 t 个决策主成分的第 i 个备选方案的第 j 个属性主成分的得分值。此外，r 个主成分对应的加权向量为

$$W^D=[w_1,w_2,\cdots,w_r]^{\mathrm{T}}=\left[\frac{\lambda_1^D}{\sum_{i=1}^r\lambda_i^D},\frac{\lambda_2^D}{\sum_{i=1}^r\lambda_i^D},\cdots,\frac{\lambda_r^D}{\sum_{i=1}^r\lambda_i^D}\right]^{\mathrm{T}}$$

根据上述两个模型，将原本 nq 行 m 列的评价矩阵转换成了 nr 行 p 列的矩阵，尽管丢失了少量信息，但缩小了矩阵规模，降低了计算复杂度，并且获得了相应的决策者主成分和属性主成分的权重信息，为决策过程带来了极大的便利。

$$
D=\begin{bmatrix} D^1 \\ \vdots \\ D^q \end{bmatrix}=
\begin{array}{c} \\ A_1 \\ A_2 \\ \vdots \\ A_n \\ \vdots \\ A_1 \\ A_2 \\ \vdots \\ A_n \end{array}
\begin{array}{c} \begin{array}{cccc} c_1 & c_2 & \cdots & c_m \end{array} \\
\begin{bmatrix} a_{11}^1 & a_{12}^1 & \cdots & a_{1m}^1 \\ a_{21}^1 & a_{22}^1 & \cdots & a_{2m}^1 \\ \vdots & \vdots & & \vdots \\ a_{n1}^1 & a_{n2}^1 & \cdots & a_{nm}^1 \\ & & \vdots & \\ a_{11}^q & a_{12}^q & \cdots & a_{1m}^q \\ a_{21}^q & a_{22}^q & \cdots & a_{2m}^q \\ \vdots & \vdots & & \vdots \\ a_{n1}^q & a_{n2}^q & \cdots & a_{nm}^q \end{bmatrix} \end{array}
\xrightarrow[\text{模型二}]{\text{模型一}} \bar{D}=\begin{bmatrix} \bar{D}^1 \\ \vdots \\ \bar{D}^r \end{bmatrix}=
\begin{array}{c} \\ A_1 \\ A_2 \\ \vdots \\ A_n \\ \vdots \\ A_1 \\ A_2 \\ \vdots \\ A_n \end{array}
\begin{array}{c} \begin{array}{cccc} Y_1^C & Y_2^C & \cdots & Y_p^C \end{array} \\
\begin{bmatrix} \bar{y}_{11}^1 & \bar{y}_{12}^1 & \cdots & \bar{y}_{1p}^1 \\ \bar{y}_{21}^1 & \bar{y}_{22}^1 & \cdots & \bar{y}_{2p}^1 \\ \vdots & \vdots & & \vdots \\ \bar{y}_{n1}^1 & \bar{y}_{n2}^1 & \cdots & \bar{y}_{np}^1 \\ & & \vdots & \\ \bar{y}_{11}^r & \bar{y}_{12}^r & \cdots & \bar{y}_{1p}^r \\ \bar{y}_{21}^r & \bar{y}_{22}^r & \cdots & \bar{y}_{2p}^r \\ \vdots & \vdots & & \vdots \\ \bar{y}_{n1}^r & \bar{y}_{n2}^r & \cdots & \bar{y}_{np}^r \end{bmatrix} \end{array}
$$

3. 标准化

设 $S=\{s_\alpha \mid \alpha\in[0,8]\}$，$\alpha=\langle s_8,[0.3,0.6],[0.5,0.6]\rangle$ 和 $\beta=\langle s_6,[0.6,0.7],[0.3,0.5]\rangle$ 分别是属性 c_1 和 c_2 的样本中的元素，若根据协方差矩阵所求出的第一大特征值对应的特征向量为 $\eta_1=(0.5,0.87)^{\mathrm{T}}$，则所得到的第一主成分的得分值为 $Y_1^C=0.5\cdot\alpha+0.87\cdot\beta=\langle s_{9.22},[0.672,0.909],[0.511,0.822]\rangle$。此时，我们会发现所得到的主成分的语言术语已经大于 8，并且 $[\mu_1^U]^2+[\nu_1^U]^2>1$，很明显所得到的主成分 Y_1^C 已经不再是 IVPFLV 了，我们将其称为“越界”，为了避免上述现象的发生，本节提出数据标准化的方法。

针对 IVPFLV 的语言术语和隶属度、非隶属度值，本节提出一种标准化的方法。假设 $S=\{s_\alpha \mid \alpha\in[0,\tau]\}$ 为一个连续语言术语集合，且

$$
D=\begin{bmatrix}
\langle s_{\theta_{11}},[\mu_{11}^L,\mu_{11}^U],[\nu_{11}^L,\nu_{11}^U]\rangle & \langle s_{\theta_{12}},[\mu_{12}^L,\mu_{12}^U],[\nu_{12}^L,\nu_{12}^U]\rangle & \cdots & \langle s_{\theta_{1m}},[\mu_{1m}^L,\mu_{1m}^U],[\nu_{1m}^L,\nu_{1m}^U]\rangle \\
\langle s_{\theta_{21}},[\mu_{21}^L,\mu_{21}^U],[\nu_{21}^L,\nu_{21}^U]\rangle & \langle s_{\theta_{22}},[\mu_{22}^L,\mu_{22}^U],[\nu_{22}^L,\nu_{22}^U]\rangle & \cdots & \langle s_{\theta_{2m}},[\mu_{2m}^L,\mu_{2m}^U],[\nu_{2m}^L,\nu_{2m}^U]\rangle \\
\vdots & \vdots & & \vdots \\
\langle s_{\theta_{n1}},[\mu_{n1}^L,\mu_{n1}^U],[\nu_{n1}^L,\nu_{n1}^U]\rangle & \langle s_{\theta_{n2}},[\mu_{n2}^L,\mu_{n2}^U],[\nu_{n2}^L,\nu_{n2}^U]\rangle & \cdots & \langle s_{\theta_{nm}},[\mu_{nm}^L,\mu_{nm}^U],[\nu_{nm}^L,\nu_{nm}^U]\rangle
\end{bmatrix}
$$

4. 语言术语标准化

步骤 1：令 $\theta_j=\mathrm{Min}\{\theta_{1j},\theta_{2j},\cdots,\theta_{nj}\}(j=1,2,\cdots,m)$ 表示每一列最小的语言下标，随后求得 $\dot{\theta}_{ij}=\theta_{ij}-\theta_j(i=1,2,\cdots,n;j=1,2,\cdots,m)$。

步骤 2：令 $\ddot{\theta}_j=\mathrm{Max}\{\dot{\theta}_{1j},\dot{\theta}_{2j},\cdots,\dot{\theta}_{nj}\}(j=1,2,\cdots,m)$，并且求得新的语言下标：

$$
\bar{\theta}_{ij}=\frac{\tau}{\ddot{\theta}_j}\dot{\theta}_{ij},\quad i=1,2,\cdots,n;j=1,2,\cdots,m
$$

5. 隶属度、非隶属度标准化

步骤 1： 令 $\sigma_j = \mathrm{Min}\{\mu_{1j}^L, \nu_{1j}^L, \mu_{2j}^L, \nu_{2j}^L, \cdots, \mu_{nj}^L, \nu_{nj}^L\}(j=1,2,\cdots,m)$，随后求得

$$\begin{cases} [\dot{\mu}_{ij}^L, \dot{\mu}_{ij}^U] = [\mu_{ij}^L - \sigma_j, \mu_{ij}^U - \sigma_j] \\ [\dot{\nu}_{ij}^L, \dot{\nu}_{ij}^U] = [\nu_{ij}^L - \sigma_j, \nu_{ij}^U - \sigma_j] \end{cases}, \quad i=1,2,\cdots,n; j=1,2,\cdots,m$$

步骤 2： 令 $\dot{\sigma}_j = \mathrm{Max}\{[\dot{\mu}_{1j}^U]^2 + [\dot{\nu}_{1j}^U]^2, [\dot{\mu}_{2j}^U]^2 + [\dot{\nu}_{2j}^U]^2, \cdots, [\dot{\mu}_{nj}^U]^2 + [\dot{\nu}_{nj}^U]^2\}$ $(j=1,2,\cdots,m)$，并且求得新的隶属度、非隶属度的区间值：

$$\begin{cases} [\bar{\mu}_{ij}^L, \bar{\mu}_{ij}^U] = \left[\dfrac{\dot{\mu}_{ij}^L}{\dot{\sigma}_j}, \dfrac{\dot{\mu}_{ij}^U}{\dot{\sigma}_j}\right] \\ [\bar{\nu}_{ij}^L, \bar{\nu}_{ij}^U] = \left[\dfrac{\dot{\nu}_{ij}^L}{\dot{\sigma}_j}, \dfrac{\dot{\nu}_{ij}^U}{\dot{\sigma}_j}\right] \end{cases}, \quad i=1,2,\cdots,n; j=1,2,\cdots,m$$

注意　当数据中存在“越界”现象时，才会执行数据标准化。

5.3.3　基于 IVPFL-PCA 的 TODIM 决策算法

将 TODIM 决策方法拓展至区间 Pythagorean 模糊语言环境中，构建基于 IVPFL-PCA 的 TODIM 决策算法。

假设 $A=\{A_1, A_2, \cdots, A_n\}$ 为一个有限的方案集合（$n \geqslant 2$），其中 A_i 表示第 i 个备选方案；$C=\{c_1, c_2, \cdots, c_m\}$ 为属性集合（$m \geqslant 2$），其中 c_j 表示第 j 个属性，$D=\{D_1, D_2, \cdots, D_q\}$ 为专家集合（$q \geqslant 2$），其中 D_t 表示第 t 个专家，则群体评价矩阵可表示如下：

$$D = \begin{bmatrix} D^1 \\ \vdots \\ D^q \end{bmatrix} = \begin{matrix} \\ A_1 \\ A_2 \\ \vdots \\ A_n \\ \vdots \\ A_1 \\ A_2 \\ \vdots \\ A_n \end{matrix} \begin{matrix} \begin{matrix} c_1 & c_2 & \cdots & c_m \end{matrix} \\ \begin{bmatrix} a_{11}^1 & a_{12}^1 & \cdots & a_{1m}^1 \\ a_{21}^1 & a_{22}^1 & \cdots & a_{2m}^1 \\ \vdots & \vdots & & \vdots \\ a_{n1}^1 & a_{n2}^1 & \cdots & a_{nm}^1 \\ & & \vdots & \\ a_{11}^q & a_{12}^q & \cdots & a_{1m}^q \\ a_{21}^q & a_{22}^q & \cdots & a_{2m}^q \\ \vdots & \vdots & & \vdots \\ a_{n1}^q & a_{n2}^q & \cdots & a_{nm}^q \end{bmatrix} \end{matrix}$$

其中，D^t 表示第 t 个决策者给出的评价矩阵；a_{ij}^t 为一个 IVPFLV，表示第 t 个决策者给出的第 i 个备选方案的第 j 个属性评价值。

步骤 1：根据模型一，获得基于属性主成分的群体得分矩阵 D^C，并且求得前 p 个主成分，其对应的加权向量为

$$W^C = [w_1, w_2, \cdots, w_p]^{\mathrm{T}} = \left[\frac{\lambda_1^C}{\sum_{i=1}^{p} \lambda_i^C}, \frac{\lambda_2^C}{\sum_{i=1}^{p} \lambda_i^C}, \cdots, \frac{\lambda_p^C}{\sum_{i=1}^{p} \lambda_i^C} \right]^{\mathrm{T}}$$

步骤 2：根据模型二，获得基于决策者主成分的群体得分矩阵 $\bar{D}$，并且求得前 r 个主成分，其对应的加权向量为

$$W^D = [w_1, w_2, \cdots, w_r]^{\mathrm{T}} = \left[\frac{\lambda_1^D}{\sum_{i=1}^{r} \lambda_i^D}, \frac{\lambda_2^D}{\sum_{i=1}^{r} \lambda_i^D}, \cdots, \frac{\lambda_r^D}{\sum_{i=1}^{r} \lambda_i^D} \right]^{\mathrm{T}}$$

步骤 3：将矩阵 $\bar{D}$ 作为新的群体评价矩阵，利用 TODIM 决策算法求解出整体优势值，并且获得排序结果，选出最佳方案。

5.3.4 地震应急决策

地震作为突发事件之一，其破坏性巨大，甚至可以诱发其他类型的衍生灾害。如今，预测地震的时间和地点太过艰巨，但是一个合适的应急方案的实施能够挽回一定的损失，因此地震应急预案评估和选择是非常迫切、必要的。

假设在五个应急决策方案 $(A_1, A_2, \cdots, A_5)$ 中选取最佳方案应付某地地震灾害，为了保证决策的科学性，基于已有文献[15,16]的研究，我们选取了七个评价指标 c_1：救援能力、c_2：灾后恢复能力、c_3：组织性、c_4：经济成本、c_5：响应时间、c_6：合法性、c_7：准备时间。十位决策者对五个备选方案进行评估，评价信息为 IVPFLV，所采用的语言术语集为 $S = \{s_\alpha \mid \alpha \in [0,8]\}$。

步骤 1：根据模型一，获得基于属性主成分的群体得分标准化矩阵 D^C，并且求得前 p 个主成分，其对应的加权向量为

$$W^C = [w_1, w_2, \cdots, w_p]^{\mathrm{T}} = \left[\frac{\lambda_1^C}{\sum_{i=1}^{p} \lambda_i^C}, \frac{\lambda_2^C}{\sum_{i=1}^{p} \lambda_i^C}, \cdots, \frac{\lambda_p^C}{\sum_{i=1}^{p} \lambda_i^C} \right]^{\mathrm{T}}$$

首先获得基于属性评价值的协方差矩阵 Σ^C：

$$\Sigma^C = \begin{bmatrix} 0.0501 & 0.0267 & 0.0290 & 0.0245 & 0.0123 & 0.0082 & 0.0338 \\ 0.0267 & 0.0498 & 0.0148 & 0.0201 & 0.0107 & 0.0138 & 0.0279 \\ 0.0290 & 0.0148 & 0.0527 & 0.0148 & 0.0157 & 0.0201 & 0.0289 \\ 0.0245 & 0.0201 & 0.0148 & 0.0421 & 0.0051 & 0.0208 & 0.0403 \\ 0.0123 & 0.0107 & 0.0157 & 0.0051 & 0.0329 & 0.0185 & 0.0187 \\ 0.0082 & 0.0138 & 0.0201 & 0.0208 & 0.0185 & 0.0572 & 0.0245 \\ 0.0338 & 0.0279 & 0.0289 & 0.0403 & 0.0187 & 0.0245 & 0.0613 \end{bmatrix}$$

随后，获得特征值、特征向量以及累积贡献率(Cumulative Contribution Rate，CCR)(表 5.19)。

表 5.19　特征值、特征向量以及 CCR(一)

主成分	特征值	CCR/%	特征向量						
Y_1^C	0.1795	51.88	0.4058	0.3502	0.3761	0.3753	0.3211	0.3303	0.5219
Y_2^C	0.0514	66.73	0.4296	0.2917	−0.0760	0.0865	−0.2898	−0.7910	0.0862
Y_3^C	0.0404	78.14	0.2560	−0.2276	0.7157	−0.4648	0.2652	−0.1859	−0.2225
Y_4^C	0.0314	87.49	−0.0030	−0.7738	0.1940	0.3852	−0.3249	−0.1104	0.3122
Y_5^C	0.0225	93.99	−0.0361	−0.2421	−0.3529	−0.0642	0.7560	−0.3184	0.3721
Y_6^C	0.0148	98.27	−0.7427	0.2824	0.3798	−0.0712	−0.0728	−0.2763	0.3712
Y_7^C	0.006	100	−0.1801	0.0582	0.1848	0.6914	0.3382	−0.2018	−0.5449

根据 CCR，选取前 4 个主成分 $\{Y_1^C, Y_2^C, Y_3^C, Y_4^C\}$，并得到对应的加权向量为

$$W^C = [0.5929, 0.1700, 0.1334, 0.1037]^{\mathrm{T}}$$

步骤 2：根据模型二，获得基于决策者主成分的群体得分标准化矩阵 $\bar{D}$，并且求得前 r 个主成分，其对应的加权向量为

$$W^D = [w_1, w_2, \cdots, w_r]^{\mathrm{T}} = \left[\frac{\lambda_1^D}{\sum_{i=1}^{r} \lambda_i^D}, \frac{\lambda_2^D}{\sum_{i=1}^{r} \lambda_i^D}, \cdots, \frac{\lambda_r^D}{\sum_{i=1}^{r} \lambda_i^D} \right]^{\mathrm{T}}$$

首先获得基于属性评价值的协方差矩阵 Σ^D：

$$\Sigma^D = \begin{bmatrix} 0.0812 & 0.0311 & -0.0122 & 0.0112 & 0.0156 & 0.0253 & 0.0209 & 0.0242 & 0.0344 & 0.0422 \\ 0.0311 & 0.0666 & 0.0309 & 0.0258 & 0.0104 & 0.0137 & 0.0241 & 0.0237 & 0.0214 & 0.0242 \\ -0.0122 & 0.0309 & 0.0667 & 0.0092 & -0.0007 & 0.0074 & 0.0039 & 0.0121 & -0.0008 & -0.0074 \\ 0.0112 & 0.0258 & 0.0092 & 0.0637 & 0.0463 & 0.0220 & 0.0174 & 0.0158 & 0.0099 & 0.0323 \\ 0.0156 & 0.0104 & -0.0007 & 0.0463 & 0.0618 & 0.0412 & 0.0214 & 0.0141 & 0.0207 & 0.0202 \\ 0.0253 & 0.0137 & 0.0074 & 0.0220 & 0.0412 & 0.0770 & 0.0441 & 0.0179 & 0.0351 & 0.0205 \\ 0.0209 & 0.0241 & 0.0039 & 0.0174 & 0.0214 & 0.0441 & 0.0455 & 0.0278 & 0.0389 & 0.0346 \\ 0.0242 & 0.0237 & 0.0121 & 0.0158 & 0.0141 & 0.0179 & 0.0278 & 0.0417 & 0.0403 & 0.0328 \\ 0.0344 & 0.0214 & -0.0008 & 0.0099 & 0.0207 & 0.0351 & 0.0389 & 0.0403 & 0.0625 & 0.0338 \\ 0.0422 & -0.0242 & -0.0074 & 0.0323 & 0.0202 & 0.0205 & 0.0346 & 0.0328 & 0.0338 & 0.0637 \end{bmatrix}$$

随后，获得特征值、特征向量以及 CCR(表 5.20)。

表 5.20 特征值、特征向量以及 CCR(二)

主成分	特征值	CCR/%	特征向量									
Y_1^D	0.0274	43.45	0.3542	0.2914	0.0563	0.2867	0.3000	0.3702	0.3405	0.2933	0.3692	0.3727
Y_2^D	0.0960	58.67	0.4176	−0.3385	−0.7009	−0.3254	−0.1639	−0.0653	0.0153	0.0036	0.1967	0.2092
Y_3^D	0.0879	72.61	0.2887	0.4551	0.3260	−0.3195	−0.5383	−0.3729	−0.0237	0.2160	0.1238	0.0990
Y_4^D	0.0674	83.30	−0.2365	−0.1961	0.2009	−0.5271	−0.1585	0.5051	0.2961	0.0978	0.3450	−0.3060
Y_5^D	0.0446	90.37	−0.6024	−0.2334	−0.0649	0.1498	−0.0949	−0.3859	0.1649	0.4025	0.2970	0.3474
Y_6^D	0.0258	94.47	0.2170	−0.1769	0.1403	−0.0231	0.4207	−0.2692	−0.4390	0.3172	0.4298	−0.4170
Y_7^D	0.0213	97.84	0.2591	−0.6163	0.5114	−0.0102	−0.0826	0.1283	−0.1604	0.1221	−0.2517	0.4051
Y_8^D	0.0062	98.83	−0.0596	0.1198	0.0361	−0.5944	0.5955	−0.2294	0.2307	0.1076	−0.3380	0.2028
Y_9^D	0.0056	99.71	−0.0280	−0.0433	0.2417	−0.0842	0.1417	−0.1999	0.0169	−0.7516	0.4833	0.2704
Y_{10}^D	0.0018	100	−0.2819	0.2703	−0.1170	−0.2201	0.0267	0.3663	−0.7065	0.0609	0.0811	0.3755

根据 CCR，选取前 5 个主成分 $\{Y_1^D, Y_2^D, Y_3^D, Y_4^D, Y_5^D\}$，并得到对应的加权向量为

$$W^D = [0.4808, 0.1685, 0.1542, 0.1183, 0.0782]^{\mathrm{T}}$$

步骤 3：将矩阵 $\bar{D}$ 作为新的群体评价矩阵，利用 TODIM 决策方法求解出整体优势值，并且获得排序结果，选出最满意的方案。

首先，经过步骤 1 和步骤 2，获得矩阵 $\bar{D}$。随后，运用 TODIM 决策算法，得到五个整体优势度矩阵：

$$\psi^1 = (\psi_{ij}^1)_{5\times 5} = \begin{bmatrix} 0 & -1.1273 & -0.1119 & -1.7401 & -1.8072 \\ -0.3109 & 0 & 0.7566 & -1.2991 & -1.7492 \\ -1.4493 & -2.0938 & 0 & -2.6237 & -3.2769 \\ 0.9209 & 0.1137 & 1.1326 & 0 & -2.0301 \\ 1.1387 & 0.5589 & 1.9896 & 1.1042 & 0 \end{bmatrix}$$

$$\psi^2=(\psi_{ij}^2)_{5\times5}=\begin{bmatrix}0 & -1.0532 & -1.0834 & -5846 & -0.4308\\ -0.6443 & 0 & 0.2338 & -0.6537 & -2.5366\\ -0.8367 & -1.5685 & 0 & -1.0642 & -1.0653\\ -2.2434 & -0.9835 & -0.2673 & 0 & -2.2594\\ -1.2834 & 0.4637 & -0.8595 & 0.6269 & 0\end{bmatrix}$$

$$\psi^3=(\psi_{ij}^3)_{5\times5}=\begin{bmatrix}0 & 0.4816 & 0.5739 & 0.2976 & -1.2710\\ -2.1058 & 0 & -0.7703 & -2.2969 & -3.2415\\ -2.4013 & -0.6699 & 0 & -0.9792 & -1.7793\\ -1.8179 & 0.6311 & -0.3932 & 0 & -3.1802\\ -0.6970 & 0.9865 & -0.2990 & 1.4082 & 0\end{bmatrix}$$

$$\psi^4=(\psi_{ij}^4)_{5\times5}=\begin{bmatrix}0 & -2.1452 & -0.9689 & 0.9899 & -2.5148\\ 0.0861 & 0 & -1.0191 & 1.0135 & -1.1728\\ -0.1998 & -1.0329 & 0 & -0.5821 & -0.1695\\ -3.2446 & -2.4256 & -1.2864 & 0 & -0.6955\\ 0.4461 & -1.1309 & -1.4122 & -1.2871 & 0\end{bmatrix}$$

$$\psi^5=(\psi_{ij}^5)_{5\times5}=\begin{bmatrix}0 & 0.7071 & 0.7998 & 1.1101 & 0.3924\\ 0.1662 & 0 & 0.3858 & 1.2817 & 2.3378\\ 0.1561 & 0.1588 & 0 & -0.2408 & 2.4699\\ -0.1318 & -0.4981 & 0.8570 & 0 & 1.1569\\ 0.9030 & -1.2736 & -1.3914 & 0.0610 & 0\end{bmatrix}$$

根据 $\psi^i\,(i=1,2,3,4,5)$ 获得累计优势度矩阵 M：

$$M=(m_{ij})_{5\times5}=\begin{bmatrix}-4.8764 & -1.9827 & 0.0822 & -4.6389 & 3.0094\\ -2.6026 & -3.6008 & -8.4145 & -1.0923 & 4.1715\\ -9.4437 & -4.5346 & -5.8298 & -1.9842 & 2.5440\\ 0.1370 & -5.7536 & -4.7603 & -7.6521 & 1.3841\\ 4.7915 & -1.0523 & 1.3987 & -3.3841 & -1.7010\end{bmatrix}$$

其中，$m_{ij}=\sum_{k=1}^{5}\psi_{ik}^{j}$。

然后，得到整体优势度：

$$MW^D=\begin{bmatrix}-2.9794\\ -2.9586\\ -6.2394\\ -2.4347\\ 1.8088\end{bmatrix}\begin{matrix}\rightarrow & A_1\\ \rightarrow & A_2\\ \rightarrow & A_3\\ \rightarrow & A_4\\ \rightarrow & A_5\end{matrix}$$

根据式(5.7)获得整体优势值(表 5.21)。

最后，获得排序结果：

$$A_5 \succ A_4 \succ A_2 \succ A_1 \succ A_3$$

显然最佳应急方案为 A_5，最劣应急方案为 A_3。

表 5.21 整体优势值

方案	整体优势值
A_1	0.4050
A_2	0.4076
A_3	0
A_4	0.4727
A_5	1

Pythagorean 模糊语言 TODIM 决策模型可以退化成直觉模糊语言 TODIM 决策模型[17]和模糊语言决策模型。另外，该决策模型在犹豫模糊语言集[18]和 Z-number[19]等环境下也有相关研究。

5.4 基于智能语言信息的 VIKOR 方法

本节将介绍智能语言信息环境下的 VIKOR 方法。

5.4.1 区间 Pythagorean 模糊语言 VIKOR 决策模型

本节将 VIKOR 方法拓至区间 Pythagorean 模糊语言环境中，Xian 等[20]构建了基于 IVPFLV 的 O-VIKOR 决策模型。假设 $Z=\{z_1,z_2,\cdots,z_n\}$ 为一个有限的方案集合($n\geqslant 2$)，其中 z_i 表示第 i 个备选方案；$C=\{c_1,c_2,\cdots,c_m\}$ 为属性集合($m\geqslant 2$)，其中 c_j 表示第 j 个属性。

步骤 1：通过 IVPFLV 获取所有备选方案、特征的行为和阈值的评价信息。

步骤 2：根据决策者的权重信息，通过区间 Pythagorean 模糊语言熵诱导有序加权平均(Interval-Valued Pythagorean Fuzzy Linguistic Entropy Induced Ordered Weighting Averaging，IVPFLEIOWA)算子集成所有决策者的评价信息。

步骤 3：计算评价信息的得分值，确定无差异阈值、偏好阈值和否决阈值。

在属性 c_j 下方案 z_i 的得分值 $h_j(z_i)$ 可由式(5.30)计算得到：

$$h(\tilde{s})=\frac{1}{2}\times\left(\frac{\left(\mu_s^L(x)\right)^2+\left(\mu_s^U(x)\right)^2}{2}+1-\frac{\left(v_z^L(x)\right)^2+\left(v_z^V(x)\right)^2}{2}\right)\times s_{\alpha(x)} \tag{5.30}$$

$W^C=(w_1^C,w_2^C,\cdots,w_m^C)^{\mathrm{T}}$ 为属性的加权向量，满足 $\sum_{j=1}^{m}w_j^C=1, 0\leqslant w_j^C\leqslant 1$。设 p_j、q_j 和 v_j 分别表示偏好阈值、无差异阈值和否决阈值且满足 $0\leqslant q_j<p_j<v_j\leqslant 1$。

步骤 4：计算属性的加权向量。

作为直接影响决策结果的关键因素，准则权向量的获取至关重要。属性权重可由式(5.31)获得：

$$w_j = \frac{\sum_{i}^{m} h_j(z_i)}{\sum_{j}^{n}\sum_{i}^{m} h_j(z_i)} \tag{5.31}$$

步骤 5： 级别高于指数 C 和否决指数 D。

首先讨论如何计算两两方案的折中优势度。在这方面，首先定义了代表多数人的集体效用和代表对手的个人遗憾的级别高于指数和否决指数。在此基础上，提出了基于级别高于指数和否决指数的妥协级别高于指数，形成了通过相互让步达成共识的妥协级别高于关系。方案 z_i 较方案 z_k 在属性 c_j 下的级别高于指数 C 和否决指数 D 可由式(5.32)和式(5.33)计算得到。级别高于指数 C：

$$C(z_i, z_k) = \frac{\sum_{j=1}^{n} w_j c_j(z_i, z_k)}{\sum_{j=1}^{n} w_j} \tag{5.32}$$

其中，$z_k \neq z_i$。个体级别高于指数：

$$c_j(z_i, z_k) = \begin{cases} 0, & h_j(z_i) - h_j(z_k) \leqslant q_j \\ 1, & h_j(z_i) - h_j(z_k) > p_j \\ \dfrac{h_j(z_i) - h_j(z_k) - q_j}{p_j - q_j}, & \text{其他} \end{cases}$$

且 $c_j(z_i, z_k \in [0,1])$。

否决指数 D：

$$D(z_i, z_k) = \begin{cases} 0, & \text{Max}\{w_j(h_j(z_k) - h_j(z_i))\} \leqslant w_j q_j \\ 1, & \text{Max}\{w_j(h_j(z_k) - h_j(z_i))\} > w_j v_j \\ \dfrac{\text{Max}\{w_j(h_j(z_k) - h_j(z_i))\} - w_j q_j}{w_j(v_j - q_j)}, & \text{其他} \end{cases} \tag{5.33}$$

其中，$z_k \neq z_i$ 且 $D_j(z_i, z_k) \in [0,1]$。

步骤 6： 计算折中优先度。

折中优先度，表示通过相互让步达成共识。方案 z_i 和方案 z_k 的折中优先度 $S(z_i, z_k)$ 可由式(5.34)计算得到：

$$S(z_i,z_k)=\begin{cases}C(z_i,z_k), & D(z_i,z_k)\leqslant C(z_i,z_k)\\ \zeta C(z_i,z_k)+(1-\zeta)C(z_i,z_k)\dfrac{1-D(z_i,z_k)}{1-C(z_i,z_k)}, & \text{其他}\end{cases}\tag{5.34}$$

步骤 7： 计算可信度公式并形成互补判断矩阵。

由于确定了方案的折中优先度，因此可以构造折中优先度矩阵作为排序的主体。然而，如何适当处理折中优先度矩阵是一个比较困难的问题。因此，Xian 等[20]提出了可信度公式，将折中优先度矩阵转化为偏好关系矩阵，以反映方案之间的优越性。

可信度公式表示方案 z_i 不差于方案 z_k 的可能度，表示为

$$p(z_i\geqslant z_k)=0.5\times(1+(S(z_i,z_k)-S(z_k,z_i)))\tag{5.35}$$

则互补判断矩阵为

$$P_S=(p_{ij})_{m\times m}=\begin{bmatrix}0.5 & p_{12} & \cdots & p_{1m}\\ p_{21} & 0.5 & \cdots & p_{2m}\\ \vdots & \vdots & & \vdots\\ p_{m1} & p_{m2} & \cdots & 0.5\end{bmatrix}$$

步骤 8： 确定所有方案的排序并选择出最优方案。

通过所获得的互补判断矩阵，对这些可信度进行两两配对，可以得出一个可接受的顺序的选择。由式(5.36)计算得到最终的方案排序：

$$Y=[y_1,y_2,\cdots,y_n]^{\mathrm{T}}=\left[\frac{1}{\sum_{i=1}^{n}(p_{i1}/p_{1i})},\frac{1}{\sum_{i=1}^{n}(p_{i2}/p_{2i})},\cdots,\frac{1}{\sum_{i=1}^{n}(p_{in}/p_{ni})}\right]^{\mathrm{T}}\tag{5.36}$$

5.4.2 企业选址问题

选址[21]是企业的一项基础性、战略性、关键性的决策活动。选址的问题是为“设施”选择最佳位置。这是一个具有广泛现实意义的优化问题，是一个复杂的系统工程，需要综合考虑工程地质、资源环境、交通条件等因素。选址直接关系到项目的规模、投资额和建设进度，也关系到竣工后各项经济技术指标的质量和运行情况。选择一个合适的厂址，能够实现成本和资源的合理分配，厂址对于一个制造商来说是一个重要的问题。为了在某地选择合适的厂址，通过获得一个合适的地址位置排名来帮助决策者选择。决策者需要考虑如下几个因素：c_1：投资成本控制；c_2：扩张的可能性；c_3：获得材料的可用性；c_4：人力资源；c_5：交通便利性；c_6：气候条件。现有四个候选地点 $z_i(i=1,2,3,4)$。通过三个决策者 $D_k(k=1,2,3)$ 的评价来对四个候选地点进行排序并选取最优的地址。三个决策者的权重为 $\overline{w}=(0.35,0.40,0.25)^{\mathrm{T}}$。

步骤 1：通过专业的分析和讨论，决策者在表 5.22～表 5.24 所示的区间值 Pythagorean 模糊语言环境中提供候选位置的信息。各属性的偏好阈值 p_j、无差异阈值 q_j 和否决阈值 v_j 如表 5.25 所示。

表 5.22　偏好决策矩阵 D^1

候选地点	c_1	c_2	c_3	c_4	c_5	c_6
z_1	$(s_6;[0.6,0.8],[0.2,0.3])$	$(s_7;[0.6,0.7],[0.4,0.5])$	$(s_3;[0.5,0.6],[0.5,0.6])$	$(s_5;[0.5,0.6],[0.2,0.3])$	$(s_7;[0.8,0.9],[0.1,0.2])$	$(s_6;[0.5,0.6],[0.3,0.4])$
z_2	$(s_7;[0.7,0.8],[0.3,0.4])$	$(s_5;[0.8,0.9],[0.2,0.3])$	$(s_6;[0.8,0.9],[0.1,0.2])$	$(s_6;[0.6,0.7],[0.5,0.6])$	$(s_5;[0.6,0.7],[0.2,0.3])$	$(s_8;[0.7,0.8],[0.2,0.3])$
z_3	$(s_3;[0.7,0.8],[0.4,0.5])$	$(s_4;[0.6,0.8],[0.4,0.5])$	$(s_4;[0.6,0.8],[0.4,0.5])$	$(s_6;[0.5,0.6],[0.2,0.4])$	$(s_2;[0.5,0.7],[0.3,0.4])$	$(s_4;[0.4,0.6],[0.1,0.2])$
z_4	$(s_5;[0.7,0.8],[0.1,0.2])$	$(s_8;[0.8,0.9],[0.1,0.2])$	$(s_3;[0.6,0.8],[0.2,0.3])$	$(s_5;[0.5,0.6],[0.4,0.5])$	$(s_6;[0.8,0.9],[0.1,0.2])$	$(s_2;[0.6,0.7],[0.2,0.3])$

表 5.23　偏好决策矩阵 D^2

候选地点	c_1	c_2	c_3	c_4	c_5	c_6
z_1	$(s_5;[0.6,0.8],[0.4,0.5])$	$(s_6;[0.7,0.8],[0.3,0.5])$	$(s_2;[0.6,0.7],[0.2,0.3])$	$(s_7;[0.6,0.7],[0.0,0.2])$	$(s_8;[0.7,0.8],[0.2,0.3])$	$(s_6;[0.6,0.7],[0.4,0.5])$
z_2	$(s_3;[0.5,0.6],[0.4,0.5])$	$(s_5;[0.7,0.8],[0.1,0.3])$	$(s_6;[0.7,0.9],[0.2,0.3])$	$(s_4;[0.4,0.6],[0.1,0.2])$	$(s_5;[0.5,0.6],[0.5,0.6])$	$(s_7;[0.7,0.8],[0.2,0.3])$
z_3	$(s_3;[0.6,0.7],[0.1,0.3])$	$(s_3;[0.5,0.6],[0.3,0.5])$	$(s_5;[0.5,0.7],[0.2,0.4])$	$(s_5;[0.4,0.5],[0.5,0.6])$	$(s_4;[0.5,0.6],[0.3,0.4])$	$(s_3;[0.6,0.7],[0.2,0.4])$
z_4	$(s_4;[0.6,0.7],[0.4,0.6])$	$(s_6;[0.8,0.9],[0.1,0.2])$	$(s_5;[0.7,0.8],[0.3,0.4])$	$(s_5;[0.7,0.8],[0.4,0.5])$	$(s_6;[0.6,0.8],[0.2,0.3])$	$(s_3;[0.7,0.9],[0.0,0.2])$

表 5.24　偏好决策矩阵 D^3

候选地点	c_1	c_2	c_3	c_4	c_5	c_6
z_1	$(s_7;[0.5,0.6],[0.5,0.6])$	$(s_4;[0.6,0.8],[0.3,0.4])$	$(s_3;[0.7,0.8],[0.3,0.4])$	$(s_{0.4};[0.7,0.8],[0.1,0.3])$	$(s_{0.5};[0.6,0.7],[0.4,0.5])$	$(s_7;[0.6,0.7],[0.3,0.4])$
z_2	$(s_3;[0.7,0.8],[0.4,0.5])$	$(s_7;[0.7,0.8],[0.2,0.3])$	$(s_7;[0.7,0.9],[0.3,0.4])$	$(s_5;[0.6,0.7],[0.3,0.4])$	$(s_5;[0.6,0.7],[0.2,0.3])$	$(s_7;[0.6,0.7],[0.3,0.4])$
z_3	$(s_3;[0.6,0.7],[0.1,0.3])$	$(s_3;[0.5,0.6],[0.3,0.5])$	$(s_5;[0.5,0.7],[0.2,0.4])$	$(s_4;[0.8,0.9],[0.1,0.3])$	$(s_3;[0.5,0.6],[0.5,0.6])$	$(s_5;[0.6,0.7],[0.2,0.4])$
z_4	$(s_4;[0.5,0.7],[0.5,0.6])$	$(s_5;[0.6,0.8],[0.2,0.3])$	$(s_5;[0.6,0.8],[0.4,0.5])$	$(s_6;[0.6,0.7],[0.3,0.4])$	$(s_6;[0.8,0.9],[0.1,0.2])$	$(s_3;[0.6,0.8],[0.3,0.4])$

表 5.25 方案阈值矩阵

阈值	c_1	c_2	c_3	c_4	c_5	c_6
Q	$(s_{0.5};[0.8,0.9],[0.0,0.1])$	$(s_{0.6};[0.7,0.8],[0.2,0.3])$	$(s_{0.5};[0.5,0.6],[0.3,0.4])$	$(s_{0.4};[0.7,0.8],[0.1,0.3])$	$(s_{0.5};[0.6,0.7],[0.4,0.5])$	$(s_{0.5};[0.7,0.8],[0.2,0.3])$
P	$(s_2;[0.7,0.8],[0.2,0.3])$	$(s_2;[0.7,0.8],[0.1,0.2])$	$(s_2;[0.8,0.9],[0.1,0.2])$	$(s_{2.2};[0.7,0.8],[0.2,0.3])$	$(s_{2.1};[0.7,0.8],[0.2,0.3])$	$(s_2;[0.8,0.9],[0.0,0.1])$
V	$(s_4;[0.7,0.8],[0.2,0.4])$	$(s_4;[0.7,0.8],[0.2,0.3])$	$(s_{3.8};[0.8,0.9],[0.1,0.2])$	$(s_4;[0.7,0.8],[0.3,0.5])$	$(s_{3.8};[0.7,0.9],[0.1,0.2])$	$(s_4;[0.8,0.9],[0.0,0.2])$

步骤 2：在原始评价信息矩阵的基础上计算了通过 IVPFLEIOWA 算子集成的决策者偏好矩阵如表 5.26 所示。

表 5.26 集成的决策者偏好矩阵

候选地点	c_1	c_2	c_3	c_4	c_5	c_6
z_1	$(s_{5.9};[0.58,0.76],[0.33,0.44])$	$(s_{5.7};[0.63,0.76],[0.34,0.46])$	$(s_{2.6};[0.62,0.72],[0.29,0.39])$	$(s_{5.7};[0.52,0.62],[0.0,0.31])$	$(s_{7.4};[0.71,0.82],[0.19,0.31])$	$(s_{5.7};[0.56,0.66],[0.36,0.46])$
z_2	$(s_{2.7};[0.66,0.76],[0.36,0.46])$	$(s_{5.5};[0.74,0.84],[0.15,0.30])$	$(s_{6.3};[0.74,0.90],[0.17,0.28])$	$(s_{4.9};[0.52,0.64],[0.23,0.35])$	$(s_5;[0.58,0.68],[0.25,0.36])$	$(s_{7.4};[0.68,0.78],[0.22,0.32])$
z_3	$(s_{3.4};[0.72,0.83],[0.14,0.34])$	$(s_{3.4};[0.54,0.69],[0.38,0.52])$	$(s_{4.9};[0.54,0.74],[0.30,0.46])$	$(s_{6.1};[0.52,0.62],[0.32,0.46])$	$(s_{3.1};[0.60,0.72],[0.19,0.37])$	$(s_{4.5};[0.56,0.70],[0.29,0.47])$
z_4	$(s_{4.4};[0.62,0.74],[0.26,0.41])$	$(s_{6.5};[0.76,0.88],[0.12,0.22])$	$(s_{4.2};[0.64,0.80],[0.27,0.38])$	$(s_{5.4};[0.59,0.70],[0.36,0.46])$	$(s_6;[0.76,0.88],[0.12,0.22])$	$(s_{2.6};[0.63,0.80],[0.0,0.29])$

步骤 3：计算每个 IVPFLV 的得分值和阈值如表 5.27 所示。

表 5.27 得分值和阈值

候选地点及阈值	c_1	c_2	c_3	c_4	c_5	c_6
z_1	3.83	3.78	1.73	3.65	5.62	3.42
z_2	1.77	4.33	5.08	3.07	3.25	5.36
z_3	2.61	1.97	3.11	3.53	2.10	2.82
z_4	2.93	5.32	2.97	3.34	4.95	1.92
Q	0.43	0.45	0.29	0.30	0.30	0.37
P	1.50	1.54	1.70	1.58	1.58	1.72
V	2.93	3.00	3.23	2.79	2.93	3.41

步骤 4：通过式(5.31)可得属性的加权向量为

$$W=(0.186,0.156,0.154,0.181,0.161,0.162)^{\mathrm{T}}$$

步骤 5：计算优先级指数和否决指数，结果如表 5.28 和表 5.29 所示。

表 5.28　优先级指数矩阵

候选地点	z_1	z_2	z_3	z_4
z_1	0	0.38	0.48	0.26
z_2	0.33	0	0.58	0.32
z_3	0.12	0.09	0	0.06
z_4	0.26	0.36	0.32	0

表 5.29　否决指数矩阵

候选地点	z_1	z_2	z_3	z_4
z_1	0	0.94	0.28	0.34
z_2	0.78	0	0.21	0.51
z_3	1	0.81	0	1
z_4	0.42	1	0.20	0

步骤 6：计算折中优先度(令 $\xi = 0.5$)，结果如表 5.30 所示。

表 5.30　折中优先度矩阵

候选地点	z_1	z_2	z_3	z_4
z_1	0	0.38	0.42	0.26
z_2	0.33	0	0.58	0.32
z_3	0.12	0.09	0	0.06
z_4	0.26	0.36	0.32	0

步骤 7：计算可信度并得到互补判断矩阵如表 5.31 所示。

表 5.31　互补判断矩阵

候选地点	z_1	z_2	z_3	z_4
z_1	0.5	0.53	0.68	0.50
z_2	0.47	0.5	0.75	0.48
z_3	0.32	0.25	0.5	0.37
z_4	0.50	0.52	0.63	0.5

步骤 8：得到排序结果：

$$y(z_1) = 0.295, \quad y(z_2) = 0.319, \quad y(z_3) = 0.118, \quad y(z_4) = 0.264$$

因此方案的排序结果为 $z_2 > z_1 > z_4 > z_3$， z_2 为最佳厂址选择地。

VIKOR 方法在多属性决策分析中直接运用原始数据进行分析，不会损失指标信息，在计算中还能反映出方案与理想解的接近程度，同时，在综合评价中，该方法不但可以分析最终综合评价结果的优劣，还能根据各具体指标的得分分析各指标对综合评价结果的影响程度，从而可以发现方案具有的优势和需改进的劣势。而智能语言信息能够处理现实环境中具有复杂性和不确定性的问题。因此研究语言环境下的 VIKOR 方法是很有必要的。Pythagorean 模糊语言集是直觉模糊语言集的推广，因此该决策模型可以退化应用于直觉模糊语言集合模糊语言集中。另外，在犹豫模糊语言集[22]中关于 VIKOR 决策模型也有相关研究。

5.5　基于智能语言信息的优先分类决策方法

本节将介绍智能语言信息环境下的优先分类决策方法。

5.5.1　区间直觉模糊语言优先分类决策模型

研究分类方法的核心在于：构建有效的有序关系和划分标准来将方案分配到相应的有序范畴中。消去和选择转换树（Elimination and Choice Expressing Reality Tree）方法中的传统优先有序关系“ S ”意味着方案 A_i “至少”和方案 A_j “一样好”，记为“ A_iSA_j ”。它的具体定义如下。

定义 5.10[23,24]　设 A_i, A_j 为两个决策方案，则传统的优先有序关系可以被描述为

$$A_iSA_j \Leftrightarrow \delta(A_i, A_j) \geqslant \theta \tag{5.37}$$

其中，θ 记为由决策群体确定的截断水平参数；$\delta(A_i, A_j)$ 记为结论 A_iSA_j 的可信度指数。

在实际的决策过程中，确定截断水平参数 θ 和可信度指数 $\delta(A_i, A_j)$ 是非常困难的。下面，我们先提出基于区间直觉模糊语言欧氏距离的新型优先有序关系。

定义 5.11　设 $A=\{A_1, A_2, \cdots, A_m\}$ 是 m 个备选方案集，$C=\{c_1, c_2, \cdots, c_n\}$ 是 n 个属性集，$V=(v_1, v_2, \cdots, v_n)^{\mathrm{T}}$ 是属性指标的权重向量，且满足 $v_j \in [0,1]$，$\sum_{j=1}^{n} v_j = 1$。记 A^* 为最理想方案，记区间直觉模糊语言变量 $\tilde{c}_j (j=1,2,\cdots,n)$ 为第 j 个属性指标的最理想偏好值，则备选方案 $A_i (i=1,2,\cdots,m)$ 与最理想方案 A^* 之间的区间直觉模糊语言欧氏距离被定义为

$$D_{\mathrm{ED}}(A^*, A_i) = \sum_{j=1}^{n} v_j d_{\mathrm{ED}}(\tilde{c}_j, \tilde{s}_{ij}), \quad i=1,2,\cdots,m \tag{5.38}$$

其中，区间直觉模糊语言变量 $\tilde{s}_{ij}$ 表示对备选方案 $A_i (i=1,2,\cdots,m)$ 的属性指标 $c_j (j=1,2,\cdots,n)$ 的实际属性偏好值 $\tilde{s}_{ij} (i=1,2,\cdots,m; j=1,2,\cdots,n)$；$d_{\mathrm{ED}}(\tilde{c}_j, \tilde{s}_{ij})$ 表示属性指标 $c_j (j=1,2,\cdots,n)$ 的最理想偏好值 $\tilde{c}_j$ 与各备选方案的实际属性偏好值 $\tilde{s}_{ij}$ 之间的区间直觉模糊语言欧氏距离，且满足 $0 \leqslant D_{\mathrm{ED}}(A^*, A_i) \leqslant 1 (i=1,2,\cdots,m)$。

接下来，介绍新型优先有序关系的具体定义。

定义 5.12　设 A 是所有备选方案集，A^* 为最理想方案，$A_i, A_k \in A$，则基于区间

直觉模糊语言欧氏距离的新型优先有序关系 S_d 被定义为

$$A_i S_d A_k \Leftrightarrow D_{\mathrm{ED}}(A^*, A_i) \leqslant D_{\mathrm{ED}}(A^*, A_k) \tag{5.39}$$

其中，$D_{\mathrm{ED}}(A^*, A_i)$ 表示方案 A_i 与最理想方案 A^* 的区间直觉模糊语言欧氏距离；$D_{\mathrm{ED}}(A^*, A_k)$ 表示方案 A_k 与最理想方案 A^* 的区间直觉模糊语言欧氏距离；$A_i S_d A_k$ 的实际意义是方案 A_i"至少"和方案 A_k"一样好"。

从定义 5.12 可以看出，备选方案离最理想方案越近，则该方案的优先级越高。同时，可以得到以下结论。

命题 5.1 设 A 是所有备选方案集，$A_i, A_k, A_t \in A$，则基于区间直觉模糊语言欧氏距离的新型优先有序关系 S_d 满足如下性质：

(1) 如果 $A_i S_d A_t$ 且 $A_t S_d A_k$，则 $A_i S_d A_k$；

(2) 对于任意两个方案 $A_i, A_k \in A$，一定可以得到 $A_i S_d A_k$ 或者 $A_k S_d A_i$。

最后，介绍基于新型优先有序关系的新型优先分类方法。

设 $A = \{A_1, A_2, \cdots, A_m\}$ 是 m 个备选方案集，A^* 为最理想方案。设 $R = \{R_1, R_2, \cdots, R_h\}$ 是 h 个有序范畴集，且最好范畴为 R_1，最差范畴为 R_h。每个范畴都有上临界距离和下临界距离，假设 h 个有序范畴集的临界距离集为 $\{D_{\mathrm{ED}}(A^*, B_1), D_{\mathrm{ED}}(A^*, B_2), \cdots, D_{\mathrm{ED}}(A^*, B_{h-1})\}$，其中，$B_t (t = 1, 2, \cdots, h-1)$ 表示边界方案，$D_{\mathrm{ED}}(A^*, B_t)(t = 1, 2, \cdots, h-1)$ 表示范畴 R_t 的上临界距离和范畴 R_{t+1} 下临界距离。值得注意的是，因为由命题 5.1 得到 $0 \leqslant D_{\mathrm{ED}}(A^*, A_i)(i = 1, 2, \cdots, m) \leqslant 1$，则范畴 R_1 的下临界距离为 0，范畴 R_h 的上临界距离为 1。新型优先分类方法的分类法则如下。

定义 5.13 设方案 $A_i (i = 1, 2, \cdots, m) \in A$ 为任意备选方案，A^* 为最理想方案，那么方案 A_i 将被划分到某个唯一的有序范畴 $R_t (t = 1, 2, \cdots, h)$，划分法则被定义如下：

(1) 如果方案 $A_i (i = 1, 2, \cdots, m)$ 满足不等式 $D_{\mathrm{ED}}(A^*, B_{t-1}) \leqslant D_{\mathrm{ED}}(A^*, A_i) < D_{\mathrm{ED}}(A^*, B_t)$，则 A_i 将被分配到有序范畴 $R_t (t = 2, \cdots, h-1)$，即 $B_{t-1} S_d A_i$ 且 $A_i S_d B_t$；

(2) 如果方案 $A_i (i = 1, 2, \cdots, m)$ 满足不等式 $0 \leqslant D_{\mathrm{ED}}(A^*, A_i) < D_{\mathrm{ED}}(A^*, B_1)$，则 A_i 将被分配到有序范畴 R_1，即 $A_i S_d B_1$；

(3) 如果方案 $A_i (i = 1, 2, \cdots, m)$ 满足不等式 $D_{\mathrm{ED}}(A^*, B_{h-1}) \leqslant D_{\mathrm{ED}}(A^*, A_i) \leqslant 1$，则 A_i 将被分配到有序范畴 R_h，即 $B_{h-1} S_d A_i$。

从以上定义可以看出，方案 $A_i (i = 1, 2, \cdots, m)$ 的有序范畴依赖于 A_i 和最理想方案 A^* 之间的区间直觉模糊语言欧氏距离与各有序范畴临界距离的比较。决策者可以根据实际的决策环境，自由地定义有序范畴的临界距离。

基于区间直觉模糊语言欧氏距离的优先分类方法可以有效地解决直觉模糊语言信息环境下的分类问题。下面将详细介绍新型优先分类方法在实际决策过程中的算法步骤。

首先，简单描述这类多属性群决策问题中的常用集合：

(1) 设 $A=\{A_1,A_2,\cdots,A_m\}$ 是 m 个备选方案集；

(2) 设 $C=\{c_1,c_2,\cdots,c_n\}$ 是 n 个属性集；

(3) 设 $V=\{v_1,v_2,\cdots,v_n\}$ 是属性指标的权重集；

(4) 设 $D=\{D_1,D_2,\cdots,D_p\}$ 是 p 个决策者集；

(5) 设 $\overline{w}=\{\overline{w}_1,\overline{w}_2,\cdots,\overline{w}_p\}$ 是决策者的权重集；

(6) 设 $R=\{R_1,R_2,\cdots,R_h\}$ 是 h 个有序范畴集；

(7) 设 $\hat{S}=\{s_1\leqslant s_i\leqslant s_9,i\in[1,9]\}$ 是连续语言术语集。

决策群体运用有主元的区间直觉模糊语言变量评估各属性指标，并以 GIVIFLHA 算子为例集成语言信息，将 $\tilde{s}_{ij}^k$ 记为决策者 $D_k(k=1,2,\cdots,p)$ 对于备选方案 $A_i(i=1,2,\cdots,m)$ 的属性指标 $c_j(j=1,2,\cdots,n)$ 的偏好值。那么，基于直觉模糊语言信息的新型优先分类方法在实际决策过程中的具体算法步骤如下。

步骤 1：决策群体分析方案的属性指标，确定每个属性的最理想偏好值，记为 $\tilde{c}_j(j=1,2,\cdots,n)$。各决策者分析各方案的每个属性指标，确定其对于各备选方案每一属性指标的实际偏好值 $\tilde{s}_{ij}^k(k=1,2,\cdots,p;i=1,2,\cdots,m;j=1,2,\cdots,n)$。

步骤 2：利用 GIVIFLHA 算子，计算决策群体对于各备选方案每一属性指标的综合偏好值 $\tilde{s}_{ij}(i=1,2,\cdots,m;j=1,2,\cdots,n)$，得到对于方案 $A_i(i=1,2,\cdots,m)$ 的综合偏好值 $\tilde{s}_i=(\tilde{s}_{i1},\tilde{s}_{i2},\cdots,\tilde{s}_{in})$。其中，$W=(w_1,w_2,\cdots,w_n)^{\mathrm{T}}$ 为与 GIVIFLHA 算子相关的加权向量，且满足 $w_i\in[0,1](i=1,2,\cdots,n)$，$\sum_{i=1}^{n}w_i=1$。

步骤 3：决策群体构建 h 个有序范畴 $(R_1,R_2,\cdots,R_h)$ 的临界距离集 $\{D_{\mathrm{ED}}(A^*,B_1),D_{\mathrm{ED}}(A^*,B_2),\cdots,D_{\mathrm{ED}}(A^*,B_{h-1})\}$，其中 A^* 为最理想方案，$B_t(t=1,2,\cdots,h-1)$ 表示边界方案，且已经知道范畴 R_1 的下临界距离为 0，范畴 R_h 的上临界距离为 1。根据定义 5.11，计算方案 $A_i(i=1,2,\cdots,m)$ 和最理想方案之间的区间直觉模糊语言欧氏距离 $D_{\mathrm{ED}}(A^*,A_i)$。

步骤 4：根据定义 5.13，依次将 $D_{\mathrm{ED}}(A^*,A_i)(i=1,2,\cdots,m)$ 与 $D_{\mathrm{ED}}(A^*,B_t)(t=1,2,\cdots,h-1)$ 进行比较。根据比较结果将方案 $A_i(i=1,2,\cdots,m)$ 分配到相对应的有序范畴 $R_t(t=1,2,\cdots,h)$ 中。

步骤 5：结束。

5.5.2 供应商评级

为了在市场上获得竞争优势，挑选高质量的原材料供应商往往是极其重要的商业决策[25]。同时，为了保证原材料的性能稳定性和供应及时性，制造商可能需要一个或多个供应渠道。因此对原材料供应商的综合评估将是一个关键性议题。现在，我们运用基于区间直觉模糊语言欧氏距离的优先分类方法，处理原材料供应商的综合评估问题，将各供应商进行综合分类，以此来体现该优先分类方法的有效性和实用性。

制造商拟订了 7 个（$A_1,A_2,\cdots,A_7$）备选原材料供应商，决策群体由三个决策者（D_1,D_2,D_3）组成，根据各决策者的知识领域和决策经验，确定他们的权重向量为 $\overline{w}=(\overline{w}_1,\overline{w}_2,\overline{w}_3)^{\mathrm{T}}=(0.40,0.35,0.25)^{\mathrm{T}}$。经过综合分析与研究，决策群体给出了影响原材料供应商分类决策的 4 个关键属性指标，分别是：c_1（产品质量因素）、c_2（合作关系因素）、c_3（交货能力因素）、c_4（经营时间因素），它们的权重向量为 $V=(0.3,0.2,0.3,0.2)^{\mathrm{T}}$。7 个备选原材料供应商的综合评估标准被划分为 3 个有序范畴：R_1（优秀）、R_2（中等）、R_3（一般）。由于不同集成算子的应用范围和关注点不一样，本例中我们以 GIVIFLHA 算子为例进行信息集成，与 GIVIFLHA 算子相关的加权向量被确定为 $W=(0.4,0.3,0.3)^{\mathrm{T}}$。具体决策过程如下。

步骤 1： 通过专业的分析和讨论，决策群体首先给出了原材料供应商各个属性指标的最理想偏好值 $\tilde{c}_j(j=1,2,3,4)$，如表 5.32 所示。接着，每个决策者分别给出了他们对于每个原材料供应商每种属性的实际偏好值 $\tilde{s}_{ij}^k(k=1,2,3;i=1,2,\cdots,7;j=1,2,\cdots,4)$，如表 5.33～表 5.35 所示。

表 5.32 决策群体对于各属性指标的最理想偏好值 $\tilde{c}_j$

$\tilde{c}_1$	$\tilde{c}_2$	$\tilde{c}_3$	$\tilde{c}_4$
$([s_8,s_8];[1,1],[0,0])$	$([s_8,s_8];[1,1],[0,0])$	$([s_8,s_8];[1,1],[0,0])$	$([s_8,s_8];[1,1],[0,0])$

表 5.33 决策者 D_1 对于各原材料供应商的实际偏好值 $\tilde{s}_{ij}^1$

供应商	c_1	c_2	c_3	c_4
A_1	$([s_6,s_7];[0.6,0.8],[0.1,0.2])$	$([s_5,s_7];[0.5,0.7],[0.0,0.2])$	$([s_6,s_8];[0.5,0.8],[0.1,0.2])$	$([s_5,s_7];[0.6,0.7],[0.1,0.2])$
A_2	$([s_1,s_3];[0.2,0.3],[0.5,0.7])$	$([s_1,s_2];[0.1,0.3],[0.4,0.5])$	$([s_1,s_2];[0.1,0.2],[0.5,0.6])$	$([s_1,s_3];[0.1,0.2],[0.5,0.8])$
A_3	$([s_4,s_6];[0.3,0.5],[0.2,0.3])$	$([s_3,s_5];[0.6,0.7],[0.0,0.1])$	$([s_4,s_6];[0.3,0.5],[0.1,0.3])$	$([s_3,s_6];[0.5,0.7],[0.0,0.2])$
A_4	$([s_3,s_4];[0.2,0.3],[0.3,0.6])$	$([s_5,s_6];[0.2,0.4],[0.3,0.6])$	$([s_3,s_5];[0.3,0.5],[0.2,0.4])$	$([s_4,s_6];[0.1,0.3],[0.3,0.6])$
A_5	$([s_6,s_7];[0.6,0.9],[0.0,0.1])$	$([s_4,s_6];[0.5,0.7],[0.2,0.3])$	$([s_6,s_7];[0.6,0.7],[0.2,0.3])$	$([s_5,s_7];[0.5,0.6],[0.3,0.4])$
A_6	$([s_1,s_2];[0.1,0.3],[0.6,0.8])$	$([s_3,s_4];[0.1,0.2],[0.6,0.8])$	$([s_2,s_3];[0.1,0.1],[0.6,0.7])$	$([s_2,s_4];[0.1,0.1],[0.3,0.4])$
A_7	$([s_3,s_5];[0.3,0.5],[0.2,0.3])$	$([s_2,s_4];[0.4,0.5],[0.0,0.0])$	$([s_5,s_6];[0.3,0.5],[0.2,0.4])$	$([s_6,s_7];[0.4,0.6],[0.3,0.4])$

表 5.34　决策者 D_2 对于各原材料供应商的实际偏好值 $\tilde{s}_{ij}^2$

供应商	c_1	c_2	c_3	c_4
A_1	$([s_6,s_7];[0.5,0.7],[0.1,0.3])$	$([s_6,s_8];[0.6,0.7],[0.1,0.3])$	$([s_5,s_7];[0.6,0.8],[0.1,0.2])$	$([s_6,s_7];[0.5,0.7],[0.1,0.2])$
A_2	$([s_2,s_3];[0.0,0.1],[0.5,0.6])$	$([s_1,s_2];[0.1,0.2],[0.5,0.6])$	$([s_1,s_2];[0.0,0.2],[0.6,0.7])$	$([s_1,s_2];[0.1,0.3],[0.6,0.7])$
A_3	$([s_3,s_5];[0.3,0.5],[0.1,0.3])$	$([s_4,s_5];[0.3,0.4],[0.3,0.6])$	$([s_3,s_5];[0.3,0.5],[0.2,0.4])$	$([s_4,s_6];[0.1,0.3],[0.3,0.5])$
A_4	$([s_5,s_6];[0.6,0.7],[0.0,0.2])$	$([s_6,s_7];[0.6,0.8],[0.1,0.2])$	$([s_6,s_8];[0.6,0.7],[0.0,0.2])$	$([s_4,s_6];[0.7,0.8],[0.0,0.2])$
A_5	$([s_5,s_7];[0.6,0.7],[0.1,0.3])$	$([s_4,s_6];[0.6,0.7],[0.2,0.3])$	$([s_6,s_7];[0.7,0.8],[0.1,0.2])$	$([s_5,s_7];[0.5,0.7],[0.2,0.3])$
A_6	$([s_1,s_3];[0.1,0.3],[0.5,0.7])$	$([s_1,s_2];[0.1,0.1],[0.7,0.8])$	$([s_1,s_1];[0.2,0.3],[0.6,0.7])$	$([s_1,s_2];[0.1,0.3],[0.6,0.7])$
A_7	$([s_6,s_7];[0.4,0.6],[0.1,0.2])$	$([s_3,s_5];[0.4,0.6],[0.2,0.4])$	$([s_4,s_6];[0.3,0.5],[0.3,0.5])$	$([s_2,s_4];[0.4,0.6],[0.2,0.4])$

表 5.35　决策者 D_3 对于各原材料供应商的实际偏好值 $\tilde{s}_{ij}^3$

供应商	c_1	c_2	c_3	c_4
A_1	$([s_5,s_7];[0.5,0.6],[0.3,0.4])$	$([s_6,s_8];[0.6,0.7],[0.2,0.3])$	$([s_5,s_6];[0.4,0.6],[0.1,0.3])$	$([s_5,s_6];[0.6,0.7],[0.0,0.1])$
A_2	$([s_1,s_1];[0.2,0.4],[0.3,0.5])$	$([s_2,s_3];[0.0,0.1],[0.6,0.7])$	$([s_1,s_3];[0.3,0.4],[0.4,0.5])$	$([s_1,s_2];[0.2,0.3],[0.6,0.7])$
A_3	$([s_4,s_6];[0.4,0.6],[0.1,0.3])$	$([s_5,s_7];[0.2,0.4],[0.5,0.6])$	$([s_4,s_6];[0.5,0.7],[0.2,0.3])$	$([s_3,s_5];[0.4,0.6],[0.1,0.3])$
A_4	$([s_5,s_7];[0.5,0.6],[0.1,0.3])$	$([s_4,s_6];[0.5,0.7],[0.1,0.3])$	$([s_4,s_6];[0.6,0.8],[0.1,0.2])$	$([s_4,s_6];[0.4,0.6],[0.2,0.4])$
A_5	$([s_6,s_8];[0.4,0.6],[0.2,0.4])$	$([s_5,s_7];[0.5,0.7],[0.2,0.3])$	$([s_6,s_7];[0.7,0.8],[0.1,0.2])$	$([s_7,s_8];[0.7,0.8],[0.1,0.2])$
A_6	$([s_2,s_4];[0.1,0.2],[0.5,0.7])$	$([s_1,s_2];[0.0,0.1],[0.6,0.7])$	$([s_1,s_1];[0.1,0.2],[0.6,0.8])$	$([s_1,s_3];[0.1,0.3],[0.2,0.4])$
A_7	$([s_4,s_5];[0.3,0.5],[0.0,0.2])$	$([s_5,s_6];[0.6,0.7],[0.0,0.2])$	$([s_3,s_4];[0.3,0.5],[0.2,0.4])$	$([s_4,s_6];[0.4,0.5],[0.4,0.5])$

步骤 2：运用 GIVIFLHA 算子，计算决策群体对于原材料供应商 $A_i(i=1,2,\cdots,7)$ 的属性指标 $\tilde{c}_j(j=1,2,\cdots,4)$ 的综合偏好值 $\tilde{s}_{ij}$，得到决策群体对于方案 $A_i(i=1,2,\cdots,7)$ 的综合偏好值 $\tilde{s}_i(i=1,2,\cdots,7)$ 如下：

$$\begin{aligned}\tilde{s}_1=\{&([s_{5.8950},s_{7.1400}];[0.5403,0.7250],[0.1223,0.2750]),\\&([s_{5.8050},s_{7.8450}];[0.5787,0.7071],[\ 0,0.2577]),\\&([s_{5.4150},s_{7.2300}];[0.5384,0.7736],[0.0955,0.2122]),\\&([s_{5.5800},s_{6.9150}];[0.5628,0.7071],[\ 0,0.1657])\}\end{aligned}$$

$$\begin{aligned}\tilde{s}_2=\{&([s_{1.0350},s_{2.3250}];[0.1282,0.2618],[0.4365,0.6040]),\\&([s_{1.1900},s_{2.2350}];[0.0789,0.2242],[0.4727,0.5739]),\\&([s_{1.2750},s_{2.2500}];[0.1308,0.2621],[0.5081,0.6082]),\\&([s_{1.0400},s_{2.3550}];[0.1254,0.2751],[0.5607,0.7249])\}\end{aligned}$$

$$\begin{aligned}\tilde{s}_3=\{&([s_{3.6000},s_{5.6400}];[0.3287,0.5310],[0.1188,0.2929]),\\&([s_{3.8250},s_{5.4750}];[0.4308,0.5527],[\ 0,0.2819]),\\&([s_{3.6600},s_{5.6700}];[0.3522,0.5558],[0.1483,0.3308]),\\&([s_{3.3750},s_{5.8050}];[0.3585,0.5684],[\ 0,0.3023])\}\end{aligned}$$

$$\begin{aligned}\tilde{s}_4 = \{&([s_{4.4700}, s_{5.7150}];[0.4863, 0.6175],[0, 0.2999]),\\ &([s_{5.3550}, s_{6.6000}];[0.4863, 0.7001],[0.1350, 0.2999]),\\ &([s_{4.7250}, s_{6.7650}];[0.5316, 0.6860],[0, 0.2410]),\\ &([s_{4.0800}, s_{6.1200}];[0.5162, 0.6641],[0, 0.3021])\}\end{aligned}$$

$$\begin{aligned}\tilde{s}_5 = \{&([s_{5.6700}, s_{7.2600}];[0.5638, 0.7995],[0, 0.2005]),\\ &([s_{4.3050}, s_{6.3450}];[0.5570, 0.7071],[0.1937, 0.2929]),\\ &([s_{6.1200}, s_{7.1400}];[0.6793, 0.7799],[0.1188, 0.2201]),\\ &([s_{5.5500}, s_{7.3650}];[0.5604, 0.7073],[0.1883, 0.2927])\}\end{aligned}$$

$$\begin{aligned}\tilde{s}_6 = \{&([s_{1.2300}, s_{2.8200}];[0.1005, 0.2799],[0.5379, 0.6987]),\\ &([s_{1.3050}, s_{2.2800}];[0.0686, 0.1305],[0.6424, 0.7729]),\\ &([s_{1.0500}, s_{1.6500}];[0.1513, 0.2248],[0.5939, 0.7162]),\\ &([s_{1.2900}, s_{2.8800}];[0.0976, 0.2355],[0.3514, 0.5006])\}\end{aligned}$$

$$\begin{aligned}\tilde{s}_7 = \{&([s_{4.7250}, s_{6.0600}];[0.3546, 0.5570],[0, 0.2201]),\\ &([s_{3.2100}, s_{4.8600}];[0.4619, 0.5972],[0, 0]),\\ &([s_{4.2150}, s_{5.5800}];[0.3013, 0.5017],[0.2296, 0.4315]),\\ &([s_{4.1400}, s_{5.7300}];[0.4015, 0.5813],[0.2750, 0.4187])\}\end{aligned}$$

步骤 3：构建 3 个有序范畴 (R_1, R_2, R_3) 的临界距离。在不同的决策环境中，决策者可以根据实际决策环境自主地定义临界距离。在本例中，根据统计学的四分位数理论[26]，定义临界距离为 $D_{\mathrm{ED}}(A^*, B_1) = 0.25, D_{\mathrm{ED}}(A^*, B_2) = 0.75$，范畴 R_1 的下临界距离为 0，范畴 R_h 的上临界距离为 1，接着计算原材料供应商 $A_i (i = 1, 2, \cdots, 7)$ 与最理想供应商 A^* 之间的区间直觉模糊语言欧氏距离 $D_{\mathrm{ED}}(A^*, A_i)(i = 1, 2, \cdots, 7)$。需要注意，区间直觉模糊语言欧氏距离公式涉及 3 个参数（k_1, k_2, k_3），我们选取 $k_1 = \frac{1}{2}, k_2 = \frac{1}{4}, k_3 = \frac{1}{4}$ 为例进行计算，结果如表 5.36 所示。

表 5.36　原材料供应商 $A_i (i = 1, 2, \cdots, 7)$ 的 $D_{\mathrm{ED}}(A^*, A_i)$

原材料供应商	$D_{\mathrm{ED}}(A^*, A_i)$
A_1	0.2377
A_2	0.7515
A_3	0.4149
A_4	0.3161
A_5	0.2409
A_6	0.7590
A_7	0.4061

步骤 4：依次将 $D_{\mathrm{ED}}(A^*, A_i)(i = 1, 2, \cdots, 7)$ 与 $D_{\mathrm{ED}}(A^*, B_1) = 0.25$，$D_{\mathrm{ED}}(A^*, B_2) = 0.75$ 进行比较。根据比较结果，可以得到 7 个原材料供应商的优先分类结果如下：

$$R_1 = \{A_1, A_5\},\quad R_2 = \{A_3, A_4, A_7\},\quad R_3 = \{A_2, A_6\}$$

由于区间直觉模糊语言欧氏距离公式中有 3 个参数（k_1, k_2, k_3），不同的参数值会产生不同的排序结果。然后，我们改变 3 个参数的取值，通过内部对比的方式来说明该优先分类方法的灵活性和应用效果，对比结果如表 5.37 和图 5.3 所示。

表 5.37　不同参数情况下原材料供应商 A_i 的优先分类结果对比

k_1	k_2	k_3	R_1	R_2	R_3
0	$\frac{1}{2}$	$\frac{1}{2}$		A_1 A_2 A_3 A_4 A_5 A_6 A_7	
$\frac{1}{3}$	$\frac{1}{3}$	$\frac{1}{3}$	A_5	A_1 A_2 A_3 A_4 A_7	A_6
$\frac{1}{2}$	$\frac{1}{4}$	$\frac{1}{4}$	A_1 A_5	A_3 A_4 A_7	A_2 A_6

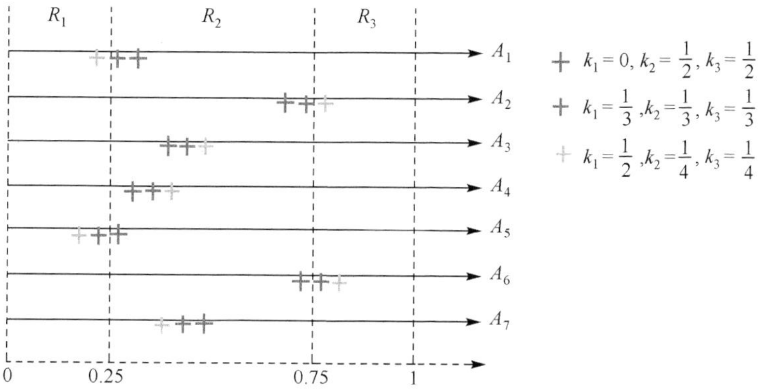

图 5.3　不同参数情况下原材料供应商的优先分类结果对比

从表 5.37 和图 5.3 可以看出，随着参数的变化，优先分类结果也出现了一定程度的变化，具体如下。

(1) 当主元的比重参数 $k_1 = 0$ 时，7 个原材料供应商都被划分到了有序范畴 R_2 。这说明：在直觉模糊语言信息多属性群决策中，忽视区间直觉模糊语言变量的主元可能导致原材料供应商的有序范畴无法区分。

(2) 当主元的比重参数 $k_1 = 1/3$ 时，7 个原材料供应商被划分为 3 个有序范畴。

这说明：当区间直觉模糊语言变量的主元比重越大时，7 个原材料供应商的优先分类结果越明显。

(3) 当主元的比重参数 $k_1 = 1/2$ 时，7 个原材料供应商的有序范畴变得更清晰了。这说明：区间直觉模糊语言变量的主元比重对 7 个原材料供应商的优先分类结果有显著的影响。

综合以上分析可以知道，不同的参数值将影响 7 个原材料供应商的优先分类结果。在直觉模糊语言信息多属性群决策环境中，决策群体可以根据实际条件选择最合适的参数值。

5.6　基于智能语言信息的 AHP 方法

本节将介绍智能语言信息环境下的 AHP 决策模型[27]。

5.6.1　概率语言 AHP 决策模型

在实际的决策问题中，由于存在不可避免的不确定性，决策者可能很难用清晰的数字来表达准确的偏好信息。语言变量是当前处理决策支持系统不确定信息的工具之一。概率语言项集作为扩展的语言变量之一，在表达决策支持系统的偏好信息时具有更强的可操作性。因此，Xie 等[28]在概率语言环境下，提出了一种基于层次分析法的实用模型。

定义 5.14　设 $X=\{x_1,x_2,\cdots,x_n\}$ 为方案集，则基于集合 X 的概率语言比较矩阵(Probabilistic Linguistic Comparison Matrix，PLCM)表示为 $C=(L_{ij}(p))_{n\times n}(i,j=1,2,\cdots,n)$，其中 $L_{ij}=\{L_{ij}^{(k)}(p_{ij}^{(k)})\,|\,k=1,2,\cdots,\#L_{ij}\}$ 为基于乘法语言评价量表 $S=\{s_\alpha\,|\,\alpha\in[1/q,q]\}$ 的概率语言术语集，q 是一个足够大的正整数。$p_{ij}^{(k)}>0,\ \sum_{k=1}^{\#L_{ij}(p)}p_{ij}^{(k)}\leqslant 1$ 且 $\#L_{ij}(p)$ 表示 $L_{ij}(p)$ 中语言术语的个数。$L_{ij}(p)$ 表示对备选方案 x_i 比 x_j 的偏好程度，满足以下特征：

$$p_{ij}^{(k)}=p_{ji}^{(k)},\quad L_{ij}^{(k)}=\mathrm{rec}(L_{ji}^{(k)}),\quad L_{ii}(p)=\{s_1(1)\}=\{s_1\},\quad \#L_{ij}=\#L_{ji}$$
$$L_{ij}^{(k)}\otimes L_{ji}^{(k)}=s_1,\quad i\leqslant j,\quad L_{ij}^{(k)}p_{ij}^{(k)}\leqslant L_{ij}^{(k+1)}p_{ij}^{(k+1)}$$

其中，$L_{ij}^{(k)}$ 和 $p_{ij}^{(k)}$ 分别表示 $L_{ij}(p)$ 中第 k 个语言术语和相应的第 k 个语言术语的概率。

定义 5.15　设 $C=(L_{ij}(p))_{n\times n}$ 为一个 PLCM，其中 $L_{ij}=\{L_{ij}^{(k)}(p_{ij}^{(k)})\,|\,k=1,2,\cdots,\#L_{ij}\}$。利用几何平均一致性指数 $E(\mathrm{GCI})$ 来判断概率语言比较矩阵的一致性：

$$E(\mathrm{GCI})_C=\frac{2}{(n-1)(n-2)}\sum_{i<j}\log^2 e_{ij},\quad e_{ij}=I(L_{ij})\frac{w_j}{w_i}\tag{5.40}$$

其中，$I(L_{ij})$ 是概率语言术语集的得分函数，且权重 $w_i(i=1,2,\cdots,n)$ 可由式(5.41)得到：

$$w_i=\frac{r_{ij}}{\sum_{i=1}^{n}r_{ij}},\quad r_{ij}=\left(\prod_{j=1}^{n}I(L_{ij})\right)^{\frac{1}{n}},\quad i=1,2,\cdots,n\tag{5.41}$$

通过查询表 5.38，如果 $E(\mathrm{GCI})_C\leqslant \mathrm{GC\overline{I}}^{(n)}$，则说明接受比较矩阵 $C=(L_{ij}(p))_{n\times n}$ 的一致性，否则，需要通过算法 1 来调整比较矩阵的一致性。

表 5.38　GCI 的阈值

n	$\mathrm{GC\bar{I}}^{(n)}$	CR
3	0.3147	0.1
4		0.1
>4	0.35260	0.1

算法 1　一致性改进方法

输入	比较矩阵 $C=(L_{ij}(p))_{n\times n}$ 和参数 λ
输出	可接受一致性的比较矩阵 $C=(L_{ij}(p))_{n\times n}$
步骤 1	令 $A=(a_{ij})_{n\times n}, a_{ij}=I(L_{ij})$，通过 $Aw=\lambda_{\mathrm{Max}}w, \sum_{i=1}^{n} w_i=1$ 计算得到最大特征向量 λ_{Max} 和特征向量 $w=(w_1,w_2,\cdots,w_n)^{\mathrm{T}}$
步骤 2	利用 $\mathrm{CI}=(\lambda_{\mathrm{Max}}-n)/(n-1)$ 和 $\mathrm{CR}=\mathrm{CI}/\mathrm{RI}$ 计算 CR_A。其中，RI 的数据可参考文献[27]
步骤 3	如果 $\mathrm{CR}_A<0.1$，则转到步骤 6，否则进入步骤 4
步骤 4	令 $C'=(L'_{ij}(p))_{n\times n}$，$L'_{ij}(p)=\left(\dfrac{w_i}{w_j}\right)^{1-\lambda}(I(L_{ij}(p)))^{\lambda}, \lambda\in[0,1]$
步骤 5	令 $C=C'$，回到步骤 1
步骤 6	令 $C'=C$，结束

因此概率语言 AHP 决策模型的步骤如下。

步骤 1： 建立一个自上而下的层次结构模型:控制层、标准层、可选层。每个级别可能包含子级别。

步骤 2： 对 m 个方案集 $x_j(j=1,2,\cdots,m)$ 和 n 个属性集 $c_i(i=1,2,\cdots,n)$，这里有 ψ 个决策者。决策者 ξ 的权重为 $w_D^{\xi}(\xi=1,2,\cdots,\psi)$ 且 $\sum_{\xi=1}^{\psi} w_D^{\xi}=1, w_D^{\xi}\in[0,1]$。则决策者 ξ 提供的比较矩阵为 $C^{\xi}=(L_{ij}^{\xi}(p))_{n\times n}$。

步骤 3： 通过式(5.40)判断比较矩阵 $C^{\xi}=(L_{ij}^{\xi}(p))_{n\times n}$ 的一致性，若不满足，则利用算法 1 提高比较矩阵 $C^{\xi}=(L_{ij}^{\xi}(p))_{n\times n}$ 的一致性。

步骤 4： 利用 PLWG 算子集成可接受一致性的比较矩阵，并检验和提高集成的比较矩阵 $C=(L_{ij}(p))_{n\times n}$。

步骤 5： 利用概率语言术语集的优先度公式得到优先度矩阵 $P=(p_{ij})_{n\times n}$，然后通过式(5.42)计算属性的优先权重：

$$\hat{w}_i=\frac{1}{n(n-1)}\left(\sum_{j=1}^{n} p_{ij}+\frac{n}{2}-1\right) \tag{5.42}$$

步骤 6： 通过 PLWG 算子将备选方案的评价值汇总成一个整体决策矩阵。

步骤 7：获取总体决策值，然后根据概率语言术语集的得分函数计算备选方案的得分，并对备选方案进行排序。

5.6.2 未来城市发展前景

本节对城市未来发展的指标体系进行了研究。可以从四个方面进行：地理位置、经济结构、政策支持和文化底蕴。我们利用这四个方面的四个标准 $c_j\,(j=1,2,3,4)$ 来评估这三个方案的优劣。为了做出更好的决定，通过五个方面的专家来进行决策。则五个专家的权重为 $w_D=(w_D^1,w_D^2,w_D^3,w_D^4,w_D^5)^{\mathrm{T}}=\ (0.15,0.1,0.2,0.25,0.3)^{\mathrm{T}}$。对于这个复杂的决策问题，决策者通过明确数据给出清晰的判断是困难的，因此利用概率语言术语集对其进行描述。则可得到五个专家的概率语言比较矩阵：

$$C^1=$$
$$\begin{bmatrix} s_1 & \{s_{1/3}(0.4),s_2(0.2),s_6(0.4)\} & \{s_9(1)\} & \{s_6(0.5),s_7(0.5)\} \\ \{s_3(0.4),s_{1/2}(0.2),s_{1/6}(0.4)\} & s_1 & \{s_{1/6}(0.8),s_7(0.2)\} & \{s_1(1)\} \\ \{s_{1/9}(1)\} & \{s_6(0.8),s_{1/7}(0.2)\} & s_1 & \{s_{1/4}(0.2),s_1(0.4),s_4(0.4)\} \\ \{s_{1/6}(0.5),s_{1/7}(0.5)\} & \{s_1(1)\} & \{s_4(0.2),s_1(0.4),s_{1/4}(0.4)\} & s_1 \end{bmatrix}$$

$$C^2=\begin{bmatrix} s_1 & \{s_6(1)\} & \{s_{1/2}(0.5),s_3(0.5)\} & \{s_2(0.6),s_7(0.4)\} \\ \{s_{1/6}(1)\} & s_1 & \{s_{1/8}(0.6),s_5(0.4)\} & \{s_{1/2}(0.1),s_{1/4}(0.8),s_4(0.1)\} \\ \{s_2(0.5),s_{1/3}(0.5)\}\} & \{s_8(0.6),s_{1/5}(0.4)\} & s_1 & \{s_1(0.7),s_{1/4}(0.3)\} \\ \{s_{1/2}(0.6),s_{1/7}(0.4)\} & \{s_2(0.1),s_4(0.8),s_{1/4}(0.1)\} & \{s_1(0.7),s_4(0.3)\} & s_1 \end{bmatrix}$$

$$C^3=\begin{bmatrix} s_1 & \{s_3(0.2),s_5(0.8)\} & \{s_{1/4}(0.1),s_7(0.9)\} & \{s_{1/4}(0.4),s_{1/3}(0.4),s_5(0.2)\} \\ \{s_{1/3}(0.2),s_{1/5}(0.8)\} & s_1 & \{s_{1/9}(0.4),s_5(0.6)\} & \{s_{1/5}(0.8),s_3(0.2)\} \\ \{s_4(0.1),s_{1/7}(0.9)\} & \{s_9(0.4),s_{1/5}(0.6)\} & s_1 & \{s_{1/2}(1)\} \\ \{s_4(0.4),s_3(0.4),s_{1/5}(0.2)\} & \{s_5(0.8),s_{1/3}(0.2)\} & \{s_2(1)\} & s_1 \end{bmatrix}$$

$$C^4=\begin{bmatrix} s_1 & \{s_3(0.2),s_5(0.8)\} & \{s_{1/2}(0.5),s_6(0.5)\} & \{s_5(0.375),s_9(0.625)\} \\ \{s_{1/3}(0.2),s_{1/5}(0.8)\} & s_1 & \{s_{1/9}(0.4),s_5(0.6)\} & \{s_1(0.8),s_4(0.2)\} \\ \{s_2(0.5),s_{1/6}(0.5)\} & \{s_9(0.4),s_{1/5}(0.6)\} & s_1 & \{s_{1/4}(0.1),s_7(0.9)\} \\ \{s_{1/5}(0.375),s_{1/9}(0.625)\} & \{s_1(0.8),s_{1/4}(0.2)\} & \{s_4(0.1),s_{1/7}(0.9)\} & s_1 \end{bmatrix}$$

$$C^5=\begin{bmatrix} s_1 & \{s_{1/4}(0.4),s_{1/3}(0.4),s_5(0.2)\} & \{s_{1/6}(1)\} & \{s_3(0.2),s_5(0.8)\} \\ \{s_4(0.4),s_3(0.4),s_{1/5}(0.2)\} & s_1 & \{s_3(0.6),s_5(0.4)\} & \{s_{1/9}(0.4),s_5(0.6)\} \\ \{s_6(1)\} & \{s_{1/3}(0.6),s_{1/5}(0.4)\} & s_1 & \{s_{1/2}(0.5),s_6(0.5)\} \\ \{s_{1/3}(0.2),s_{1/5}(0.8)\} & \{s_9(0.4),s_{1/5}(0.6)\} & \{s_2(0.5),s_{1/6}(0.5)\} & s_1 \end{bmatrix}$$

关于三个方案对于四个属性的评价矩阵表示如下：

$$R^1=\begin{matrix} \\ \mathrm{P} \\ \mathrm{S} \\ \mathrm{X} \end{matrix}\begin{bmatrix} c_1 & c_2 & c_3 & c_4 \\ \{s_3(0.4),s_{1/4}(0.6)\} & \{s_2(0.1),s_1(0.9)\} & \{s_{1/3}(0.2),s_4(0.8)\} & \{s_{1/5}(0.6),s_3(0.4)\} \\ \{s_2(0.2),s_{1/4}(0.8)\} & \{s_2(0.25),s_4(0.25),s_5(0.5)\} & \{s_{1/2}(0.2),s_4(0.8)\} & \{s_4(0.2),s_3(0.8)\} \\ \{s_3(0.2),s_{1/4}(0.8)\} & \{s_{1/2}(0.1),s_1(0.9)\} & \{s_3(0.3),s_4(0.7)\} & \{s_{1/6}(0.2),s_4(0.8)\} \end{bmatrix}$$

$$R^2=\begin{array}{c}\\ \mathrm{P}\\ \mathrm{S}\\ \mathrm{X}\end{array}\begin{bmatrix} c_1 & c_2 & c_3 & c_4\\ \{s_3(0.5),s_{1/4}(0.5)\} & \{s_1(0.6),s_3(0.4)\} & \{s_{1/5}(0.2),s_4(0.8)\} & \{s_{1/2}(0.2),s_6(0.8)\}\\ \{s_2(0.2),s_{1/6}(0.8)\} & \{s_1(0.25),s_4(0.25),s_5(0.5)\} & \{s_2(0.25),s_1(0.75)\} & \{s_{1/7}(0.2),s_3(0.8)\}\\ \{s_5(0.2),s_{1/4}(0.8)\} & \{s_{1/3}(0.2),s_4(0.8)\} & \{s_3(0.3),s_4(0.7)\} & \{s_{1/2}(0.25),s_1(0.75)\} \end{bmatrix}$$

$$R^3=\begin{array}{c}\\ \mathrm{P}\\ \mathrm{S}\\ \mathrm{X}\end{array}\begin{bmatrix} c_1 & c_2 & c_3 & c_4\\ \{s_{1/2}(0.4),s_3(0.6)\} & \{s_{1/6}(0.2),s_2(0.8)\} & \{s_{1/5}(0.6),s_3(0.4)\} & \{s_{1/7}(0.25),s_4(0.75)\}\\ \{s_{1/2}(0.2),s_5(0.8)\} & \{s_1(0.33),s_4(0.33),s_5(0.34)\} & \{s_2(0.1),s_1(0.9)\} & \{s_{1/7}(0.5),s_3(0.5)\}\\ \{s_7(0.25),s_{1/4}(0.75)\} & \{s_{1/2}(0.1),s_1(0.9)\} & \{s_2(0.3),s_6(0.7)\} & \{s_6(0.2),s_{1/2}(0.8)\} \end{bmatrix}$$

$$R^4=\begin{array}{c}\\ \mathrm{P}\\ \mathrm{S}\\ \mathrm{X}\end{array}\begin{bmatrix} c_1 & c_2 & c_3 & c_4\\ \{s_1(0.48),s_3(0.52)\} & \{s_{1/6}(0.2),s_2(0.8)\} & \{s_{1/7}(0.25),s_4(0.75)\} & \{s_{1/2}(0.1),s_1(0.9)\}\\ \{s_{1/7}(0.25),s_4(0.75)\} & \{s_2(0.1),s_3(0.3),s_7(0.6)\} & \{s_5(0.25),s_{1/2}(0.75)\} & \{s_{1/7}(0.5),s_3(0.5)\}\\ \{s_{1/5}(0.6),s_{1/4}(0.75)\} & \{s_{1/2}(0.2),s_5(0.8)\} & \{s_2(0.3),s_6(0.7)\} & \{s_6(0.2),s_{1/2}(0.8)\} \end{bmatrix}$$

$$R^5=\begin{array}{c}\\ \mathrm{P}\\ \mathrm{S}\\ \mathrm{X}\end{array}\begin{bmatrix} c_1 & c_2 & c_3 & c_4\\ \{s_1(0.6),s_3(0.4)\} & \{s_{1/6}(0.2),s_2(0.8)\} & \{s_{1/7}(0.25),s_4(0.75)\} & \{s_{1/5}(0.6),s_3(0.4)\}\\ \{s_{1/2}(0.25),s_1(0.75)\} & \{s_5(0.3),s_6(0.4),s_7(0.3)\} & \{s_{1/2}(0.4),s_3(0.6)\} & \{s_{1/7}(0.5),s_3(0.5)\}\\ \{s_{1/3}(0.2),s_4(0.8)\} & \{s_{1/2}(0.1),s_1(0.9)\} & \{s_2(0.1),s_1(0.9)\} & \{s_{1/2}(0.2),s_5(0.8)\} \end{bmatrix}$$

其中，P、S、X 分别代表三个地区名称。根据式 (5.40)，可以计算得到 $E(\mathrm{GCI})_{C^1}=0.455>\overline{\mathrm{GCI}}^{(4)}=0.3526$，不接受一致性。同样可得到矩阵 C^2、C^3、C^4、C^5 都不可接受一致性如表 5.39 所示。因此采用算法 1 进行调整得到接受一致性的比较矩阵 C'^1、C'^2、C'^3、C'^4、C'^5。

表 5.39　比较矩阵 C^{ξ} 的 $E(\mathrm{GCI})$ 值

比较矩阵	$E(\mathrm{GCI})$
C^1	0.455
C^2	0.4582
C^3	0.6113
C^4	0.5606
C^5	0.7706

$$C'^1=\begin{bmatrix} s_1 & \{s_{1/3}(0.4),s_2(0.2),s_{2.6747}(0.4)\} & \{s_{3.3472}(1)\} & \{s_6(0.5),s_{7.2220}(0.5)\}\\ \{s_3(0.4),s_{0.4289}(0.2),s_{1/6}(0.4)\} & s_1 & \{s_{1/6}(0.8),s_{1.5171}(0.2)\} & \{s_{2.6486}(1)\}\\ \{s_{0.2988}(1)\} & \{s_{1.0517}(0.8),s_{1/7}(0.2)\} & s_1 & \{s_{0.25}(0.2),s_{2.2265}(0.4),s_4(0.4)\}\\ \{s_{1/6}(0.5),s_{0.1385}(0.5)\} & \{s_{0.3776}(1)\} & \{s_4(0.2),s_{0.4491}(0.4),s_{1/4}(0.4)\} & s_1 \end{bmatrix}$$

$$C'^2=\begin{bmatrix} s_1 & \{s_{3.1742}(1)\} & \{s_{2.0329}(0.5),s_3(0.5)\} & \{s_2(0.6),s_{1.9983}(0.4)\}\\ \{s_{0.3150}(1)\} & s_1 & \{s_{1/8}(0.6),s_{1.0685}(0.4)\} & \{s_{1/2}(0.1),s_{0.5193}(0.8),s_4(0.1)\}\\ \{s_{0.4919}(0.5),s_{1/3}(0.5)\}\} & \{s_8(0.6),s_{0.9359}(0.4)\} & s_1 & \{s_{0.7067}(0.7),s_{1/4}(0.3)\}\\ \{s_{0.5853}(0.6),s_{0.1429}(0.4)\} & \{s_2(0.1),s_{1.9258}(0.8),s_{1/4}(0.1)\} & \{s_1(0.7),s_{1.6827}(0.3)\} & s_1 \end{bmatrix}$$

$$C'^3=\begin{bmatrix} s_1 & \{s_{3.5399}(0.2),s_5(0.8)\} & \{s_{1/4}(0.1),s_{2.504}(0.9)\} & \{s_{1/4}(0.4),s_{0.8686}(0.4),s_{1.6692}(0.2)\}\\ \{s_{0.2825}(0.2),s_{0.6088}(0.8)\} & s_1 & \{s_{0.4835}(0.4),s_{1.1816}(0.6)\} & \{s_{0.6959}(0.8),s_{0.5075}(0.2)\}\\ \{s_{0.6057}(0.1),s_{0.7082}(0.9)\} & \{s_{2.192}(0.4),s_{1.2852}(0.6)\} & s_1 & \{s_{0.6375}(1)\}\\ \{s_4(0.4),s_{0.8404}(0.4),s_{1/5}(0.2)\} & \{s_{2.7643}(0.8),s_{1/3}(0.2)\} & \{s_{1.5685}(1)\} & s_1 \end{bmatrix}$$

$$C'^4=\begin{bmatrix} s_1 & \{s_3(0.2),s_{1.4868}(0.8)\} & \{s_{0.7449}(0.5),s_6(0.5)\} & \{s_{4.8475}(0.375),s_9(0.625)\} \\ \{s_{1/3}(0.2),s_{0.6726}(0.8)\} & s_1 & \{s_{1/9}(0.4),s_{1.3323}(0.6)\} & \{s_1(0.8),s_{4.6107}(0.2)\} \\ \{s_2(0.5),s_{0.7212}(0.5)\} & \{s_{1.944}(0.4),s_{1/5}(0.6)\} & s_1 & \{s_{2.5875}(0.1),s_7(0.9)\} \\ \{s_{0.2063}(0.375),s_{1/9}(0.625)\} & \{s_{0.3067}(0.8),s_{1/4}(0.2)\} & \{s_4(0.1),s_{0.168}(0.9)\} & s_1 \end{bmatrix}$$

$$C'^5=\begin{bmatrix} s_1 & \{s_{1/4}(0.4),s_{0.3152}(0.4),s_5(0.2)\} & \{s_{0.2759}(1)\} & \{s_3(0.2),s_{3.6736}(0.8)\} \\ \{s_4(0.4),s_3(0.4),s_{0.8191}(0.2)\} & s_1 & \{s_3(0.6),s_{2.7767}(0.4)\} & \{s_{1.003}(0.4),s_5(0.6)\} \\ \{s_{3.6245}(1)\} & \{s_{0.4665}(0.6),s_{1/5}(0.4)\} & s_1 & \{s_{1.719}(0.5),s_6(0.5)\} \\ \{s_{1/3}(0.2),s_{0.2722}(0.8)\} & \{s_9(0.4),s_{0.1486}(0.6)\} & \{s_2(0.5),s_{0.1679}(0.5)\} & s_1 \end{bmatrix}$$

随后将具有一致性的概率语言比较矩阵通过 PLWG 算子集成，通过计算可知集成后的结果满足一致性。对于集成之后的概率语言比较矩阵，求得权重为

$$w=(0.3577.0.2345.0.2623.0.1455)^{\mathrm{T}}$$

再利用 PLWG 算子将不同决策者针对四个属性下的评价进行集成，然后利用概率语言术语集的优先度，得到下面的优先度矩阵 $P=(p_{ij})_{n\times n}$：

$$P=\begin{bmatrix} 0.5 & 1 & 0.0019 & 1 \\ 0 & 0.5 & 0 & 0.9459 \\ 0.9981 & 1 & 0.5 & 0.9994 \\ 0 & 0.0541 & 6.0965\times 10^{-4} & 0.5 \end{bmatrix}$$

因此可以求得属性的优先权重为

$$\hat{w}=(\hat{w}_1,\hat{w}_2,\hat{w}_3,\hat{w}_4)^{\mathrm{T}}=(0.3127,0.1807,0.4372,0.0693)^{\mathrm{T}}$$

利用决策者权重，通过 PLWG 算子将五个决策矩阵集成为一个，然后通过所求得的属性优先权重和概率语言术语集的得分函数，得到最终排序结果如表 5.40 所示。

表 5.40　各地区的比较结果

地区	得分值	排序结果
P	$s_{1.4197}$	3
S	$s_{1.5061}$	2
X	$s_{1.6235}$	1

从表 5.40 可以看出，X 地区在这三个方面的排名是最高的。也就是说，X 地区将是未来三个地区中最具发展前景的区域，符合客观事实。综上分析，评估这三个地区的绩效对于促进社会经济的未来发展具有重要的现实意义。

由语言信息的发展可知，当每个语言变量的概率相同时，概率语言术语集可以退化为犹豫模糊语言集。因此，概率语言 AHP 决策模型可退化为犹豫模糊语言 AHP 决策模型[29]。另外，语言信息的 AHP 决策模型在直觉模糊语言集[30]、模糊

语言集[31]以及 Z-number[32]下也有着丰富的研究。AHP 决策模型可以将复杂的决策问题简化为层次清晰的决策问题。因此在智能语言环境下对 AHP 决策模型的研究具有重要意义。

5.7 小　结

本章主要介绍了智能语言环境下的 TOPSIS 方法、TODIM 方法、层次分析法、VIKOR 方法等。随着研究的进一步深入，相关成果将更加丰富，必将为决策理论完善与应用的推广奠定坚实的基础。

参考文献

[1] Hwang C L, Yoon K. Multiple Attribute Decision Making . Berlin: Springer, 1981.

[2] Tversky A, Kahneman D. Advances in prospect theory: Cumulative representation of uncertainty . Journal of Risk and Uncertainty, 1992, 5(4): 297-323.

[3] Gomes L F A M, Lima M M P P. TODIM: Basics and application to multicriteria ranking of projects with environmental impacts . Foundations of Computing and Decision Sciences, 1991, 16(4): 113-127.

[4] Lahdelma R, Salminen P. Prospect theory and stochastic multicriteria acceptability analysis (SMAA) . Omega, 2009, 37(5): 961-971.

[5] Opricovic S. Multicriteria optimization of civil engineering systems. Faculty of Civil Engineering, Belgrade, 1998, 2(1): 5-21.

[6] Yoon K P, Hwang C L. Multiple attribute decision making: An introduction. European Journal of Operational Research, 1995, 4(4):287-288.

[7] Saaty T L. The Analytic Hierarchy Process. New York: McGraw-Hill, 1980.

[8] Xian S D, Dong Y F, Liu Y B, et al. A novel approach for linguistic group decision making based on generalized interval-valued intuitionistic fuzzy linguistic induced hybrid operator and TOPSIS . International Journal of Intelligent Systems, 2018, 33(2): 288-314.

[9] Xian S D, Chai J H, Yin Y B. A visual comparison method and similarity measure for probabilistic linguistic term sets and their applications in multi-criteria decision making. International Journal of Fuzzy Systems, 2019, 21(4): 1154-1169.

[10] 彭新东，杨勇. 基于 Pythagorean 模糊语言集多属性群决策方法. 计算机工程与应用，2016, 52(23): 50-54.

[11] Beg I, Rashid T. TOPSIS for hesitant fuzzy linguistic term sets . International Journal of Intelligent Systems, 2013, 28(12): 1162-1171.

[12] Xian S D, Guo H L. Novel supplier grading approach based on interval probability hesitant fuzzy linguistic TOPSIS . Engineering Applications of Artificial Intelligence, 2020, 87: 103299.

[13] Xian S D, Yang Z J, Guo H L, et al. Double parameters TOPSIS for multi-attribute linguistic group decision making based on the intuitionistic Z-linguistic variables . Applied Soft Computing, 2019,85:1-16.

[14] Xian S D,Wan W H, Yang Z J.Interval-valued Pythagorean fuzzy linguistic TODIM based on PCA and its application for emergency decision .International Journal of Intelligent Systems, 2020, 35(12): 2049-2086.

[15] 张素丽, 康泉胜, 方元. 浙江省突发事件应急预案评价指标体系研究 . 中国安全科学学报, 2012, 22(10): 444-487.

[16] Ju Y B, Wang A H. Emergency alternative evaluation under group decision makers: A method of incorporating DS/AHP with extended TOPSIS . Expert Systems with Applications, 2012, 39(1): 1315-1323.

[17] Wei C, Ren Z, Rodríguez R M. A hesitant fuzzy linguistic TODIM method based on a score function . International Journal of Computational Intelligence Systems, 2015, 8(4): 701-712.

[18] Krohling R A, Pacheco A G C, dos Santos G A. TODIM and TOPSIS with Z-numbers . Frontiers of Information Technology & Electronic Engineering, 2019, 20(2): 283-291.

[19] Yu S, Wang J, Wang J. An extended TODIM approach with intuitionistic linguistic numbers . International Transactions in Operational Research, 2018, 25(3): 781-805.

[20] Xian S D, Yu D X, Sun Y F, et al.A novel outranking method for multiple criteria decision making with interval-valued Pythagorean fuzzy linguistic information. Computational and Applied Mathematics, 2020,39(2): 58DOI: 10.1007/s40314-020-1064-5.

[21] Pace K, Shieh Y N. The Moses-Predohl pull and the location decision of the firm. Journal of Regional Science, 2010, 28(1): 121-126.

[22] Liao H, Xu Z, Zeng X J. Hesitant fuzzy linguistic VIKOR method and its application in qualitative multiple criteria decision making . IEEE Transactions on Fuzzy Systems, 2014, 23(5): 1343-1355.

[23] Figueira J R, Mousseau V, Roy B, et al. Electre Methods Multiple Criteria Decision Analysis: State of the Art Surveys. New York: Springer, 2005.

[24] Shen F, Xu J P, Xu Z S. An outranking sorting method for multi-criteria group decision making using intuitionistic fuzzy sets . Information Sciences, 2016, 334-335: 338-353.

[25] Liao C N, Kao H P. An integrated fuzzy TOPSIS and MCGP approach to supplier selection in supply chain management . Expert Systems with Applications, 2011, 38(9): 10803-10811.

[26] Mao Y. Statistical analysis results comparison of quartile and iteration used in proficiency testing for data dispersion inspection . Metallurgical Analysis, 2016, 36(5): 76-81.

[27] Xian S D, Guo H L, Chai J H, et al. Interval probability hesitant fuzzy linguistic analytic hierarchy process and its application in talent selection. Journal of Intelligent and Fuzzy Systems, 2020, 39:2627-2645.

[28] Xie W Y, Xu Z S, Ren Z L, et al. Probabilistic linguistic analytic hierarchy process and its application on the performance assessment of Xiongan new area. International Journal of Information Technology & Decision Making, 2018, 17(6): 1693-1724.

[29] Öztaysi B, Onar S Ç, Boltürk E, et al. Hesitant fuzzy analytic hierarchy process//2015 IEEE International Conference on Fuzzy Systems (FUZZ-IEEE), Istanbul, 2015: 1-7.

[30] Xu Z S, Liao H C. Intuitionistic fuzzy analytic hierarchy process . IEEE Transactions on Fuzzy Systems, 2013, 22(4): 749-761.

[31] Wang T C, Chen Y H. Applying fuzzy linguistic preference relations to the improvement of consistency of fuzzy AHP . Information Sciences, 2008, 178(19): 3755-3765.

[32] Azadeh A, Saberi M, Atashbar N Z, et al. Z-AHP: A Z-number extension of fuzzy analytical hierarchy process//2013 7th IEEE International Conference on Digital Ecosystems and Technologies (DEST), Menlo Park, 2013: 141-147.

第 6 章　总结与展望

智能语言是多属性群决策领域中的一种新理念和新方法，它覆盖了所有与语言信息相关的理论、方法、技术与工具，主要用于对不确定、不精确和不完整语言信息的处理与建模，以及对复杂问题的求解。智能语言的本质是通过合适的维度选择，来寻找语言信息的一种较好的、精确的刻画方法，在此基础上进行数据建模与群体决策。语言集、模糊语言集、直觉模糊语言集、犹豫语言集、概率语言集、Z-语言集是几种主要的智能语言信息表示基础理论。本书在现有的语言信息刻画及其群决策理论研究的基础上，从智能语言术语集的概念、智能语言术语集的测度理论、智能语言术语集的集成方式、智能语言决策模型和方法等方面对智能语言群体决策理论方法及其应用进行了一定的归纳和总结。

6.1　本书总结

本书的主要内容包括以下几个方面。

6.1.1　智能语言的基本理论

在人类发展的进程中，语言发挥了非常重要的作用。自从 Zadeh 教授于 1975 年提出语言变量概念以来，语言变量开始把自然语言信息表示为可计算的数学符号，语言表示、语义分析、语言建模、语言决策等获得了飞速的发展。该理论不断拓展为模糊语言、直觉模糊语言、犹豫模糊语言、概率语言及 Z-语言等，并在现代社会的各个领域得到了广泛的应用。然而，现有的语言变量仅从模糊性、近似性、随机性等单一形式或两两交叉的方式对自然语言进行刻画，在实际应用中，它不能同时表示具有模糊性、犹豫度、近似性、随机性、灰色性等自然语言特点， 由于大数据智能化时代社会经济环境的日益复杂性和不确定性，人们在对事物的认知过程中，往往同时存在不同程度的模糊、犹豫、近似、随机、灰色等特点或表现出一定程度的知识匮乏，从而使得自然语言的认知结果需要表示具有模糊性、犹豫度、近似性、随机性、灰色性等部分或全部特性。为了克服上述语言信息表示方法的局限性，在总结归纳各种主要的语言术语集特点的基础上，给出智能语言的基本概念，它可以同时表示语言信息的模糊性、犹豫度、近似性、随机性、灰色性等特性，并在此基础上研究其基本运算性质，可以更好地满足大数据智能化时代语言信息认知与计算的需求。

6.1.2 智能语言的度量

度量问题是智能语言处理、建模与决策问题，尤其是智能语言多属性决策问题的基础问题。智能语言度量一般包含距离度量、相似度量、熵度量、关联度量、分离度量等。本书总结了当前多属性群决策中使用最广泛的距离测度、相似性测度和熵测度，并介绍了最新的模糊语言距离，直觉模糊语言距离与直觉模糊语言区间熵，Pythagorean 模糊语言距离，犹豫模糊语言距离与犹豫模糊语言相似度，概率语言距离、概率语言相似度与概率语言贴近度，直觉 Z-语言集的距离，并从理论及应用的角度进行了研究与比较，总结分析了不同语言信息距离、熵、相似度等之间的关系，并指出了虽然人们对同一对象可能有不同的语言信息表示方式，随着智能语言信息表述越来越精准，测度理论作为衡量信息的重要工具，相应的度量也更加精准有效，判别也越来越合理，智能语言集合的测度理论在实际问题的应用也越发广泛。这些方法是对智能语言度量的一些尝试，有兴趣的读者可以在此基础上做进一步研究。

6.1.3 模糊语言信息集成方法

在智能语言多属性决策中，信息的融合与集成方法是非常重要的研究内容，有着非常重要的地位与作用。从 Yager 提出有序加权算子、诱导有序加权算子开始，许多学者纷纷加入信息集成方法的研究，相应的成果被广泛应用于应急决策、医疗诊断、逻辑规划、模式识别、机器学习和市场预测等领域。本书在总结几类重要的语言信息集成算子的基础上，重点介绍具有模糊性的三类智能语言集成方法：模糊语言诱导距离加权平均算子与模糊纯语言有序加权算子；直觉模糊语言诱导有序加权平均算子与直觉模糊语言混合集成算子；Pythagorean 模糊语言 Bonferroni 均值算子。在定义了相应的比较规则的基础上，详细证明了各类集成方法的单调性、有界性、可置换性等性质，对比分析了不同模糊语言信息集成方法之间的区别与联系，通过投资战略决策、供应商选择等案例研究，验证相应模型与算法的有效性。

6.1.4 智能语言信息集成方法

在智能语言多属性决策中，犹豫度、随机性以及同时含有两种特性的智能语言信息集成方法是智能语言集成中更为重要的内容，有着更加重要的地位与作用。特别是从 Zadeh 教授于 2011 年提出 Z-number 概念以来，Xian 等在此基础上提出 Z-语言变量及直觉 Z-语言变量等概念，有效地将模糊性、随机性、犹豫度融入语言信息的表示之中，取得了很好的效果。本书在总结几类重要的智能语言信息集成算子的基础上，重点介绍具有犹豫度的犹豫模糊语言 Bonferroni 平均算子，具有随机性的概率语言几何加权平均算子，同时具有两种特性的 Z-语言诱导有序加权平均算子，Z-语言有序加权平均聚合算子等智能语言信息集成方法。详细证明了各类集成方法的单调性、有界性、可置换性等性质，对比分析了不同智能语言信息集成方法之间的区别与联系，通过投资风险分析、医疗卫生资源的优化配置等案例研究，验证了相应模型与算法的有效性。这些研究是对智能语言信息集成方法的一些尝试，有兴趣的读者可以在此基础上做进一步研究。

6.1.5 智能语言群决策模型及方法

在多属性群决策中，智能语言决策模型与方法是智能语言群决策问题的核心与关键。本书在总结几类重要的决策模型与方法(如 TOPSIS、TODIM、VIKOR、AHP)的基础上，重点介绍了基于智能语言信息的 TOPSIS 决策模型、基于 IVPFLV 的主成分模型、基于 IVPFL-PCA 的 TODIM 决策模型、区间 Pythagorean 模糊语言 VIKOR 决策模型、基于智能语言信息的优先分类决策模型、概率语言 AHP 决策模型等。在给出相应模型定义的基础上，详细证明了各类模型的理论性质，对比分析了不同智能语言信息决策模型之间的区别与联系，通过舆情分析、地震应急决策、未来城市规划等案例研究，验证了相应模型与算法的有效性。上述研究是对智能语言信息群决策模型及方法的一些尝试，有兴趣的读者可以在此基础上做进一步研究。

6.2 未来工作展望

智能语言多属性群决策理论与方法经过多年的发展，已经初步建立了一些有效的决策模型与算法。但是，智能语言理论体系的构建还有大量的工作需要进一步充实和完善，具体体现在以下几个方面。

6.2.1 复杂问题的智能语言处理

现实问题中信息的智能语言刻画是进行智能语言建模的必要前提。面对具体复杂的实际问题，如何进行智能语言的模糊化、犹豫化、随机化、近似化等综合表示，尤其是模糊度、犹豫度、可能度、近似度等的计算与不同度量之间的融合规则，是制约智能语言理论体系完善及应用的主要因素之一。利用尺度空间理论及 Z-语言、直觉 Z-语言等相关的研究思路，结合数据本身的特点，希望在智能语言表示与合成规则等研究中取得新的进度。

6.2.2 智能语言信息的度量公理化

智能语言的度量一直是语言信息的研究重点，针对不同问题的特点，已经有许多度量方法被提出。随着智能语言的度量研究的不断深入，人们不得不面对智能语言度量的公理化问题，即如何评价一个度量方法合理科学性的统一原则。同时，智能语言的序关系是研究智能语言的另一个重点，如果能构建类似于随机数学的公理化定义，将有助于智能语言的标准化和规范化。

6.2.3　智能语言信息时序建模预测

大数据智能化时代，预测是决策的基础与前提，尽管时间序列、神经网络、机器学习、灰色预测等预测模型理论已近乎完善，面对具体复杂的实际问题，如智能语言信息环境中的预测问题，仍存在巨大挑战。可以通过改进已有的智能算法，构建基于智能语言的优化算法与时序预测模型，希望在智能语言信息时序建模预测与决策等研究中取得新的突破。

6.2.4　基于智能语言信息预测的决策理论

在智能语言信息预测建模的基础上，构建基于数据驱动的智能语言决策理论，是决策科学与智能语言理论完善的必由之路，因此借助其他领域或学科相关理论的最新成果，交叉融合研究基于智能语言信息预测的决策问题，是今后研究的目标。

总之，在今后的研究或学习中，还有很多问题值得探讨，希望这些问题的研究能够促进智能语言群决策理论的完善，进一步优化语言信息的刻画和处理方法，推进决策科学长足发展，助力国家治理体系构建与治理能力的提升。